대화로 이해하는
식 물 병 학

대화로 이해하는

식물병학

고영진 지음

농민신문사

　　　코로나19 팬데믹이 지구촌에서 2년째 맹위를 떨치면서 확산하고 있다. 2021년 12월 말 기준으로 2억 8천만 명 이상이 확진되었고, 사망자도 540만 명을 넘어섰다. 이처럼 사람뿐만 아니라 동물과 식물도 필연적으로 생로병사를 겪는다.

인류가 지구상에 처음 출현한 선사시대부터 인체병과 식물병은 존재했다. 사람들이 야생식물을 채취하거나 짐승을 사냥하면서 식량을 조달하는, 즉 유목 생활을 하던 시절에는 인체병과 식물병이 그리 문제가 되지는 않았을 것이다.

그러나 인간 문명의 발달에 따른 도시화가 인구 폭증을 유도하면서 인체병을 심하게 발생시켰다. 식량문제를 해결하기 위해 집약적 농업으로 전환하고, 자연 생태계를 파괴하면서까지 농작물을 재배하면서 식물병도 심하게 발생한다.

페스트와 스페인독감에 이어 코로나19 팬데믹까지 치명적 인체병이 지구촌에서 수많은 사람의 목숨을 빼앗았듯이, 감자 역병을 비롯한 파괴적 식물병이 기근을 초래해 엄청난 사람들의 목숨을 빼앗았다. 그래서 인체병과 전쟁만큼이나 식물병 에피데믹과 팬데믹이 사람들에게 두려움을 주었다는 사실은 놀라운 일이 아니다.

옛날 사람들은 재배하는 작물에 발생하는 식물병을 사람들이 저지른 잘못과 죄에 대한 신의 벌과 응징으로 간주하고 감내할 뿐이었다. 그러나 현미경의 발명으로 눈에 보이지 않던 병원체의 존재를 알아낸 후부터 식물병의 원인을 밝혀내고, 발병과정을 연구하고, 식물병을 예방

하며, 병든 나무를 치료하려는 과학적 노력이 꾸준하게 이어져 왔다. 이렇게 탄생한 학문 영역이 식물병학이다.

이 책에서는 식물병의 원인, 발생, 발병 환경, 병원체의 병원성 기작, 식물체의 저항성 기작, 식물병의 유전, 식물병의 생리, 식물병의 진단, 식물병의 방제 및 식물병 연구사 등 열 개의 단원으로 나눠 식물병학을 해설한다.

대학교수로 35년 재직하는 동안 제자들에게 강의했던 내용을 중심으로 식물병학을 쉽게 이해할 수 있도록 교수와 두 학생이 질의하고 응답하는 형식을 빌렸다. 실제 학생들이 질문했던 내용을 그대로 살리고, 교수로서 강조하고 싶은 부분을 문답 형식으로 엮었다.

지금까지 출판된 식물병학 교과서나 참고서가 모두 3인칭 서술형식을 빌려 일방향으로 기술하는 반면에, 이 책에서는 관행적 형식을 과감하게 타파한 새로운 쌍방향 대화 형식으로 식물병학을 소개한다. 그러므로 식물의학을 전공하는 학생들뿐만 아니라, 일반인들도 식물병학을 쉽게 이해하는 데 도움이 되리라 생각한다.

최근에는 집안에서 반려식물을 재배하거나, 텃밭을 경작하는 사람들이 늘었다. 생활권 수목의 건강을 담당하는 나무의사와 수목치료기술자 양성과정이 생기는 등 식물보호에 대한 관심이 높아지고 있다. 이 책이 비전공자의 식물병학 입문서로나, 관련 자격증을 취득하고자 하는 사람들에게 유익한 교재로 널리 활용되기를 소망한다.

2022년 1월 고영진

| CONTENTS |

병원체의 끊임없는 공격으로
세포, 조직, 기관의 생리 기능이 교란되면서
여러 가지 형태로 식물체에 병증상이 나타나
죽는 과정을 '식물병'이라고 정의한단다

01 | 식물병의 원인

벼 도열병

1. 식물병의 정의

 교수님! 제가 키우는 토마토가 왜 이렇죠?

 이런! 토마토가 식물병에 걸렸구나! 혜지 학생은 건강한 식물체의 분화에 대해 알고 있니?

 그럼요! 건강한 식물체의 생장점 세포는 활발하게 분열하며 여러 조직이나 기관으로 분화합니다.

 식물체에서 분화된 기관은 각각 어떤 기능을 수행할까?

 뿌리는 물과 양분을 흡수하고, 잎은 광합성과 증산작용을 합니다. 또한, 줄기는 식물체를 지탱하고, 물과 양분이나 광합성 산물을 운반하고, 종족을 보존하고 번식하기 위해서 종자 또는 번식기관을 만들어 광합성 산물을 저장합니다.

 그런데 식물체에서 이러한 필수 기능이 교란되면, 세포나 기관이 제 기능을 발휘하지 못하거나 파괴돼. 심지어 식물체 전체가 죽는다는 것도 알고 있지?

 그럼요! 이렇게 정상적 식물체 기능을 교란하는 것이 병원체(pathogen)죠?

 그렇고말고! 병원체에 의한 감염의 결과로 기능이 교란된 식물체에서 나타나는 모든 이상 증상을 총칭해서 병증상(syndrome) 또는 증후군이라고 한단다.

 그러면 식물병(plant disease)은 어떻게 정의하죠?

 병원체의 끊임없는 공격으로 세포, 조직, 기관의 생리 기능이 교란되면서 여러 가지 형태로 식물체에 병증상이 나타나 죽는 과정을 '식물병'이라고 정의한단다.

 이렇게 병원체에 의한 감염 결과로 식물이 병에 걸리면 어떤 병증상을 나타내죠?

질병을 앓는 사람이 점차 쇠약해지는 것처럼, 병에 걸린 식물체의 세포나 기관은 서서히 약해지거나 급작스럽게 붕괴하는 것이 보통이야.

 병원체 공격으로 교란되는 식물체의 생리 기능은 감염되는 부위에 따라 다르겠죠?

 그래! 병원체는 잎의 엽록소를 파괴해 광합성을 방해해. 줄기의 유관 속을 붕괴해 물과 양분 이동을 방해함은 물론, 뿌리를 썩혀 토양에서 물과 양분 흡수도 방해한단다.

 인체병이나 동물병처럼 식물병에도 병명이 있죠?

 그렇지! 병증상을 고려해서 잎이 시들면 '시들음병', 잎에 점무늬가 생기면 '점무늬병', 줄기에 궤양이 생기면 '궤양병', 뿌리에 혹이 생기면 '뿌리혹병', 뿌리가 썩으면 '뿌리썩음병', 열매가 썩으면 '열매썩음병'이라고 해.

 생로병사(生老病死)에서 자유로울 사람이 없듯이 병에 걸리지 않는 식물은 없죠?

 당연해! 야생식물보다 농작물이나 조경수목에서 식물병은 심하게 발생해서 사람들에게 경제적 손실을 주지.

 그렇군요! 결국 재배하는 농작물이나 조경수목 등을 보호하려면 식물병과 한바탕 전쟁을 치를 수밖에 없겠네요?

 그렇단다! 병원체는 살아남기 위해서 식물병을 일으키고, 사람들은 식물병에 의한 경제 손실을 막기 위해 총성 없는 전쟁이 지구상에서 이어지고 있단다.

 교수님! 이렇게 자세히 설명해주시니 식물병이 무엇인지 확 와닿네요^^

 가르치고 배우는데 왕도는 없단다. 주변에 있는 식물에 관심을 가지면서 함께 공부해보자꾸나!

기용 학생! 동물과 식물의 차이를 설명할 수 있니?

 네! 움직일 수 있는 생물은 동물이고, 움직일 수 없는 생물은 식물이잖아요?

 예전에는 그렇게 분류했었지! 그런데, 바다에서 산호는 동물인데 움직이지 않고, 파리지옥은 식물인데도 움직이잖니?

 아! 그러네요! 그럼, 동물과 식물을 어떻게 구분하나요?

산호   파리지옥

 모든 생물은 세포(cell)라는 생명의 기본 단위로 구성돼 있어. 현미경으로 그 세포를 자세하게 관찰해보면, 동물세포에는 세포벽과 엽록체가 없지. 반면에, 식물세포에는 세포벽과 엽록체가 있단다.

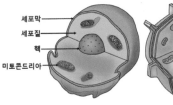

동물세포   식물세포

 그렇군요! 동물과 식물이 가진 또 다른 차이도 있나요?

 각종 기관이 발달한 사람이나 동물에는 뇌나 심장처럼 생명을 좌우하는 치명적인 급소가 있지만, 식물은 기관의 분화 정도가 낮아 치명점이 없어.

 식물에도 여러 가지 병이 발생하나요?

 그렇다마다! 사람과 동물들이 온갖 질병에 시달리는 것처럼 식물들도 많은 병으로 고통을 받지.

 식물병은 인체병과 어떤 차이가 있나요?

 사람들을 괴롭히는 인체병은 예방과 치료를 하지 않으면 죽음에 이르는 치명적인 질병이 많아. 그렇지만, 식물병은 식물체를 손상하더라도 치명적인 것은 많지 않아.

 인체병과 식물병을 일으키는 병원체도 다르겠군요?

 그래! 인체병은 세균에 의해 주로 발생하고, 곰팡이가 일으키는 병은 종류가 많지 않아. 손과 발에 생기는 '무좀'처럼 인체에 치명적이지도 않지만, 완치가 잘되지 않는단다. 반면에, 식물병은 곰팡이에 의해 주로 발생해. 세균이 일으키는 식물병은 많지 않지만, 치료가 어려워.

 그렇군요! 혹시 인체병원체가 식물에도 병을 일으키나요?

 그렇지 않아! 인체병원체가 식물에 병을 일으키지 않을 뿐 아니라, 식물병원체가 인체병을 일으키는 경우도 거의 없지.

 인체병처럼 식물병도 치료할 수 있나요?

 사람에게는 혈액순환계가 있어서 면역반응을 이용해 인체병에 대한 예방과 치료가 상당 수준으로 가능해. 그렇지만 식물에는 순환계가 없어서 식물병에 대한 치료가 대단히 힘들단다.

 식물병은 인체병과 매우 다르네요!

 그렇지만 식물병의 발생 원리나 예방법은 인체병과 근본적으로 다르지 않아!

교수님! 나무와 풀은 어떻게 구분하죠?

 목본식물인 나무는 사시사철 줄기가 계속 살아 있어서 굵기가 굵어지고 키도 커가지. 그러나 초본식물인 풀은 추운 겨울에는 뿌리만 살아남거나 뿌리까지 죽는단다.

 그러면 대나무는 나무죠? 설마 풀은 아니겠죠?

 궁금하지? 대나무는 땅위줄기가 여러 해 활동하며 잘 죽지 않고, 목질부처럼 단단한 구조를 갖는 것이 일반 나무의 특징과 비슷하지?

 네! 우후죽순(雨後竹筍)은 비가 온 뒤 죽순이 여기저기에서 빠르게 생장하는 것을 나타내는 거죠?

 그래! 죽순이 순식간에 자란 후에 생장이 멈추고 줄기가 더 길게 자라지 않을 뿐만 아니라, 유관속 형성층이 없기에 나이를 먹어도 굵어지지 않아. 나이테가 생기지도 않는데 속은 비어 있지 않니?

 그렇다면 대나무는 나무가 아니군요!

 물론이야! 대나무는 이름만 대나무일 뿐이고 사실은 60~120년을 주기로 단 한 번 꽃을 피우고 씨앗을 맺은 후에 죽는 초본식물인 풀이란다.

대나무 꽃 (출처: dongA.com)

 대나무꽃이 피면 대나무는 죽게 되죠?

그래! 대나무 처지에서 보면 정상적으로 수명을 다해 나타나는 생리 현상이야. 그런데 재배자 처지에서 보면 어떨까?

그거야 꽃이 피면 대나무는 결국 죽게 돼 재배자들에게 경제 손실을 안겨주겠죠?

 그렇지! 그래서, 재배자들은 대나무의 꽃을 식물병이라고 판단하고, '대나무 개화병(開花病)'이라고 불러.

 그래요? 재배자들이 주관적으로 병이라고 판단할 뿐이고, 사실은 식물병이 아니죠?

 그렇고말고! 대나무는 이름만 나무일 뿐 나무가 아니고, '대나무 개화병'은 이름만 식물병일 뿐 식물병이 아니지.

 교수님! 튤립은 원래 단색으로 피잖아요? 그런데, 꽃잎에 생기는 얼룩무늬는 왜 생기나요?

 바이러스에 감염된 꽃잎의 무늬는 식물체인 튤립 처지에서 보면 바이러스병에 걸린 증상이 명백해. 그런데 튤립을 생산하는 재배자 처지에서 보면 희귀한 꽃이 피어 이득을 주기에 식물병으로 여기지 않는단다.

튤립 바이러스병

 아! 얼룩무늬가 사실은 식물병에 감염된 병증상인가요?

 그렇고말고! 바이러스에 감염돼 잘 죽지 않지만 '바이러스병'에 감염된 상태지.

 그렇군요! 이렇게 비슷한 사례가 또 있나요?

 당연히 있고말고! 대나무 표면에 곰팡이가 감염되어 생긴 무늬도 '호반죽(虎斑竹)'이라 부르며 진귀하게 다루지. 사실은 '대나무 점무늬병'에 감염된 것이야.
또한, 줄(*Zizania latifolia*)은 특정한 병에 감염되었을 때 눈이 비대해져서 채소로서 귀하게 여겨지지만, '깜부기병'에 감염된 것이란다.

 그렇다면 식물병에 대한 정의도 엄격하게 내려야겠네요?

그래서 식물병을 정의할 때, '튤립 바이러스병'처럼 순수한 학문적 입장에서 정의하는 식물병을 절대병이라 해. '대나무 개화병'처럼 인간의 경제적 관점에서 정의하는 것을 상대병이라고 하고. 그러나 식물병학이나 식물의학에서 학문적으로는 오직 절대병만 식물병으로 다루고 있단다.

 교수님! 인간에게 경제적 이득을 줄 지라도 식물병인데, 병에 걸린 식물들은 아프지 않을까요?

 왜 아프지 않겠니? 인간의 경제적 이익을 추구하기 위해 튤립에 바이러스를 접종해서 '튤립 바이러스병'을 만들고, 대나무에 곰팡이를 접종해서 '호반죽'을 만드는 것은 명백하게 식물을 학대하는 행위가 아니겠니?

 어떡하죠! 식물들은 말을 하지 못하니 안타깝게도 고통을 호소하지 못할 뿐이겠군요!

 그렇고말고! 튤립이 바이러스에 감염돼 꽃에 무늬를 만드는 것이나, 대나무가 곰팡이에 감염돼 줄기에 무늬를 만드는 것은 식물들의 고통스러운 몸부림의 표현이야!

 교수님 강의를 들으니까 지금까지 무심코 지나쳤던 식물들의 상태를 들여다보게 되네요!

 병들면 사람을 비롯한 동물은 물론이거니와, 식물도 고통스럽기는 마찬가지니 잘 보살펴 줘야 한단다.

2. 식물병의 병원

 교수님! 식물병의 병원(pathogen)이란 어떤 개념인가요?

 병원(病原)은 식물에 병을 일으키는 원인을 총칭해.

그러면 미생물이 식물병의 병원이겠네요?

 그렇게 생각하기 쉽지. 미생물이 중요한 병원이기는 해. 그렇지만 미생물이 병원의 전부라고 생각하면 안 돼!

 그런가요? 병원은 조금 더 복잡한 개념인가요?

 그렇단다! 미생물을 다른 요인의 영향 아래에서 식물에 병을 일으키는 자극물 또는 복합 원인의 일부로, 원인생물(causal organism)이라고도 한단다.

 그러면 식물병의 병원에는 어떤 종류가 있나요?

 호스폴(Horsfall)과 디몬드(Dimond)는 식물에 병을 일으키는 병원을 다음과 같이 세 종류로 분류했단다.
① 비생물성 병원 ② 생물성 병원 ③ 바이러스성 병원

 그런데 바이러스를 생물성 병원에 포함하지 않고 별도로 분류했네요?

 그렇지! 바이러스 복제는 생물이 증식하는 특성과 닮아 바이러스를 미생물로 분류하기도 하지. 그러나 아주 엄밀하게 분류하면 생물이 아니야.

 그런가요? 그렇다면, 생물은 어떠한 특성을 갖춰야 하나요?

 세포 내에 유전물질인 핵산을 함유하고, 효소를 생산해 신진대사를 하며, 생장과 증식을 할 수 있어야 한단다.

 바이러스는 효소를 생성하지 않아 신진대사를 하지 않고, 생장하지도 않기에 생물이 아니라는 뜻이군요!

 그래! 그럼에도 불구하고 바이러스는 미생물처럼 기주에 감염을 일으키고 기생하는 기주 세포에서 자기 복제를 하기에 미생물처럼 취급하지.

모든 생물은 세포로 구성되지만, 바이러스를 구성하는 것은 세포가 아닌 입자라는데, 그런가요?

 그렇고말고! 세포에 핵을 비롯해 여러 소기관을 가진 미생물과는 달리 바이러스는 핵산과 단백질 외피로 구성된 입자이고, 바이로이드는 핵산만으로 구성된 입자 형태란다.

 생물성 병원과 더불어 바이러스성 병원은 다른 생명체에 감염성과 기생성 그리고 전염성을 가지나요?

 그래서 생물성 병원 또는 바이러스성 병원이 일으키는 식물병을 감염성병, 기생성병 또는 전염성병이라고 하고, 비생물성병원이 일으키는 식물병은 비감염성병, 비기생성병 또는 비전염성병이라고 해.

비기생성 병원

 교수님! 그러면, 비기생성 병원은 어떤 것들이 있죠?

 비기생성 병원은 매우 다양해. 식물체의 생장에 부적합한 토양 조건을 비롯해 양분의 결핍, 부적합한 기상 조건, 부적합한 작업, 물리적 토양 스트레스, 공업부산물, 대기오염물질, 식물대사산물 등 식물체 주변의 모든 환경 요인들이 직·간접적으로 식물병을 일으키는 비기생성 병원으로 작용한단다.

 그렇군요! 비기생성 병원이 되는 부적합한 토양 조건은 어떤 것들이죠?

 토양수분의 과다 또는 부족, 부적당한 물리적 구조, 통기 불량에 의한 산소공급 부족, 부적당한 토양반응(pH), 토양 중 중금속 오염, 유해염류의 집적 등이 대표적 비기생성 병원이 되는 부적합한 토양 조건으로 꼽을 수 있어.

부적합한 토양 조건이 일으키는 식물체의 피해 증상

병원	원인	피해 증상
부적합한 토양 조건	토양수분 과다	습해
	토양수분 부족	한해(가뭄피해)
	부적당한 토양의 물리적 구조	배수, 투수, 보수, 통기 불량
	부적당한 토양반응(pH)	산성, 알칼리성 토양
	토양 중 중금속 오염	중금속 장해
	유해염류 집적	염류 장해

 토양 속 양분 결핍 또는 양분 상호 간 길항작용에 의한 양분 흡수 저해도 비기생성 병원이죠?

 그렇지! 특히 질소, 인, 칼륨, 칼슘, 붕소 등 양분의 결핍은 식물체에 여러 가지 생리적 장해를 일으킨단다.

양분 결핍이 일으키는 식물체의 피해 증상

병원	원인	피해 증상
양분 결핍	질소 결핍	아래 잎들이 누렇게 또는 옅은 갈색으로 변함
	인 결핍	줄기가 짧고 가늘며 꼿꼿하게 서고 길쭉해짐
	칼륨 결핍	벼 좀균핵병, 보리 흰무늬병 등 유발
	칼슘 결핍	토마토 배꼽썩음병 유발
	붕소 결핍	무/배추 속썩음병, 사과 축과병, 담배 윗마름병 유발

 비기생성 병원이 되는 부적합한 기상 조건에는 어떤 것들이 있죠?

 기상 재해, 건조, 저온과 고온 피해, 광선 과다 또는 광선 부족 등이 식물 생육에 부적합한 대표적 기상 조건이지.

부적합한 기상 조건이 일으키는 식물체의 피해 증상

병원	원인	피해 증상
부적합한 기상 조건	기상 재해	태풍, 폭우(수해), 폭설(설해), 우박, 벼락(낙뢰), 강풍(풍해), 가뭄(한해, 한발)
	건조 피해	시들음, 점무늬, 낙엽현상
	저온 피해	냉해, 동해, 상해(늦서리피해)
	고온 피해	토양산소 부족으로 뿌리 활력 저하
	광선 과다	일소현상: 고온으로 갈변 또는 수침상 무늬
	광선 부족	일조량 부족: 웃자람

비기생성 병원이 되는 부적합한 작업이나 물리적 토양 스트레스에는 어떤 것들이 있죠?

농기구 또는 농기계에 의한 상해, 비료 과용, 농약 남용과 오용, 제초제 피해, 유인선과 보강줄에 의한 줄기 조임, 복토와 절토, 도로포장, 답압(踏壓)에 의한 스트레스, 무리한 이식 등이 식물에 피해를 준단다.

부적합한 작업이나 물리적 토양 스트레스가 일으키는 식물체의 피해 증상

병원	원인	피해 증상
부적합한 작업이나 물리적 토양 스트레스	기계적 상해	상해
	비료 과용	비해
	농약 남용 또는 오용	약해
	제초제	
	유인선, 보강줄에 의한 줄기 조임	생장 저해
	복토, 절토, 도로포장, 답압에 의한 스트레스	
	무리한 이식	

비기생성 병원이 되는 공업부산물과 대기오염물질은 어떤 것들이죠?

아황산가스, 불화수소, 염화수소, 오·폐수를 비롯한 공업부산물과 PAN, 오존, 연기, 연무 등 여러 대기오염물질 등도 식물에 피해를 주고 있어.

공업부산물과 대기오염물질이 일으키는 피해 증상

병원	원인	피해 증상
공업부산물과 대기오염물질	아황산가스(SO₂)	잎끝마름, 황화, 괴저
	불화수소(HF)	잎끝괴저, 잎가괴저
	염화수소(HCl)	회백색 점무늬, 고사
	PAN(PeroxyAcetylNitrate)	잎 표면 광택, 은회색, 청동색
	오존(O₃)	잎 변색, 괴저, 끝마름, 위축
	연기, 연무	생장 저해
	오·폐수	

비기생성 병원으로 작용하는 식물대사산물에는 어떤 것들이 있죠?

식물노화호르몬인 에틸렌과 수송, 저장 중 발생하는 유해물질도 비기생성 병원으로 작용한단다.

식물대사산물이 일으키는 식물체의 피해 증상

병원	원인	피해 증상
식물대사산물	에틸렌(CH₂CH₂): 식물노화호르몬	생장 위축, 잎 황화, 꽃의 기형과 괴저
	수송, 저장 중 발생하는 유해물질	변색, 부패

 병, 해, 장해 또는 생리적 장해는 각각 다른 개념이죠?

 그럼! 병원의 끊임없는 자극으로 식물체 기능이 나빠지는 과정을 병이라고, 조직 일부의 급격한 손실을 해(injury)라고, 부적당한 토양 조건이나 영양결핍처럼 비기생성 원인이 일으키는 식물체의 이상을 장해(disorder) 또는 생리적 장해(physiological disorder)라고 정의한단다.

 교수님! 병해는 병과 해를 합친 개념이죠?

 그렇지 않아! 병해는 병과 해의 총칭이 아니라 냉해, 동해, 수해, 풍해, 상해 등과 대등한 말로써 병에 의해 식물체에 생긴 피해를 뜻해.

 충해는 해충에 의해 생긴 피해를 뜻하죠?

 그렇고말고! 해충은 곤충 중에서 해로운 곤충을, 충해는 해충에 의한 피해를 의미하지.

 교수님! 병해충과 병충해의 차이는 뭐죠?

 병해충은 병과 해충(병+해충)을, 병충해는 병과 해충에 의한 피해(병해+충해)를 의미한단다.

 어라! 용어들이 비슷비슷해서 혼동하기 쉽겠는데요!

 신문 및 방송 기자도 병해충과 병충해를 자주 혼동하면서 사용하는 것을 흔히 보는데, 의미를 잘 이해해야 해.

교수님! 그러면, 기생성 병원은 어떤 것들이 있죠?

 식물병을 일으키는 기생성 병원은 다음의 3가지 종류로 대별할 수 있단다.
 ① 동물 ② 식물 ③ 미생물

 그렇군요! 기생성 병원으로서 동물은 어떤 것이 있나요?

 사람뿐만 아니라 새, 두더지 등 야생동물과 곤충, 선충, 연체동물, 응애 등이 기생성 병원에 포함된단다.

 그래요? 사람도 기생성 병원에 포함된다니 놀라운데요!

 사람이 식물에 얼마나 피해를 많이 주는데 그래!

 기생성 병원으로서 식물은 어떤 것인지 궁금하네요?

 많지! 새삼, 겨우살이, 현삼, 영달 등 기생식물과 만경식물(넝쿨식물), 칡 등 착생식물, 조류(말무리) 등이 식물에 피해를 주는 기생성 병원이야.

 기생성 병원으로서 미생물은 어떤 것이 있나요?

 곰팡이를 비롯해 유사균류(끈적균, 무사마귀병균, 난균), 세균, 몰리큐트(파이토플라스마, 스피로플라스마), 원생동물 등이 식물에 피해를 주는 기생성 병원이란다.

 기생성 병원으로서 바이러스성 병원은 어떤 것인가요?

 바이러스뿐만 아니라 바이로이드도 포함하지.

식물에 피해를 주는 기생성 병원

생물성 병원		
동물	고등동물	사람, 야생동물(새, 두더지) 등
	곤충	해충
	선충	
	연체동물	달팽이
	응애	등동물
식물	기생성 종자식물	겨우살이, 새삼, 현삼, 영달 등
	착생식물	만경식물(넝쿨식물), 칡 등
	조류(말무리)	
미생물	곰팡이(진균)	
	유사균류	끈적균(점균), 무사마귀병균, 난균
	세균	
	몰리큐트	파이토플라스마, 스피로플라스마
	원생동물	
바이러스성 병원		
바이러스	바이러스	
	바이로이드	

교수님! 병원은 병원체 및 병원균과 어떻게 다른가요?

병원은 가장 넓은 의미로 기생성 병원은 물론이거니와, 바이러스성 병원과 비생물성
병원까지 포함해 식물병을 일으키는 모든 요인을 총칭해.
병원체는 기생성 병원인 생물성 병원과 바이러스성 병원을 통칭해. 병원균은 가장 좁은
의미로 생물성 병원 중에서 곰팡이, 유사균류, 세균, 몰리큐트 등 미생물을 총칭하지.

몇 가지 혼동하기 쉬운 용어 정리

병원	생물성 병원+바이러스성 병원+비생물성 병원
병원체	생물성 병원+바이러스성 병원
병원균	생물성 병원 중 미생물: 곰팡이+유사균류+세균+몰리큐트

병원체의 발견

교수님! 식물병을 일으키는 병원체를 언제부터 인지하게 되었죠?

선사시대에도 식물병은 존재했지. 사람들이 유목 생활을 하다가 정착해서 식량 작물

을 재배하던 시대에는 더욱 심하게 식물병이 발생했을 거야. 그러나 현미경이 발명 되기 전에는 겨우살이(mistletoe)가 사람들이 인지할 수 있는 유일한 병원체였지.

하루살이는 곤충인데, 겨우살이는 뭐죠?

초겨울 숲속에서 낙엽이 진 고목나무를 살펴보면 어느 가지 부위에 푸른 잎이 무성한 것을 흔히 볼 수 있어. 고목나무 잎이 아닌 다른 식물 잎이 자라는 것이지.

아! 겨우살이 잎이로군요!

그래! 겨우살이엔 엽록체가 있어 스스로 광합성을 할 수 있지. 다만 자기가 생산한 광합성 산물로는 생존할 수 없단다. 그래서 겨우살이는 흡기라는 기생뿌리를 다른 나무의 줄기에 집어넣고, 필요한 수분과 양분을 흡수하며 살아가지.

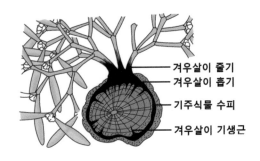

겨우살이 줄기
겨우살이 흡기
기주식물 수피
겨우살이 기생근

그러면 겨우살이는 어떻게 번식하죠?

겨우살이는 다른 종자식물처럼 열매를 맺고, 새와 다른 동물들에게 의존해 씨앗을 퍼뜨린단다.

그런데 겨우살이가 어떻게 식물에 피해를 주죠?

겨우살이는 기생하는 나무 부위를 부풀고 쇠약하게 만들어. 강풍이나 폭풍우에 의해 나무를 쉽게 부러지게 만들지.

그렇겠네요! 겨우살이는 언제 병원체로 인지했죠!

매그너스(Magnus)가 12세기에 처음 인지했어. 그는 겨우살이를 박멸해야 나무를 보호할 수 있다고 주장했지.

 교수님! 기주(host)와 기생체(parasite)는 어떤 개념이죠?

 병원체가 감염시킬 수 있는 대상을 기주라 해. 기주에 기생해서 영양을 빼앗고 살아가는 병원체는 기생체라고 한단다. 그러나 겨우살이처럼 눈에 띄는 기생체는 드물고, 대부분 현미경을 통해서만 볼 수 있어.

 만약 현미경이 발명되지 않았더라면 우리는 대부분 병원체의 존재조차도 모르고 살고 있겠네요!

현미경의 발명

 교수님! 현미경은 언제 발명되었나요?

 1590년경 네덜란드의 얀센(Janssen)이 최대 10배까지 확대할 수 있는 최초의 현미경을 만들었단다.

Janssen의 현미경
(출처: 에듀넷)

 그러면 눈에 보이지 않던 미생물을 관찰할 수 있는 현미경은 누가 발명했나요?

 1660년경 레벤후크(Leeuwenhoek)는 구리와 유리구슬을 이용해 엄지손가락보다 약간 크지만 270배까지 확대할 수 있는 획기적 현미경을 발명했어.
레벤후크가 발명한 현미경은 곰팡이, 원생동물, 심지어 세균까지 관찰할 만큼 분해 능력이 뛰어나. 레벤후크는 '세계 역사상 가장 영향력 있는 인물 100인' 중 한 명으로 선정되었단다.

Leeuwenhoek의 현미경
(출처: Wikipedia)

 1665년 영국의 훅(Hooke)도 현미경을 개발하지 않았나요?

훅은 개발한 현미경으로 코르크가 물에 잘 뜨는 원리를 찾다가 코르크 절편에서 세포벽 형태의 구멍들을 발견해 세포(cell)라고 처음 명명했지. 또한 눈에 보이지 않던 곰팡이, 세균 등 수 많은 미생물을 관찰하고 정리해서 1667년 『Micrographia』라는 미생물학 저서를 편찬했단다.

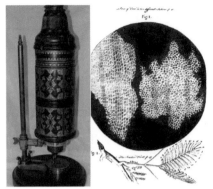
Hooke의 현미경과 코르크의 세포(출처: Wikipedia)

 교수님! 식물병원체의 크기는 다양한가요?

 식물세포와 병원체의 크기를 비교해보면 선충, 곰팡이, 원생동물, 세균은 광학현미경으로도 관찰할 수 있지. 그런데 몰리큐트, 바이러스와 바이로이드는 전자현미경으로만 관찰할 수 있을 정도로 작아.

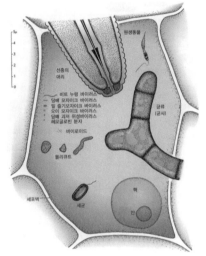

 병원체는 몇 배로 확대해야 볼 수 있나요?

 식물세포 크기가 20㎛ 정도니까 50배로 확대해야 1㎜ 정도로 볼 수 있어. 곰팡이는 100배, 세균은 1,000배, 몰리큐트는 수천 배, 바이러스는 수만 배로 확대해야 해.

식물세포와 주요 병원체(출처: 식물병리학)

3. 식물병원곰팡이

 교수님! 곰팡이(fungi)는 식물로 분류되었었죠?

 곰팡이와 고등식물에는 핵막을 가진 진핵

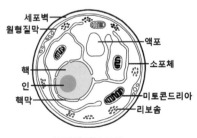
곰팡이 세포 구조

세포가 세포벽으로 둘러싸여 있어 식물계로 분류됐었지.

 곰팡이가 식물체랑 어떤 점이 닮았죠?

 식물체가 뿌리, 줄기, 잎 등 영양체와 열매, 종자 등 번식체로 된 것처럼, 곰팡이도 영양체와 번식체로 구성되어 있단다.

 모든 곰팡이가 그런 것은 아니죠?

 유사균류인 끈적균과 무사마귀병균의 영양체는 세포벽이 없는 다핵 원형질이 아메바 상태로 집결한 변형체(plasmodium)로 되어있단다.

 세포벽이 없으니까 형태가 일정하지 않아서 변형체라는 이름을 붙였겠죠?

변형체

 그래! 아메바처럼 형태가 일정하지 않은 다형성이어서 붙여진 이름이란다.

 또 다른 형태의 영양체도 있죠?

 하등균류인 병꼴균의 영양체는 끝이 가느다란 가근(rhizoid)이지.

 식물 뿌리처럼 생겨서 가근이죠?

가근

 그래! 곰팡이 영양체는 보통 폭이 1~30㎛ 정도로 아주 가늘고 길게 자라는 균일한 균사(hypha)로 구성되어 있어.

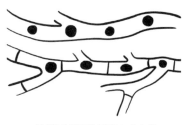

균사는 우리 몸속의 혈관처럼 생겼네요!

다핵균사(위)와 격벽균사(아래)

그렇단다! 균사 중간에 칸막이처럼 생긴 격벽(septum)으로 하등균류와 고등균류를 구분한단다.

 고등균류에 격벽이 있죠?

 그렇지! 끈적균, 난균, 병꼴균, 접합균 등의 하등균류는 격벽이 없는 다핵균사로, 자낭균, 담자균, 불완전균 등 고등균류의 균사는 격벽에 작은 구멍을 가진 격벽균사로 되어있어.

 교수님! 곰팡이의 세포벽 성분도 차이가 있죠?

 유사균류인 난균의 세포벽 주성분은 식물의 세포벽 주성분처럼 셀룰로스(cellulose)지만, 진정균류인 병꼴균, 접합균, 자낭균, 담자균, 불완전균의 세포벽 주성분은 키틴(chitin)으로 되어 있단다.

 그런데, 균사와 균사체(mycelium)의 차이는 뭐죠?

 곰팡이 포자(spore)가 발아해서 형성된 한 가닥의 균사가 나뭇가지가 분지하듯이 왕성하게 생장을 거듭하면서 무성하게 자란 것을 균사체라고 해.

 균체(thallus)는 또 다른 용어죠?

 우리 몸을 신체라고 하듯이, 곰팡이의 영양체인 균사와 균사체 등을 통칭해서 균체라고 하지.

 1차 균사와 2차 균사는 어떻게 다르죠?

 1차 균사는 담자포자에서 자란 균사에 있는 세포마다 핵이 한 개씩 있는 단핵균사야. 1차 균사끼리 균사 융합한 2차 균사는 핵이 두 개씩 있는 2핵 균사고.

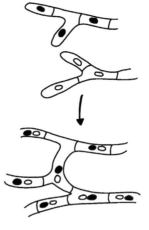

1차균사와 2차균사

꺽쇠연결(clamp connection)이 뭐죠?

 2차 균사가 자랄 때, 인접한 두 세포 사이 격벽 부근에 돌기가 만들어져 두 세포가 연결되지. 이때 핵이 이동할 수 있는 통로를 꺽쇠연결이라고 해. 꺽쇠연결 때문에 2차 균사의 말단에서 균사가 신장할 때마다 새로이 형성되는 세포에는 서로 다른 두 개의 핵이 공존하게 돼. 현미경으로 꺽쇠연결이 있는 것이 관찰되면 담자균이라고 동정할 수 있지!

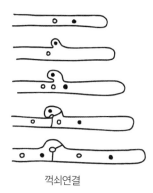

꺽쇠연결

 곰팡이는 생존에 필수적 특수 기능을 수행하는 균사조직(plectenchyma)을 만들죠?

 그럼! 포자가 발아해서 형성되는 발아관(germ tube)은 균체가 식물체 표면에 달라붙도록 부착기(appressorium)를 만들어. 또한 식물체로 침입하는 침입관(infection peg)과, 식물체에서 영양을 흡수하는 흡기(haustorium)를 만든단다.
아울러 균사체는 부적합한 환경에서 생존하기 위해 균사체가 덩어리로 뭉쳐 단단한 세포벽을 가진 균사조직, 즉 균핵(sclerotium)을 만들기도 해.

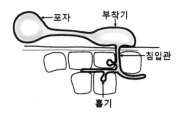

 부착기, 침입관, 흡기, 균핵 등이 모두 균사조직이군요!

 그래! 곰팡이가 여러 가지 균사조직을 만드는 것을 보면 고등식물만큼 분화된 생명체인 것을 알 수 있지 않니!

곰팡이의 번식

 교수님! 곰팡이도 번식하나요?

 그렇단다! 곰팡이는 식물 종자처럼 작은 포자로 번식해.

효모(yeast)는 단세포로 구성되어 있지 않나요?

 단세포인 효모는 무성생식에 의해 성숙한 세포에서 싹이 트듯이, 딸세포인 새로운 포자를 만들어 번식한단다.
이렇게 효모 핵이 체세포분열(mitosis)을 해 만든 포자를 출아포자(blastospore), 또는 분아포자라고 하지.

 다른 곰팡이들은 어떻게 포자를 형성하나요?

 효모를 제외한 대부분 곰팡이는 균사체 또는 특수한 포자 형성 구조체 속에 무성포자와 유성포자를 만든단다.

 그렇군요! 곰팡이의 무성포자는 언제 형성되나요?

 환경조건이 좋을 때, 곰팡이는 유전자의 재조합이 없이 무성생식에 의해 수많은 무성포자를 형성하지.

 교수님! 곰팡이의 유성생식은 어떤 경우에 일어나나요?

 곰팡이는 추위나 건조한 환경 등에서 살아남기 위해서 유성생식을 하지. 곰팡이의 월동, 유전 등 종족을 유지하기 위해 유성생식이 매우 중요한 역할을 담당해.

 유성포자를 형성하는 유성생식은 무성포자를 형성하는 무성생식과 어떤 차이가 있나요?

 유성생식은 유전 형질이 다른 곰팡이끼리 교배에 의해 유전적 재조합을 거쳐 유성포자를 만들지. 다음처럼 3단계 과정을 순서대로 거치고 핵상도 변화한단다.
① 원형질융합 ② 핵융합 ③ 감수분열

곰팡이의 유성생식 단계별 내용과 핵상의 변화

유성생식 단계	내용	핵상	
원형질융합 (plasmogamy)	두 개의 원형질이 합치면서 반수체의 핵을 모여 2핵 세포 상태가 되는 단계	2핵체(dikaryon)	N+N
핵융합 (karyogamy)	두 핵이 결합해 접합체가 되는 단계	배수체(diploid)	2N
감수분열 (meiosis)	결합한 핵이 배수체에서 다시 반수체로 환원되는 단계	반수체 (haploid)	N

 곰팡이는 생존에 유리한 환경에서는 무성생식을 하지만, 영리하게도 불리한 환경에서는 유성생식을 하는군요!

곰팡이의 무성포자

 교수님! 곰팡이가 형성하는 무성포자 중에서 유주포자(zoospore)는 어떤 포자죠?

 편모(flagellum)를 가져 물속에서 헤엄칠 수 있는 포자를 유주포자라고 한단다.

 유주포자낭(zoosporangium) 속에서 형성되는 유주포자는 편모가 한 개인 유주포자와 두 개인 유주포자가 있죠?

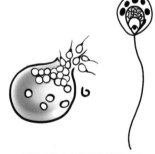

유주포자낭과 단편모 유주포자

 그래! 하등균류인 병꼴균은 뒤편에 편모 1개를 가진 단편모 유주포자를 형성하는데, 채찍 모양 편모는 나룻배의 노처럼 좌우 운동으로 생기는 추진력에 의해 유주포자를 앞으로 나아가게 해.

 유사균류인 끈적균과 난균은 2개의 편모를 가진 쌍편모 유주포자를 만들죠?

 앞쪽 깃털 모양의 편모는 방향타 역할을 하고, 뒤편 채찍 모양의 편모가 노를 젓듯이 헤엄쳐 앞쪽으로 유주포자가 움직이게 하지.

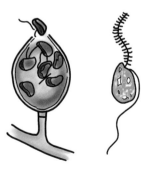

유주포자낭과 쌍편모 유주포자

접합균은 유주포자를 만들지 않죠?

 그래! 접합균은 유주포자 대신에 무성포자로 바람에 의해 잘 전파되는 포자낭포자(sporangiospore)를 포자낭(sporangium) 속에 만들지.

 유주포자낭과 포자낭은 형태가 아주 비슷해서 구분할 수 없죠?

포자낭포자

 그래! 무성포자가 방출되기 전에는 구분할 수 없단다.

 포자낭포자를 형성하는 접합균은 유주포자를 형성하는 병꼴균에 비해 진화한 곰팡이죠?

 그렇단다! 접합균은 수생생활에서 벗어나 육상생활을 하도록 진화한 곰팡이 그룹이야.

 교수님! 고등균류는 어떤 포자를 형성하나요?

 대부분 곰팡이는 균사에서 분화된 균사조직인 분생포자경(conidiophore) 위에 분생포자(conidium)를 형성한단다. 그러나 분생포자과(conidioma)라는 포자형성 구조체에 분생포자를 형성하기도 한단다.

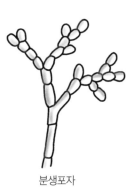

분생포자

 그렇군요! 분생포자과에는 어떤 종류가 있죠?

 어떤 곰팡이들은 무성생식에 의해 다음과 같은 4종류의 분생포자과에 분생포자를 생성한단다.
　① 플라스크 모양을 한 분생포자각(pycnidium)
　② 얇은 접시 모양을 한 분생포자층(acervulus)
　③ 매트 모양을 한 분생포자좌(sporodochium)
　④ 분생포자경이 다발을 이룬 분생포자경다발(synnemata)

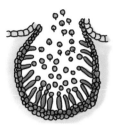

분생포자각

분생포자층

분생포자좌

분생포자경다발

 다른 형태의 무성포자도 있나요?

 그렇단다! 일부 곰팡이에서는 격벽균사나, 분생포자
에서 특정 세포의 세포벽이 두텁게 발달한 후벽포자
(chlamydospore)가 형성된단다.

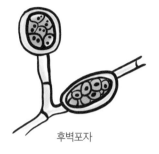

후벽포자

곰팡이의 유성포자

 교수님! 곰팡이가 형성하는 유성포자도 다양하죠?

 곰팡이는 다음과 같은 네 종류의 유성포자를 형성한단다.
① 난포자 ② 접합포자 ③ 자낭포자 ④ 담자포자

 난균의 난포자(oospore)는 어떻게 형성되죠?

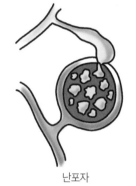

난포자

 난핵을 지닌 공 모양 난기(장란기, oogonium)와 웅핵을 지닌 크기가 작은 웅기(장정
기, antheridium)가 접촉해 원형질 융합을 해. 그러고 나서 웅기에 있던 웅핵이 이동
해 난기에 있는 난핵과 결합하지. 그렇게 난포자가 만들어진단다.

 그렇군요! 접합균에서 접합포자(zygospore)는 어떻게 형성되죠?

 수정에 관여하는 배우균사에서 발달한 크기가 비슷한 배우
자낭(gametangium)끼리 접착해. 그 부분이 굵어져서 두꺼

접합포자

운 세포벽을 가진 공 모양의 접합포자를 형성하지.

 자낭균에서 자낭포자(ascospore)는 어떻게 형성되죠?

 자낭균은 자루 모양의 자낭(ascus) 속
에 자낭포자를 형성해. 크기가 큰 조
낭기(ascogonium)와 크기가 작은 조
정기(장정기, antheridium)가 융합해
자낭모세포를 만들고 핵융합과 체세포

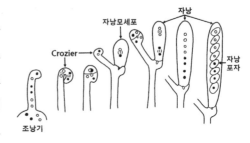

분열을 하지. 이어 감수분열과 체세포분열을 반복해 8개의 자낭포자를 형성한단다.

 자낭을 자낭과(ascoma)에 형성하기도 하네요!

 자낭은 나출된 경우도 있지만, 보통 자낭과라고 부르는
포자형성 구조체 속에 형성된단다.

나출된 자낭

 교수님! 자낭과의 종류도 다양하죠?

 그래! 자낭균은 다음과 같이 3종류의 자낭과 속에 자낭을 형성한단다.
① 공 모양을 한 자낭구(cleistothecium)
② 플라스크 모양을 한 자낭각(perithecium)
③ 쟁반 모양을 한 자낭반(apothecium)
자낭구는 폐쇄자낭각, 자낭각은 유공자낭각이라고도 해.

자낭구

자낭각

자낭반

 식물체 조직 속에 묻혀 있는 자낭과도 있죠?

균사가 밀집된 자좌(stroma)에 있는 작은 방에서 자낭이 만들어지면 자낭자좌 (ascostroma)라고도 해. 자좌 내에 있는 자낭각과 비슷한 작은 방을 위자낭각 (pseudothecium)이라고 하고 말이야.

교수님! 분생포자각과 자낭각은 형태가 아주 비슷하네요! 어떻게 구별하죠?

그러게 말야! 유주포자낭과 포자낭처럼 완전하게 성숙되어 포자가 방출되기 전에는 구별할 수 없단다.

그렇군요! 담자포자(basidiospore)는 어떻게 형성되죠?

담자균에서 두 가지 형태의 포자 형성 구조체인 담자기(basidium) 위에 생긴 4개의 소병(sterigma) 위에 4개의 담자포자를 생성하지.

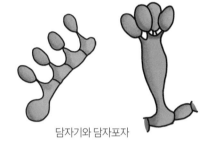
담자기와 담자포자

담자균 중에서 '녹병균'과 '깜부기병균'의 담자기와 담자포자를 다른 이름으로 부르죠?

'녹병균'과 '깜부병균'의 겨울포자가 직접 발아해 형성하는 담자기를 전균사(promycelium)라고 불러. 그 위에 형성된 담자포자를 소생자(sporium)라고 부른단다.

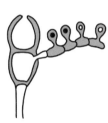

교수님! '녹병균'의 겨울포자는 핵상이 변하네요?

전균사와 소생자

그래! 겨울포자가 형성될 때는 이핵성(N+N)이지만, 발아 전에 2개 핵이 융합해 2배체 (2N) 핵이 돼. 곧이어 감수분열과 체세포분열(유사분열)을 거쳐 4개의 핵(N)이 된단다.

신기하네요! 병꼴균과 끈적균도 유성포자를 형성하죠?

하등균류인 병꼴균이나 유사균류인 끈적균은 부적합한 환경에서 살아남으려 유성포자 같은 기능을 수행하려 하지. 그래서 세

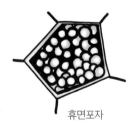
휴면포자

포벽이 두꺼운 휴면포자(resting spore)를 형성하는 거야.

 알고 보니 곰팡이가 형성하는 유성포자도 다양하네요!

 무성포자에 비해 세포벽이 발달한 유성포자는 부적합한 환경조건일 때 생존하기 위해 드물게 만들어진단다.

 에휴! 무성포자와 유성포자를 다 외우려면 힘들겠다!

 혜지 학생! 그래도, 포자의 종류와 형태는 곰팡이를 분류하는 중요한 기준이 되기 때문에 반드시 알아둬야 해!

곰팡이의 분류

 교수님! 생물은 어떻게 분류하나요?

 1735년 린네(Linné)는 생물을 분류하면서 계(Kingdom)를 도입해 다음과 같이 생물을 2계로 분류했단다.
① 식물계(Plantae) ② 동물계(Animalia)

 식물과 동물로 구분하기 어려운 경우가 있지 않나요?

 그렇지! 직립보행을 하는 사람은 쉽게 동물로 분류되듯이, 진화된 고등생물에서 이러한 분류는 확연해. 그러나 진화가 덜 된 하등생물에서는 그 구분이 모호한 경우가 많아.

 그래서 2계설을 대신할 3계설이 등장했군요?

 그래! 1866년 헤켈(Haeckel)은 세균을 비롯한 원시 생물들을 포괄하는 원생생물계(Protista)를 신설해 다음과 같이 생물을 3계로 분류했단다.

① 식물계   ② 동물계   ③ 원생생물계

교수님! 곰팡이는 언제 균계(Fungi)로 독립되었죠?

1969년 휘터커(Whittaker)는 균계를 신설해 곰팡이를 식물계에서 독립시켰어. 또 원핵생물인 세균을 원생생물계에서 독립시켜 원핵생물계(Monera)를 신설했지. 그리하여 다음처럼 생물을 재분류한 5계 분류체계를 도입했단다.
① 식물계   ② 동물계   ③ 균계   ④ 원생생물계   ⑤ 원핵생물계

5계 분류체계는 꽤 논리적이죠?

5계 분류체계도

그래! 진화 정도와 영양을 취하는 방식의 차이에 따른 분류체계로, 지금도 사람들이 많이 따르고 있어.

진화 정도의 차이라는 것은 무슨 말씀이시죠?

5계 분류체계도를 보면 원핵생물계는 단세포 원핵생물, 원생생물계는 단세포 진핵생물, 그리고 균계, 식물계 및 동물계는 다세포 진핵생물에 속한단다. 원핵생물계에서 원생생물계를 거쳐 위쪽의 균계, 식물계 및 동물계로 갈수록 진화한 것을 알 수 있지.

그러면 영양을 취하는 방식의 차이는요?

식물계는 광합성으로, 동물계는 섭취 방식으로, 그리고 균계는 원핵생물계와 원생생물계와 함께 흡수 방식으로 영양을 취하는 방향으로 진화했음을 보여주잖니?

네! 식물계에 속하는 한 개의 문(Phylum)으로 분류되었던 곰팡이가 동물계, 식물계와 대등한 진핵생물로서 가장 진화된 그룹 중 하나인 균계로 분류한 것은 획기적이네요!

혜지 학생의 표현대로 곰팡이의 신분이 급상승된 셈이지! 그런데 1990년 워즈(Woese) 등은 생물 분류체계에서 계보다 한 단계 높은 분류영역으로 역(Domain)을 도입했어. 그래서 다음과 같이 생물을 3역으로 분류한 분류체계를 도입했단다.

① 고세균역(Archaea) ② 세균역(Bacteria) ③ 진핵생물역(Eukaryota)

 생물 분류체계에 왜 역을 도입했죠?

 분자생물학 발달에 따라 생물의 DNA 염기
서열 상동성을 분류에 이용했어. 그러면서
새로운 생물의 분류영역이 필요하게 되었지.

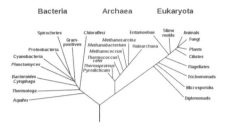

3역계통도(출처: *Wikipedia*)

 고세균역(Archaea)이 독립된 것이 가장 큰
특징이네요?

 그렇지! 핵막이 없는 원핵세포로 이루어진 원핵생물 중 외형적으로 유사하게 보이지
만, 진정세균계는 세균역(Bacteria)으로 분류하고, 고세균계는 고세균역으로 달리 분
류한 것이 가장 큰 특징이지.

 3역 계통도를 보면 세균역보다 고세균역이 진핵생물역(Eukarya)과 진화 계통상 가
까운 것으로 분류되었네요?

 그러게! 일반 상상과는 정반대의 결과지.

 교수님! 진핵생물역은 어떻게 분류하죠?

 핵막을 가진 진핵세포로 이루어진 진핵생물역은 다음과 같이 4계로 분류된단다.
① 동물계 ② 식물계 ③ 균계 ④ 원생생물계

 동물계, 식물계, 균계, 원생생물계는 5계 분류체계에서의 분류와 동일하죠?

 그렇고말고! 동물계는 영양을 섭취하는 종속영양 생물, 식물계는 광합성을 하는 독
립영양 생물, 균계는 영양을 흡수하는 종속영양 생물이야. 원생생물계에는 서로 근
연관계에 있지 않은 많은 종이 포함되어 있어.

색조류계는 언제부터 등장했죠?

 1993년 캐벌리에-스미스(Cavalier-Smith)는 다세포의 진핵생물 중에서 새로 색조류계(Chromista)를 신설했는데, 원핵생물계로 분류되는 세균계(Bacteria)와 고세균계(Archaea)를 포함해 생물을 다음과 같이 7계로 재분류했지.
① 식물계 ② 동물계 ③ 균계 ④ 색조류계 ⑤ 원생동물계 ⑥ 세균계 ⑦ 고세균계

 그러면 균계에 속하는 곰팡이들을 리보솜(ribosomal) RNA 유전자들 사이 상동성을 기반으로 재분류했네요?

 그래! 재분류 결과 일부 곰팡이들이 균계에 속하지 않고, 원생동물계와 색조류계로 재분류되었단다.

 그래요? 그러면 곰팡이 분류는 어떻게 달라졌죠?

 균체가 세포벽이 없는 변형체이고, 균사가 없는 끈적균문과 무사마귀병균문은 원생동물계로 재분류되었어. 그렇지만 균사가 발달하고 세포벽 주성분이 셀룰로스인 난균문은 색조류계로 재분류되었지.

곰팡이의 분류방법

 교수님! 과거에는 곰팡이를 어떻게 분류했었나요?

 전통적으로 사용해온 곰팡이 분류체계에서는 유성세대(sexual stage)의 형태적 특징(teleomorph)과 생식 방법이 곰팡이를 분류하는 중요한 분류기준이었어.

 그러면 유성세대가 없다면 분류를 못하나요?

 그렇지는 않아! 곰팡이의 유성세대가 없거나, 무성적으로만 번식할 때 유사분열포자균류(mitosporic fungi) 또는 불완전균류(imperfect fungi)로 취급하지. 무성세대

(sexual stage)의 형태적 특징(anamorph)에 의해 분류해.

 그러다가 유성세대가 발견되면 재분류하나요?

 그렇지! 유사분열 포자균류는 대부분 자낭균에 속해. 일부는 담자균에 속하고. 그러다가 유성세대가 발견되면 분류 소속을 변경해 새로운 학명을 부여하게 된단다.

 곰팡이 분류 방법에도 변화가 필요한가요?

 1980년대부터 PCR을 포함한 분자유전학 기법이 등장해서 곰팡이 분류체계가 재편되고 있단다.

 최근에는 어떤 분자유전학적 기법이 사용되나요?

 진핵생물에 공통적 유전자 염기서열을 비교해 곰팡이 진화적 관계를 분석하고 있지.

 가장 많이 사용되는 DNA 영역이 리보솜 유전자의 클러스터인가요?

 그렇단다! 리보솜 유전자 클러스터는 다음과 같은 리보솜 RNA의 3가지 소단위
(subunit)를 암호화하지.
① 18S rRNA ② 5.8S rRNA ③ 28S rRNA

 ITS 영역이 곰팡이 분류에 가장 많이 사용되나요?

 그렇단다! 리보솜 RNA의 소단위 사이에 내부전사 영역(Internal Transcribed Space, ITS)이 있고, 18S와 5.8S rRNA 유전자 사이에 ITS1 영역이 있어. 5.8S

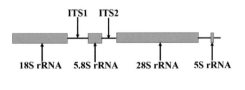

와 28S rRNA 유전자 사이에 ITS2 영역이 있는데, 이 두 가지 ITS1과 ITS2 영역과 5.8S 소단위를 암호화하는 유전자를 합해서 ITS 영역이라고 해.

교수님! ITS 염기서열은 곰팡이 분류에 왜 중요한가요?

 ITS 영역은 상대적으로 빠르게 진화한 영역으로, 근연종 간에나 하나의 종 안의 집단 간에도 상당한 변이를 보여 종 단위 계통분석, 분자계통학적 연구와 신속하게 종을 동정하기 위한 진단키트(DNA 바코딩)에서도 유용하게 사용해왔어.

 ITS 영역 외에도 곰팡이 계통학적 연구에 사용되는 다른 영역이 있나요?

 그래! 리보솜 RNA 소단위, translation factor 1-α, actin, β-tubulin, RNA polymerase II(*RPB1, RPB2*), histone H3, 소형염색체 관리단백질 MCM7 유전자 등이 사용돼.

 교수님! 곰팡이 학명은 어떻게 명명하나요?

 국제식물명명규약을 따라 속명과 종명, 그리고 명명자 순으로 학명을 기재하지. 명명자는 편의상 생략해.

 곰팡이의 유성세대와 무성세대가 모두 확인된 경우에는 어떻게 명명하나요?

 유성세대명과 무성세대명이 각각 부여되고 함께 기재하는 이중명명법(dual nomenclature)을 사용한단다.

 이중명명법이라고 하시면?

 '벼 도열병균'인 경우 '*Magnaporthe grisea* B. C. Couch(무성세대: *Pyricularia oryzae* Cavara)'처럼 기재하지.

 지금은 'One fungus-one name'으로 바뀌지 않았나요?

 그래! 2011년 국제식물학회 학명위원회와 국제균학회에서 이중명명법을 'One fungus-one name'으로 변경했지.
이 규정에 의하면 '벼 도열병균'의 경우는 우선권이 있는 무성세대명인 *Pyricularia*

oryzae 사용을 권장한단다.

그러면 '벼 도열병균'을 '*Magnaporthe grisea*'로 기억하는 사람들은 혼란스럽겠는데요?

그래서 '*Pyricularia oryzae(syn. Magnaporthe grisea)*'로 출판물에 병기해 검색에 문제가 없도록 하고 있어.

유사균류의 분류

교수님! 유사균류와 진정균류는 어떻게 구분하죠?

5계 분류체계에서 균계에 속하는 곰팡이 중에서 7계 분류체계에 의하면, 균계에 속하지 않고 원생동물계 또는 색조류계로 재분류되는 곰팡이를 유사균류라고 해. 두 분류체계에서 모두 균계에 속하면 진정균류라고 하고.

유사균류는 어떤 곰팡이죠?

유사균류는 색조류계에 속하는 난균문(Oomycota)을 비롯해 원생동물계에 속하는 진정끈적균류(Myxomycetes)와 무사마귀병균류(Plasmodiophoroids) 등이 포함된단다.

교수님! 진정균류에 속하는 곰팡이들을 어떻게 분류하죠?

2016년 왓킨슨(Watkinson) 등에 의한 분자계통학적 분석에 근거해서 진정균류에 속하는 곰팡이인 균계에는 다음과 같은 6개의 문이 인정된단다.
① 병꼴균문(Chytridiomycota)
② 네오칼리마스티고균문(Neocallimastigomycota)
③ 블라스토클라디오균문(Blastocladiomycota)
④ 글로메로균문(Glomeromycota)

⑤ 자낭균문(Ascomycota)
⑥ 담자균문(Basidiomycota)

교수님! 하등균류와 고등균류의 차이는 뭐죠?

고등균류는 영양체로 격벽균사를 가지는 곰팡이야. 하등균류는 무격벽 다핵균사나 가근을 가지는 곰팡이고.

그러면 유사균류는 모두 하등균류겠네요?

아무렴, 그렇고말고!

과거에는 진정균류인 균계에 속했던 난균문을 지금은 왜 색조류계로 분류하면서 유사균류로 분류하죠?

난균문의 영양체는 격벽이 없는 다핵균사고, 세포벽에는 셀룰로스를 함유해. 그러므로 키틴이 주성분인 진정균류와 확연하게 구분돼. 그래서 유사균류 중에서 색조류계로 분류하고 있단다.

난균문의 특징은 진정균류의 특징과 유사하죠?

그럼! 난균 영양체는 접합균처럼 발달한 다핵균사체야. 무성포자는 유주포자낭 안에 2개의 편모를 가진 쌍편모 유주포자를 형성하고, 난기(장란기)와 웅기(장정기)가 결합해 두꺼운 세포벽을 가진 난포자를 유성포자로 형성한단다.

그렇군요! 난균문은 어떻게 세분되죠?

난균문에 속하는 난균강(Oomycetes)에는 다음과 같은 3개 목(Order)이 포함돼 있단다.
① 노균병균목(Peronosporales) ② 부패병균목(Pythiales)
③ 물곰팡이목(Saprolegiales)

난균문에 속하는 곰팡이들도 많은 식물병을 일으키죠?

 그래! 노균병균목은 '노균병(downy mildew)', 부패병균목은 '모잘록병(damping-off)'과 '역병(late blight)' 등을, 물곰팡이목은 '벼 모썩음병'을 일으키지.

 유사균류 중에서 원생동물계에 속하는 무사마귀병균의 현재 분류 위치는 어떻게 변했죠?

 아메바편모충문(Cercozoa), 파이토믹사강(Phytomyxea)에 속하는 무사마귀균류(Plasmodiophoroids)로 분류하지. 다만 무사마귀병균의 정확한 분류 위치는 아직 정립되지 않았단다.

 교수님! 무사마귀병균류는 왜 유사균류로 분류하죠?

 무사마귀병균류는 절대기생체로, 기주식물체의 뿌리와 줄기의 세포 속에서 단핵 또는 다핵 변형체로 생활하지. 균사체가 없는 특징이 진정균류와 확연하게 다르기 때문이야.

 무사마귀병균류의 번식체에는 어떤 특징이 있죠?

 무성포자는 쌍편모 유주포자를 형성하고, 다핵의 변형체 전체가 두터운 세포벽을 가진 휴면포자를 형성해서 유성포자 기능을 수행한단다.

 그렇군요! 무사마귀병균류는 식물병을 일으키죠?

 그렇고말고! 'Spongospora subterranea'가 '감자 가루더뎅이병'을, 'Plasmodiophora brassicae'가 '배추 무사마귀병'을 일으키지.

 유사균류 중에서 원생동물계에 속하는 끈적균의 현재 분류 위치는 어떻게 변했죠?

 끈적균(slime molds)은 원생동물계 내에서 아직 분류 위치가 정립되지 않았단다.

교수님! 끈적균도 식물병을 일으키죠?

 진정끈적균류(Myxomycetes)는 절대부생체야. 그래서 식물에 기생하지는 않아.

 그러면 끈적균은 어떻게 식물에 병을 일으키죠?

 끈적균은 지표면에 낮게 자라는 식물체 위를 뒤덮으며 자라서 광합성을 차단하고, 식물체의 생장을 물리적으로 방해해서 간접적으로 식물체에 피해를 주지. 그러기에 넓은 의미로 식물병원에 포함한단다.

 진정끈적균류는 어떤 특징을 가지죠?

 세포벽이 없는 다핵 원형질이 아메바 상태로 집결해 있는 변형체를 형성해.

 진정끈적균류의 번식체는 어떤 특징이 있죠?

 진정끈적균류는 무성포자로 2개의 편모를 가진 쌍편모 유주포자를 만들고, 생활사 중에서 휴면포자를 지닌 납작한 자실체를 형성한단다.

 진정끈적균류와 무사마귀균류의 차이는 무엇이죠?

 아메바처럼 진정끈적균류의 변형체는 식작용(phagocytosis)을 하는 세포입(cytostome)을 가지지. 무사마귀병균류는 식작용을 하지 않는단다.

진정균류의 분류

 교수님! 진정균류는 어떻게 나누나요?

 진정균류에 속하는 자낭균문과 담자균문이 고등균류야. 병꼴균문, 네오칼리마스티고균문, 블라스토클라디오균문, 글로메로균문은 하등균류란다.

그러면 병꼴균문이 가장 하등한 문인가요?

 그렇단다! 병꼴균문의 균체는 단세포이거나 격벽이 없는 가근을 형성하는데, 세포벽에 키틴을 함유해.

 병꼴균문의 번식체는 어떤 특징이 있나요?

 무성포자는 포자낭 안에 채찍 모양을 하는, 편모가 1개인 단편모 유주포자와 휴면포자를 형성하지.

 병꼴균문에 속하는 곰팡이 중 식물병을 일으키는 곰팡이가 있나요?

 'Synchytrium endobioticum'이 '감자 암종병'을 일으키지만, 병꼴균문에 속하는 곰팡이들은 대부분 식물병원균으로서 중요하지 않은 편이야.

 '올피디움속(Olpidium)'의 분류체계도 달라졌나요?

 올피디움과(Olpidiacea)에 속하는 '올피디움속'은 오랫동안 병꼴균문으로 분류되었지. 그런데 최근 분자계통학적 분석을 통해서 병꼴균문과는 독립적 그룹으로 인식돼. 오히려 병꼴균보다 접합균과 가까워서 올피디움문으로 승격해야 한다는 학자도 있어. 아직 분류체계가 정리되지 않은 상태란다.

 '올피디움속'은 어떤 특징을 가지고 있나요?

 '올피디움속'은 수생 또는 육상생활을 하면서 식물, 동물, 곰팡이를 감염시켜. 기주세포 속에 구형 유주포자낭을 형성해. 병꼴균처럼 1개의 채찍 모양 후방 편모를 가지며, 부드럽게 생긴 휴면포자를 형성한단다.

 교수님! '올피디움속'도 식물병을 일으키나요?

 'Olpidium viciae'가 '누에콩 blister병'을 일으키지. 거의 모든 '올피디움속'은 잠재감염만 일으키기 때문에 식물병원으로서는 중요하지 않아.

 '올피디움속'은 식물바이러스를 매개하죠?

 'Olpidium brassicae'는 '상추 big-vein 바이러스'와 'TMV'를, 'O. bornovanus' 또는 'O. cucurbitacearum'은 여러 '오이류 바이러스'를 매개해. 그러기에 '올피디움속'은 식물병보다는 식물바이러스 매개체로서 오히려 더 중요해.

 교수님! 네오칼리마스티고균문은 엄청 생소한데요?

 초식동물의 소화관에서 혐기적으로 생활하는데, 1개 이상 편모를 가진 유주포자를 형성하고, 미토콘드리아 대신에 수소 생산기관을 함유하며, 셀룰로스를 소화할 수 있는 곰팡이야.

 그렇군요! 네오칼리마스티고균문도 식물병을 일으키죠?

 그렇지 않아! 아직 식물병원균은 보고되지 않았어.

 블라스토클라디오균문도 생소한데요?

 블라스토클라디오균문은 식물과 동물에 기생해. 일부는 부생적으로 물 속이나 육지에 서식해. 반수체와 배수체 세대를 교대하고, 무성적으로 단편모 유주포자를 형성해.

 블라스토클라디오균문은 식물병을 일으키죠?

 'Allomyces macrogynus', 'Blastocladiella emersonii' 등이 곰팡이 생활사의 연구 모델로 연구되어왔지. 아직 중요한 식물병원균은 보고되지 않았어.

 그렇군요! 글로메로균문은 어떤 특징을 가졌죠?

 글로메로균문은 식물과 나무의 뿌리 세포에 균사가 침입해 수지상내생균근을 형성해.

다핵균사를 만들고, 무성생식을 하며, 세포벽에 키틴을 함유하지.

글로메로균문은 수지상내생균근을 형성하니까 식물병을 일으키지는 않겠네요?

그렇지! 글로메로균문은 식물과 공생하는 곰팡이들이야.

교수님! 접합균의 분류체계는 논란이 있다죠?

그렇단다! 접합균은 단일계통이 아니야. 곰팡이들 사이에 계통학적 응집력이 약하고, 독립된 문을 구성하기에는 정보가 불충분해. 그래서 털곰팡이아문(Mucoromycotina)으로 분류할 뿐 문까지 분류체계는 아직 정립되지 않았단다.

털곰팡이아문은 어떤 특징을 가진 곰팡이 그룹이죠?

식물에 기생 또는 부생하거나, 외생균근을 형성하기도 하는데, 분지되는 발달한 다핵균사체를 형성하지. 무성포자는 포자낭 속에 포자낭포자를 형성하고, 형태가 유사한 두 배우체가 만나 접합한 후 접합포자를 유성포자로 형성한단다.

털곰팡이아문은 다른 하등균류와 달리 유주포자 대신에 포자낭포자를 형성하는군요!

털곰팡이아문은 바람에 의해 잘 전파되는 포자낭포자를 형성하지. 물에서 뭍으로 이동해 육상생활에 적응할 수 있도록 진화했다는 증거란다.

털곰팡이아문에 속하는 곰팡이도 식물병을 일으키죠?

'Rhizopus stolonifer'와 'Mucor mucedo'가 반부생균으로 상처가 생긴 고구마와 채소류에 '무름병'을 일으키지.

병원성이 약해 상처가 없으면 감염을 시킬 수 없으니까 상처기생체 또는 연약병원체라고도 부르는군요!

그렇고말고! 혜지 학생이 공부를 열심히 하는구나!

 교수님! 자낭균문은 어떤 특징을 가지나요?

 자낭균문은 지의류를 형성하거나, 기생 또는 부생생활을 하지. 식물병을 일으키는 곰팡이의 70%를 차지한단다.

 지의류가 뭐예요?

 곰팡이와 광합성 조류 또는 남조류가 공생관계를 이루는 복합생명체를 지의류(地衣類, lichen)라고 해.

 그렇군요! 자낭균문은 어떤 포자를 형성하나요?

 일부 자낭균의 균체는 단세포지만 대부분은 격벽이 있는 발달한 균사체야. 무성포자는 분열포자, 분아포자, 출아포자, 분절포자 또는 분생포자경에 다양한 형태로 분생포자를, 유성포자는 자낭 속에 8개의 자낭포자를 형성해.

 교수님! 자낭균문은 어떻게 세분하나요?

 자낭균문은 다음 2개 아문(Subphylum)으로 분류한단다.
① 타프리나균아문(Taphrinomycotina)
② 진정자낭균아문(Pezizomycotina)

 자낭균문을 2개 아문으로 분류하는 기준은 무엇인가요?

 타프리나균아문은 나출된 자낭을 형성하는 그룹이란다. 진정자낭균아문은 대부분 자낭과를 형성하지만 자낭을 형성하지 못하는 곰팡이도 포함해.

 타프리나균아문에는 여러 개의 강(Class)이 있나요?

타프리나강 한 개만 있는데, '*Taphrina deformans*'가 '복숭아 잎오갈병'과 '자두 보자기열매병'을 일으킨단다.

 교수님! 진정자낭균아문은 여러 개의 강으로 분류하죠?

 진정자낭균아문은 다음과 같이 4개의 강으로 분류한단다.
① 입술버섯강(Dothideomycetes)　② 눈꽃동충하초강(Eurotiomycetes)
③ 두건버섯강(Leotiomycetes)　④ 동충하초강(Sordariomycetes)

 입술버섯강은 여러 개의 목으로 세분되죠?

 입술버섯강은 다음 5개의 목으로 세분된단다.
① 그을음병균목(Capnodiales)　② 갈반병균목(Dothideales)　③ Myriangiales목
④ 위자낭각균목(Pleosporales)　⑤ Botryosphaeriales목

 눈꽃동충하초강도 여러 개의 목으로 세분되죠?

 그렇지 않단다.

 두건버섯강에는 어떤 목이 있죠?

 두건버섯강에는 다음과 같이 3개의 목이 있단다.
① 흰가루병균목(Erysiphales)　② 균핵병균목(Helotiales)
③ 타르병균목(Rhytismatales)

 동충하초강은 다시 여러 개의 목으로 세분되죠?

 동충하초강은 다음 4개의 목으로 세분된단다.
① 육좌균목(Hypocreales)　② 미크로아스크스균목(Microascales)
③ 줄기마름병균목(Diaporthales)　④ 오피오스토마목(Ophiostomatales)

'벼 도열병균'인 *Magnaporthe grisea(Pyricularia oryzae)*'도 동충하초강에 속하죠?

 그렇고말고! '벼 도열병균'을 동충하초강에 속하는 Magnaporthales목으로 분류하는데, 아직 정확한 분류 위치가 정립되지 않았지.

 교수님! 담자균문은 어떤 특징을 가지나요?

 담자균문은 가장 진화된 고등균류야. 영양체는 유연공격벽(dolipore septum)이 있는 발달한 단핵균사 또는 2핵 균사를, 균사 격벽 부위에 핵의 이동 통로인 꺽쇠연결을 형성한다.

 담자균문 곰팡이들의 번식체는 어떤 특징을 가지나요?

 무성포자로 분절포자(oidia)와 분생포자를, 유성포자로 담자기 위에 담자포자를 형성해.

 교수님! 담자균문은 어떻게 분류하나요?

 담자균문은 다음과 같이 3개의 아문으로 분류한단다.
① 녹병균아문(Pucciniomycotina)　② 깜부기병균아문(Ustilagomycotina)
③ 주름버섯아문(Agaricomycotina)

 담자균문을 3개의 아문으로 분류한 기준은 무엇인가요?

 녹병균아문은 '녹병균(rusts)', 깜부기병균아문은 '깜부기병균(smuts)', 주름버섯아문은 대부분의 '버섯(mushrooms)'을 형성하는 곰팡이들을 묶어 놓은 그룹이란다.

 그렇군요! 불완전균류는 어떤 분류군인가요?

 유성생식을 하지 않는 불임균과 유성생식에 의한 유성포자가 발견되지 않은 곰팡이를 인위적으로 모아 불완전균류(imperfect fungi)라고 불러왔단다.

그러면 불완전균류는 지금 어떻게 분류하고 있나요?

 불완전균류의 무성세대의 특징은 자낭균문과 일치해. 그래서 자낭균문의 일부로 여겨 독립시켜 분류하지 않고 진정자낭균아문에 포함한단다.

4. 식물병원세균

 교수님! 세균(bacteria)은 곰팡이보다 작은 미생물이죠?

 그래! 세균은 가장 원시 형태의 단세포 미생물로서 원핵생물계에 속하지.

 식물병원세균은 언제 처음 발견되었죠?

 1878년 버릴(Burrill)은 식물에 병을 일으키는 세균으로 '과수 화상병균(*Erwinia amylovora*)'을 처음 동정했지.
그 후 1890년대 초반 스미스(Smith)는 과수에 뿌리혹을 만드는 '과수 뿌리혹병균(*Agrobacterium tumefaciens*)', '담배 들불병균(*Pseudomonas syringae* pv. *tabaci*)'을 동정하고, 그 외 세균이 100여 종의 식물병을 일으키는 것도 확인했단다.

 세균도 곰팡이처럼 예전에는 식물계로 분류했죠?

 그래! 세균도 세포벽이 있어서 식물계로 분류했단다. 세포벽 두께는 비록 10~20㎚에 불과하지만, 단단하고 탄성이 있어서 세균의 일정한 형태를 유지해 주지.

 세균의 형태는 다양하죠?

 세균은 막대, 공, 실 모양 등 매우 다양해. 식물병을 일으키는 대부분의 세균은 막대 모양의 짧은 원통형으로, '간균'이라고 부른단다.

식물병원세균의 구조는 어떻게 되죠?

세포 바깥은 점질층(slime layer)으로 싸여 있어. 두껍게 발달한 점질층을 피막(capsule) 또는 협막이라고 한단다.
점질층 안쪽에 세포벽과 세포막으로 둘러싸인 세포질에 염색체와 리보솜이 있고, 플라스미드(plasmid)와 내생포자(endospore)를 지닌 세균도 있단다.

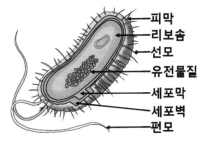

피막
리보솜
선모
유전물질
세포막
세포벽
편모

교수님! 세균이 바이러스보다는 크죠?

세균 세포는 길이가 0.6~3.5㎛, 직경이 0.3~1.0㎛이고, 바이러스 입자는 크기가 대부분 0.1㎛ 이하이니까 세균이 바이러스보다 10배 이상 큰 셈이야.

식물병원세균 중 막대 모양의 간균이 아닌 세균도 있죠?

'*Streptomyces*속' 세균은 가느다란 실 모양을 한 균사 형태로 자라는데, 그 선단에 직경 0.5~2㎛ 크기의 작은 포자를 형성하지.

Streptomyces

'*Streptomyces*속' 세균은 모양이 곰팡이랑 비슷하네요?

그렇지! '*Streptomyces*속' 세균은 균사와 포자를 형성해서 곰팡이랑 비슷해. 원핵세포로 되어있단다.

곰팡이의 유주포자처럼 세균도 편모를 가지고 있죠?

대부분의 세균은 3~5배 크기의 편모를 가지고 있단다.

세균의 편모 종류는 다양하죠?

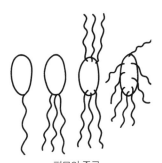

편모의 종류

세균의 종류에 따라 다음 4종류의 편모를 형성해.

① 단극모(monotrichous)

② 속모(속생모: lophotrichous)

③ 양극모(amphitrichous)

④ 주생모(총생모: peritrichous)

세균의 편모의 종류와 특징

원인	피해 증상
단극모(monotrichous)	세포 한쪽 극에 실같은 편모 1개가 있다
속모(속생모: lophotrichous)	세포 한쪽 극에 여러 개의 편모가 있다
양극모(amphitrichous)	세포 양쪽 극에 여러 개의 편모가 있다
주생모(총생모: peritrichous)	세포 표면 전체에 많은 편모가 퍼져 있다

교수님! 세균은 현미경으로 쉽게 관찰할 수 있나요?

세균은 무색투명하거나 엷은 황백색이어서 고배율의 현미경으로도 관찰할 수 없어. 그람염색(Gram staining)을 해야만 관찰할 수 있지. 그람염색은 세균 세포벽의 화학 및 물리적 특성에 의해 세균을 구별하는 기술이란다.

그람양성과 그람음성 세균의 차이는 무엇인가요?

그람양성 세균은 세포벽의 80~90%에 두꺼운 펩티도글리칸(peptidoglycan)층을 갖지. 그람음성 세균은 세포벽의 10~20%만 펩티도글리칸층이라 염색 후 색상이 달라.

그람염색은 어떤 과정을 거치나요?

그람염색은 다음과 같은 4단계의 염색 과정을 거친단다.

① 크리스털 바이올렛(crystal violet) 염색 ② 착색 ③ 탈색 ④ 대조염색

교수님! 그람양성과 그람음성은 어떻게 판별하나요?

세균을 크리스털 바이올렛 염료로 염색한 후, 아이오딘(iodine)으로 착염을 해. 이후 알코올이나 아세톤으로 탈색시킨 후에 세균 세포에 크리스털 바이올렛의 자주색이

남으면 그람양성(Gram-positive), 사프라닌(safranin)으로 염색돼 분홍색을 띠게 되어 그람음성(Gram-negative) 세균으로 판별하지.

 인체병원체와 식물병원세균은 그람염색 결과가 다른가요?

 그럼! 대장균을 비롯해 콜레라, 결핵, 탄저, 궤양, 이질 등 치명적인 수많은 인체병원체는 모두 그람양성 세균이야. 식물병원세균은 거의 그람음성 세균이란다.

 그렇다면 그람염색 결과 그람음성이면 식물병원세균일 가능성이 크겠군요?

 그렇단다! 식물병원세균 중에서 *Agrobacterium, Clavibacter, Streptomyces*속 세균은 그람양성이고, *Erwinia, Pseudomonas, Xanthomonas, Xylella*속 세균 등 중요한 식물병원세균들은 그람음성이란다.

단계별 그람염색 방법 및 염색 결과 판별

		염색 방법	세균	결과
I	crystal violet 염색	자주색 염기성 색소인 crystal violet 1분간 처리	그람양성	자주색
			그람음성	자주색
II	착색	iodine 1분간 처리	그람양성	자주색
			그람음성	자주색
III	탈색	탈색제인 95% ethanol 또는 acetone 10초 처리	그람양성	자주색
			그람음성	백색
IV	대조염색	분홍색 염기성 색소인 safranin 30초 처리	그람양성	자주색
			그람음성	분홍색

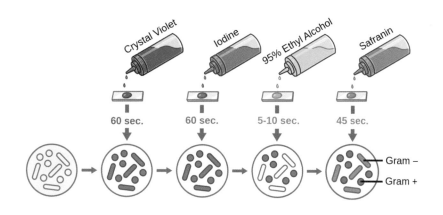

세균의 증식

 교수님! 세균은 어떻게 증식하나요?

 세균은 세포 1개가 2개로 분열을 하는 2분법(binary fission)으로 증식하지. 영양분과 온도 조건 등이 적합하면, 짧은 시간에 세균은 기하급수적으로 증식한단다.

 그러면 세균은 무한대로 증식하나요?

 그렇지는 않아! 세균의 증식곡선은 다음과 같이 4단계로 세분된단다.
① 유도기 ② 증식기 ③ 정지기 ④ 사멸기

 세균의 증식곡선은 어떤 모양인가요?

 배양시간에 따른 세균수를 대수(log)로 나타내는 세균의 증식곡선을 그리면, 다음 그래프와 같단다.

 세균이 무한대로 계속 증식하지 않고 배양 후기에는 왜 사멸할까요?

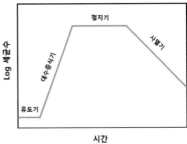

 보통 양분 부족, 생장에 필요한 요인의 고갈, 세균의 대사물질 및 기타 제한요인으로 증가 속도가 줄어들다가 생장이 정지돼. 결국 사멸하게 되지.

 교수님! 증식한 세균들이 뭉쳐 덩어리를 만들기도 하나요?

 그렇단다! 세균이 적당한 고체배지 위에서 증식해 형성된 세균집단을 균총(colony) 또는 집락이라고 해.

균총은 쉽게 눈으로 볼 수 있으니까 세균 분류에 도움이 되겠네요?

 그래! 균총의 형태, 크기, 돌출 정도, 가장자리, 색 등은 세균에 따라 달라서 세균의 분류에 아주 유용해.

 세균에 감염된 식물에서도 균총이 보이기도 하나요?

 그래! 세균에 감염된 나무에서 병이 심하게 진전되면, 세균이 대량으로 증식되어 세균 유출액(bacterial ooze)이 나무 표면에 흘러내리기도 한단다. 이런 세균 유출액은 나무가 세균병에 걸렸다고 진단하게 해주는 좋은 표징(sign)이야. '사과나무 화상병', '키위나무 궤양병' 등에서 자주 볼 수 있어.

 저런! 수액이나 물방울로 알았는데 세균 유출액이었네요!

 세균은 1,000배로 확대해야 볼 수 있기에 감염된 나무 위에 세균이 있더라도 눈에 띄지 않아. 세균 유출액을 보고 세균병에 감염된 나무라는 것을 쉽게 알게 해주지.

 그러네요! 세균 유출액이 세균병의 진단지표가 되는군요!

식물병원세균의 분류

 교수님! 세균은 어떻게 분류하죠?

 세균은 세포벽의 구조와 생화학적 특성에 따라 4개 문과 6개 강 또는 아강(Subclass)으로 분류한단다.

 식물병원세균은 어느 문에 속하죠?

 원핵생물계(Kingdom Procaryotae)에 속하는 식물병원세균은 다음과 같이 2개의 문에 속해.

① 그라실리쿠테스문(Gracilicutes)　② 피르미쿠테스문(Firmicutes)

그라실리쿠테스문은 어떤 특징을 가지죠?

그라실리쿠테스문은 외막, 세포벽과 세포막을 가지는데, 그람음성 세균은 모두 프로테오박테리아강에 속하지.

그러면 프로테오박테리아강에는 식물병원세균들이 많이 포함돼 있겠네요?

아무렴 그렇고말고! 많은 식물병원세균들이 포함된 프로테오박테리아강에는 다음과 같은 3개의 과가 있어.
① 장내세균과(Enterobacteriaceae)　② 슈도모나스과(Pseudomonadaceae)
③ 근생균과(Rhizobiaceae)

그렇군요! 각 과에는 여러 속(Genus)이 있겠네요?

장내세균과에는 4개 속(*Erwinia, Pantoea, Serratia, Spnigomonas*), 슈도모나스과에는 7개 속(*Acidovorax, Pseudomonas, Ralstonia, Rhizobacter, Rhizomonas, Xanthomonas, Xylophilus*), 근생균과에 2개 속(*Agrobacterium, Rhizobium*)이 있는데, 각 속에 많은 식물병원세균들이 소속되어 있단다.

프로테오박테리아강에 또 다른 세균도 있죠?

그래! 물관서식세균인 '*Xylella*'속을 비롯해 체관서식세균으로 '감귤 그린병'을 일으키는 '*Candidatus liberobacter*'은 아직 과명이 정해지지는 않았지만 프로테오박테리아강에 속하지.

그람양성세균인 피르미박테리아강에도 식물병원세균들이 많이 포함되어 있죠?

피르미박테리아강에는 '*Bacillus*'와 '*Clostridium*' 등 2개의 속만 식물병원세균이야.

교수님! 피르미쿠테스문은 어떤 특징을 가지죠?

 피르미쿠테스문은 외막이 없이 세포벽과 세포막만 가지고 있단다.

 피르미쿠테스문에는 여러 개의 강이 있죠?

 피르미쿠테스문에는 다음과 같은 2개의 강이 있단다.
① 피르미박테리아강(Firmibacteria)
② 탈로박테리아강(Thallobacteria)

 피르미쿠테스문에 속하는 2개 강은 어떤 그룹이죠?

 피르미박테리아강은 내생포자를 형성하는 그람양성세균, 탈로박테리아강은 내생포자가 없는 식물병원세균과 방선균이 속한 그룹이란다.

 탈로박테리아강에는 어떤 식물병원세균들이 포함되죠?

 분지하는 세균인 탈로박테리아강에 속한 *Arthrobacter*, *Clavibacter*, *Curtobacterium*, *Leifsonia*, *Rhodococcus*, *Streptomyces* 등 6개의 속이 식물병원세균이야.

 교수님! 병원형(pathovar)은 어떤 개념이죠?

 같은 종에 속하는 세균 중에서 식물의 종에 따라서 병원성이 같거나 비슷한 균주들로 이루어진 분류군을 병원형(pathovar, pv.)이라고 일컫는단다.

 그러면, 곰팡이에서 사용하는 분화형(forma specialis, f.sp.)과 비슷한 개념이네요?

 혜지 학생이 참 잘 지적했구나! 곰팡이의 분화형과 비슷한 개념으로 보면 돼! 예를 들면, '*Pseudomonas syringae*'에서 '담배 들불병균'은 '*Pseudomonas syringae pv. tabaci*', '키위나무 궤양병균'은 '*Pseudomonas syringae pv. actinidiae*', '오이 세균 점무늬병균'은 '*Pseudomonas syringae pv. lachrymans*' 등으로 명명해.

교수님! 모든 식물병원세균들이 병원형을 가지죠?

 그렇지는 않아! 'Pseudomonas syringae'와 'Xanthomonas campestris'는 병원형이 있지만, 'Erwinia carotovora'와 'Clavibacter michiganensis'는 병원형을 사용하지 않는 대신 생리 특성에 따라 아종(subspecies, subsp.)을 사용한단다.

5. 몰리큐트(파이토플라스마와 스피로플라스마)

 교수님! 몰리큐트(mollicute)는 세균과 비슷한가요?

 몰리큐트도 세균처럼 원핵생물계(Kingdom Procaryotae)에 속하는 단세포 미생물이야.

 몰리큐트는 언제 발견되었나요?

 1898년 노카르드(Nocard)와 루(Roux)가 '소 흉막폐렴'을 일으키는 병원균으로 마이코플라스마(mycoplasma)를 처음 발견했지.

 동물에서만 발견되었나요?

 1967년 도이(Doi) 등이 식물체 체관부에서 마이코플라스마처럼 생긴 미생물을 발견하고, 동물 마이코플라스마와 비슷한 미생물로 생각해서 마이코플라스마 유사미생물(Mycoplasma-Like Organism, MLO)로 명명했어.

 그러면 몰리큐트가 속한 분류의 특징은 무엇인가요?

 몰리큐트가 속하는 테네리쿠테스문(Tenericutes)은 외막과 세포벽이 없어 모양과 크기에 변화가 많지.

테네리쿠테스문에는 여러 강이 있나요?

 테네리쿠테스문의 몰리큐테스강(Mollicutes)에는 다음과 같은 2개의 속이 있단다.
① 파이토플라스마속(*Phytoplasma*)
② 스피로플라스마속(*Spiroplasma*)

 언제 파이토플라스마(phytoplasma)라고 명명되었나요?

 1994년 식물 MLO는 16S rRNA 유전자 분자생물 계통이 동물 마이코플라스마와는 크게 다르다는 점이 밝혀져서 파이토플라스마로 명명했단다.

 그러면 파이토플라스마 크기는 얼마나 되나요?

 파이토플라스마는 0.3~1.0㎛ 크기의 미생물로서 바이러스보다는 크지만, 세균보다는 크기가 훨씬 작아 전자현미경으로만 관찰할 수 있어.

 그렇군요! 파이토플라스마는 어떻게 생겼나요?

파이토플라스마의 형태

 파이토플라스마는 세포벽이 없는 대신, 3겹으로 된 단위막인 원형질막으로 둘러싸여 일정 모양이 없는 다형성 세포란다.

 증식도 하나요?

파이토플라스마의 증식

 생명체인데 당연하지! 파이토플라스마도 세균처럼 분열해서 증식한단다.

 파이토플라스마는 인공배양이 되나요?

 아직 파이토플라스마의 인공배양은 성공하지 못했단다.

파이토플라스마는 어느 부위에서 증식하나요?

 파이토플라스마는 주로 식물체 체관 속에서 증식하면서 식물에 병을 일으키지.

 식물체의 체관 속에 있는 파이토플라스마가 어떻게 다른 식물로 전염되나요?

 매미충 같은 곤충이 구침을 체관부에 꽂고 흡즙할 때, 파이토플라스마는 구침을 통해 곤충 체내로 들어가지. 다른 건전한 식물체로 이동해 흡즙을 할 때 전염된단다.

 파이토플라스마를 죽일 수 있는 약제가 있나요?

 세균은 여러 항생제에 감수성이지만, 파이토플라스마는 테트라사이클린(tetracycline)에 특히 감수성이란다.

 그러면 테트라사이클린을 파이토플라스마병 방제에 이용할 수 있겠네요?

 그래서 테트라사이클린을 파이토플라스마에 감염된 나무에 수간주입해서 파이토플라스마병을 치료하지.

 그렇군요! 파이토플라스마는 어떤 식물병을 일으키나요?

 파이토플라스마는 누른오갈 및 빗자루 증상을 나타내는 '뽕나무 오갈병', '오동나무 빗자루병' 등을 일으키는데, 200종 이상 식물병이 파이토플라스마에 의해 발생한단다.

 스피로플라스마(spiroplasma)는 파이토플라스마와 어떻게 다른가요?

 몰리큐트 중에서 정지기에는 구형이지만, 증식기에는 나선형 구조를 갖는 것은 스피로플라스마라고 해.

스피로플라스마

 그래요? 그러면, 스피로플라스마는 인공배양이 되나요?

파이토플라스마는 인공배양이 되지 않는 반면에, 몇 종의 스피로플라스마는 한천배지에 지름이 약 0.2㎜인 균총이 달걀 프라이 모양처럼 형성된단다.

 교수님! 스피로플라스마도 식물병을 일으키나요?

 '감귤 스터본병', '옥수수 위축병' 등을 일으킨다고 외국에서 보고돼 있어.

 몰리큐트는 바이러스나 바이로이드와 다른가요?

 바이러스나 바이로이드는 엄밀하게 말하자면 생명체가 아니기에 생물성 병원 중에서는 파이토플라스마가 식물병을 일으키는 가장 작은 병원체인 셈이야.

마이코플라스마, 파이토플라스마, 스피로플라스마의 차이

몰리큐트	기주	형태	인공배양
마이코플라스마	동물	다형성	가능
파이토플라스마	식물	다형성	불가능
스피로플라스마	식물	정지기: 구형 증식기: 나선형	가능

6. 식물바이러스

 교수님! 바이러스(virus)는 세균과 어떻게 다르죠?

 세균은 곰팡이와 식물처럼 세포로 된 생명체이고, 신진대사, 생장과 증식을 하는 반면에, 바이러스는 한 종류의 핵산과 단백질 분자로 이루어진 외피로만 구성되어 복제만 할 수 있지.

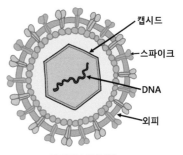

바이러스의 구성

 바이러스는 생명체처럼 보이는데, 왜 생명체가 아니죠?

바이러스는 신진대사와 생장을 하지 않기에 다른 생명체와는 확연하게 다르지.

 바이러스는 광학현미경으로 관찰할 수 없죠?

 그래! 바이러스는 분자량이 $10^6{\sim}10^7$ 정도인 핵산을 외피단백질이 둘러싸는 입자 (particle) 형태야. 크기가 0.1㎛ 이하 정도이기에 전자현미경으로만 관찰할 수 있어.

 바이러스는 어떤 모양이죠?

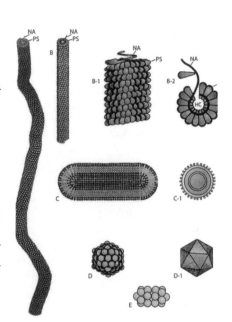

바이러스 입자 모식도(출처: 식물병리학)

 바이러스는 막대 모양, 실 모양, 타원형, 구형, 다면형 등 아주 다양하단다.

 식물바이러스의 구조는 어떤 모양이죠?

 핵산을 단백질 껍질이 둘러싼 형태인데, 어떤 바이러스는 껍질 바깥에 지질단백질로 된 외막을 가져. 핵산은 RNA와 DNA로 나뉘는데, 외가닥과 겹가닥 2종류로 되어있어.

 교수님! 식물바이러스는 어떻게 명명하죠?

 최초로 분리된 기주식물체명과 그 기주식물체에 나타나는 병징 뒤에 바이러스를 붙여 명명해. 그래서 '담배 모자이크병'을 일으키는 바이러스는 '담배 모자이크 바이러스(*Tobacco Mosaic Virus*: TMV)', '오이 모자이크병'을 일으키는 바이러스는 '오이 모자이크 바이러스(*Cucumber Mosaic Virus*: CMV)'로 명명한단다.
또한, '토마토 모자이크병'을 일으키는 바이러스는 '토마토 모자이크 바이러스(*Tomato Mosaic Virus*)'로 명명하고, 약자는 'TMV'와 중복되지 않도록 'ToMV'로 명명한단다.

 식물바이러스는 어떻게 분류하죠?

 식물바이러스는 핵산명(DNA, RNA), 핵산 가닥(외가닥, 겹가닥), 입자 형태, 분절 수,

외피단백질 종류, 전염양식, 기주범위, 염기배열 등을 기준으로 분류한다.

 교수님! 식물바이러스도 증식하죠?

 바이러스는 엄밀하게 말해서 생명체는 아니지만, 생물체가 증식하듯이 복제(replication)하는 능력이 있어. 그래서 바이러스 입자는 기주에 침입한 후 외피를 벗고, 노출된 핵산은 기주의 리보솜과 결합해서 핵산과 외피단백질을 합성해. 그러고 나서 새로운 바이러스를 복제하지.

 그렇군요! 식물체에서 바이러스는 어떻게 이동하죠?

 핵산과 캡시드는 바이러스 입자를 재구성하고, 세포와 세포를 연결하는 원형질 연락통로로 근거리 이동해. 체관부로 바이러스가 들어가 체관을 통해 원거리까지 이동한다.

 그런데 바이러스에 감염된 식물체는 왜 병이 들죠?

 식물체에서 바이러스 입자는 복제를 하는 과정 동안에 세포 내용물을 이용하지. 세포 안 공간을 차지하며, 살아 있는 세포의 정상 활동을 방해해. 그러기에 식물체는 서서히 쇠약해지면서 병증상이 발현되지.

 교수님! 박테리오파지가 뭐죠?

 세균을 감염하는 바이러스를 박테리오파지(bacteriophage) 또는 파지(phage)라고 해.

 박테리오파지는 어떻게 세균을 감염하죠?

 박테리오파지의 꼬리를 세균 세포벽에 부착한 후 핵산만 세균 내부로 침입해 복제해. 그 후 세균을 용해해 밖으로 배출된단다.

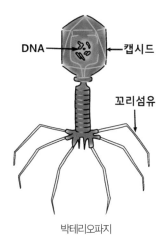

박테리오파지

그렇군요! 바이러스는 언제부터 인지되었죠?

 1886년 메이어(Mayer)가 '담배 모자이크병'을 처음 인지했고, 1892년 이바노프스키(Iwanowsky)는 여과성 병원체 존재를 발견했지.

 여과성 병원체란 어떤 것을 일컫죠?

 '모자이크병'에 걸린 담배 잎즙액이 세균이 걸러지는 여과기를 통과한 후에도 감염력이 유지돼. 그래서 여과성 병원체라고 불렀어.

 아! 당시에는 바이러스를 독성물질로 생각했었군요!

 그래! 세균이 가장 작은 병원체라고 생각했던 시절이었던 1898년 베이예링크(Beijerink)는 이를 '액성전염물질(contagium vivum fluidum)'이라고 명명했는데, 바이러스라는 이름은 당시 병독(vivum)을 뜻하는 라틴어로부터 유래한단다.

 바이러스 입자는 언제 발견되었죠?

 1934년 스탠리(Stanley)는 '담배 모자이크 바이러스(TMV)'를 처음 정제해서 단백질 분자라고 단정했어.

 그때까지는 핵산 존재를 몰랐나 보네요?

 그렇지! 당시 노벨상위원회도 핵산 존재를 몰랐기 때문에 스탠리에게 노벨화학상을 수여했단다.

 잘못된 학설로 노벨화학상을 받은 셈이네요!

 지금 지식으로 보면 어처구니없는 일이 아닐 수 없단다. 1937년 보덴(Bawden)과 피리(Pirie)가 'TMV'는 단백질과 RNA로 구성된 감염성 핵단백질이라는 정체를 밝혀냈지.

그러고 보니 바이러스는 식물체에서 처음 발견되었네요!

그래! 지구상에서 바이러스는 약 2,000종이 발견됐었는데, 그중에서 500종 이상이 식물바이러스란다.

7. 바이로이드

교수님! 바이로이드(viroid)는 언제 발견되었나요?

1967년 디너(Diener)와 레이머(Raymer)가 '감자 걀쭉병' 연구를 수행하던 과정에 감자에서 바이러스와 비슷한 병원체를 발견했단다.

바이로이드라는 명칭은 언제부터 사용했나요?

1971년 디너가 바이러스와 비슷하다고 해서 이 병원체를 바이로이드라고 명명했어.

바이로이드는 어떻게 생겼나요?

바이러스와는 달리 바이로이드는 작고 둥근 RNA 분자로 돼 있어. 그러므로 복제에 필요한 복제효소는 물론 작은 단백질 하나조차도 암호화할 수 없지. 따라서 단백질 외피를 가지고 있지 않단다.

바이로이드 크기는 도대체 어느 정도인가요?

바이로이드는 바이러스 크기의 1/50 정도에 불과해. 75,000~120,000 분자량의 외가 닥 고유 결합으로 폐쇄된 환상의 RNA 입자로 되어 있어.

바이로이드는 식물에서만 발견되었나요?

그렇단다! 아직 사람이나 동물에서는 바이로이드가 검출되지 않은 반면에, 40여 종의 바이로이드가 기주식물세포에 감염해 증식하고 식물병을 일으키지.

 그러면 바이로이드가 식물병을 일으킬 수 있는 가장 작은 식물병원체로군요!

 생물성 병원 중에서는 파이토플라스마가 가장 작은 식물병원체야. 그렇지만 모든 감염성 병원체 중에서는 바이로이드가 가장 작은 식물병원체야.

8. 식물기생선충

 교수님! 선충(nematode)은 언제 처음 발견되었죠?

 1743년 니덤(Needham)이 작고 둥근 밀알(밀혹)에서 식물체에 기생하는 선충을 처음 발견했어.

 선충도 식물병을 일으키죠?

 선충은 미생물과 미소 동식물을 먹으면서 주로 토양에서 서식하고, 식물 뿌리를 감염시켜 '뿌리혹병'을 일으키지.

 선충이 나무를 죽이기도 하죠?

 선충은 보통 식물체의 뿌리나 지상부에 혹을 만들어. 유관속에서 급속하게 증식해 유관속을 폐쇄해 나무를 죽이기도 해.
1988년 일본에서 우리나라로 유입돼 소나무와 잣나무에 막대한 피해를 주는 '소나무재선충병'이 대표적 선충병이야.

 선충은 어떻게 생겼죠?

동물계인 선충은 사람 몸속에 있는 기생충과 유사해. 뱀장어처럼 길고, 둥글고, 매끈하고, 마디, 다리나 다른 부속지가 없이 몸은 투명하지.

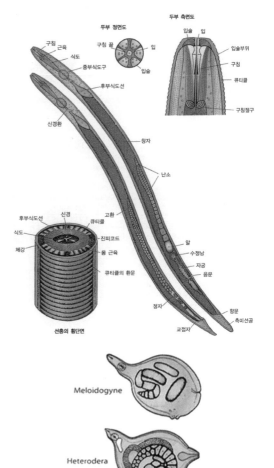
선충의 모식도 (출처: 식물병리학)

 암컷은 모양이 다르죠?

 그래! 몇 종류의 암컷은 성숙하면 뚱뚱해져 서양배나 공 모양으로 변하기도 해.

 선충은 현미경으로 관찰할 수 있죠?

 식물기생선충의 길이는 300~1,000㎛ 정도이고, 너비는 15~35㎛ 정도라서 육안으로는 잘 보이지 않아. 광학현미경으로는 쉽게 관찰할 수 있어.

 어떻게 증식하죠?

 선충의 암컷은 수컷과 교미를 통해서 유성생식을 하거나 무성적인 처녀생식에 의해 수정란을 생산해. 유충의 모양과 구조는 대체로 성충과 비슷해.

 선충은 탈피를 하죠?

 모든 선충은 4단계의 유충 세대를 거치는데, 한 유충 세대에서 유충이 생장해 몸이 커지면 탈피함으로써 유충 세대를 마감하지. 1차 탈피는 알 속에서 일어나며, 마지막 탈피 후에 암수 성충으로 분화한단다.

선충은 스스로 이동할 수 있죠?

 선충이 짧은 거리는 스스로 이동해. 그러나 물이나 농기계, 묘목, 곤충 등 주로 수동적 방법으로 전반된단다.

 교수님! '소나무재선충병'에 감염된 나무를 이동시키면 벌금을 물린다는 현수막을 봤는데, 왜 그렇죠?

 '소나무재선충'은 '소나무재선충병'에 감염된 나무를 통해 확산하기 때문이야.

 '소나무재선충병'에 감염된 나무를 불법으로 이동시키는 것을 신고하면 포상금도 준다죠?

 그만큼 '소나무재선충병'이 빠르게 전국으로 확산해 피해를 주고 있어. 그래서 소나무재선충병방제특별법이 2005년 제정되어 시행되고 있단다.

 '소나무재선충병'이 박멸되지 않아 남산 위 소나무마저 감염되면 애국가 가사 2절을 바꿔야 하잖아요?

 혜지 학생이 재치 있는 표현을 생각해냈구나! 그만큼 '소나무재선충병'의 피해가 심각한 게 사실이란다!

9. 병원체의 기주특이성

 교수님! 식물병원체도 사람에게 피해를 주나요?

 식물병원체는 기주특이성이 있어서 병원체에 따라 감염할 수 있는 기주식물체가 한정돼 있단다.

사람의 위와 십이지장에 '궤양'을 일으키는 'Helicobacter pylori'는 식물을 감염시키지 않아. 키위나무에 '궤양병'을 일으키는 'Pseudomonas syringae pv. actinidiae'는 사람과 다른 식물에도 전염되지 않지.

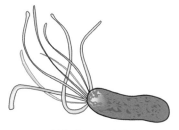

Helicobacter pylori

 인체병원체가 식물을 감염하지 않는다는 건가요?

 아무렴, 그렇고말고! 사람에게 '감기'를 일으키는 '인플루엔자 바이러스(Influenza Virus)'가 식물에 감기를 일으키지 않지 않니?

 식물병원체도 사람을 감염하지 않나요?

 거의 모든 식물병원체는 사람을 감염하지 않지! '담배 모자이크병'을 일으키는 'TMV'는 사람이나 동물을 감염하지 않아.

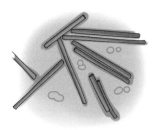

 '탄저병'은 식물뿐 아니라 사람과 동물도 걸리잖아요?

TMV

 '사과 탄저병'을 일으키는 'Glomerella cingulata'는 사람이나 동물에게는 전염되지 않아. 동물에 '탄저병'을 일으키는 세균인 '탄저균(Bacillus anthracis)'은 가축과 사람에게 '탄저병'을 일으킬 뿐 식물을 감염시키지 않지.

사과 탄저병   Bacillus anthracis

 '탄저균'이 식물을 감염시키지는 않지만, 사람과 동물을 모두 감염시키잖아요?

 그렇단다! 사람도 동물이기 때문에 '탄저균'에 감염되지. 이렇게 동물에 발생해서 사람에게도 전염되는 병을 인수공통감염병이라고 해.

그렇군요! 인수공통감염병이 많은가요?

 조류(鳥類)에서 유래하는 '조류독감', 개에서 유래하는 '광견병', 원숭이에서 유래하는 '후천성면역결핍증후군', 낙타에서 유래하는 '중동호흡기증후군', 사향고양이에서 유래하는 '중증급성호흡기증후군 등이 이미 잘 알려진 인수공통감염병이야.

 교수님! '코로나19(COVID-19)'도 마찬가지인가요?

 그래! 최근에 팬데믹을 일으키는 '코로나19(COVID-19)'도 박쥐에서 천산갑을 거쳐 사람에게 전염된 것으로 추정되고 있단다.

 지구상에는 다양한 병원체가 존재하지만, 다행스럽게도 병원체마다 기주특이성을 가지고 있군요!

 그래서 식물병원체가 사람과 동물에게 병을 일으키거나, 인체병원체가 식물로 전염되는 혼란은 일어나지 않아. 만약 각 병원체에 기주특이성이 없다면, 세상 생명체들이 갖가지 병원체가 일으키는 질병에 끊임없이 시달리는 생지옥으로 변했을 거야!

 휴! 천만다행이네요! 그러면 병든 식물체를 마음대로 만져도 되나요?

 그렇고말고! 반려동물처럼 반려식물도 사랑을 듬뿍 주며 키워야 해!

배나무 붉은별무늬병

식물병이 성립되고 진전하기 위해서는
식물병을 구성하는 3가지 구성요소인
감수성인 기주식물, 병원력이 강한 병원체,
그리고 비교적 장시간에 걸친
발병에 적합한 환경조건이
적절한 조합을 이뤄야 한단다

감나무 탄저병

1. 식물병의 성립

 교수님! 병원체만 있으면 식물병이 언제라도 발생하죠?

 그렇지 않아! 병원체가 식물체와 만나더라도 환경조건이 식물병 발생에 적합하지 않으면, 식물병이 발생하지 않아.

 어떻게 식물병이 성립되죠?

 식물병이 성립되려면 다음 3가지 요인의 궁합이 적절하게 맞아떨어져야 해.
① 식물체 ② 병원체 ③ 환경
그림에서 볼 수 있듯이 병원체와 식물체가 접촉하더
라도 환경조건이 적합하지 않으면 식물병이 성립되지 않는단다.

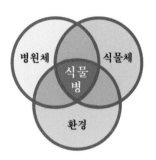

 교수님! 주인, 소인, 유인이라는 용어는 어떤 의미죠?

 식물병 성립에 필요한 3가지 요인 중에서 병원체가 가장 중요하다고 해서 주인, 다음으로 중요한 요인인 식물체를 소인, 발병 정도를 좌우하는 환경조건을 유인이라 해.

 식물병 성립에 필요한 3가지 요인 중에서 어느 요인이 더 중요한지 알 수 없지 않나요?

 그래! 식물체가 없으면 식물병을 거론할 필요가 없어. 병원체가 없으면 당연히 식물병이 성립되지 않아. 환경조건은 변화무쌍하기에 주인, 소인, 유인이라는 용어는 적절하지 않아졌지. 그래서 지금은 잘 사용하지 않는단다.

 식물병이 성립되기 위해 식물체는 어떤 조건이 갖춰져야 하죠?

 우선 식물체는 병원체에 의해 쉽게 감염될 수 있도록 감수성이어야 해.

그러면 병원체는요?

 병원체는 식물체에 식물병을 일으킬 수 있도록 병원력이 강하고, 밀도도 식물병을 일으키기에 충분해야지.

 환경이 어떤 조건일 때 식물병이 발생하죠?

 병원체가 식물체에 접촉한 시기의 환경이 병원체에게는 유리하고 식물체에는 불리해서 발병에 적합해야겠지! 혜지 학생! 삼각형이 어떤 도형인지 알고 있지?

 그럼요! 0보다 큰 세 변이 세 꼭짓점에서 만나 이루어진 도형입니다.

병삼각형

 그래! 정확하게 설명했다. 식물병 성립에 필수 식물체, 병원체, 환경 등 3가지 구성요소 상호관계를 삼각형으로 가시화한 것을 병삼각형(disease triangle)이라고 한단다.

 식물병을 쉽게 설명하기 위해 삼각형 도형을 이용하네요?

 삼각형의 세 변을 각각 식물체, 병원체, 환경 등 3가지 구성요소를 나타내는 것으로 가정해 볼게. 그러면 각 변의 길이는 3가지 구성요소에 영향을 줘서 식물병 발병을 조장하는 조건에 비례하지 않겠니?

 식물체를 나타내는 변은 어떤 조건일 때 길어지죠?

 식물체가 유전적으로 감수성이 클수록, 식물체가 재배 및 환경조건에 의해 허약해질수록 식물체를 나타내는 변은 길어지지.

 병원체를 나타내는 변은 어떤 조건일 때 길어지죠?

 병원력이 강할수록, 병원체의 밀도가 높을수록 병원체를 나타내는 변은 길어지겠지.

그러면 환경조건은요?

 환경조건이 병원체 생장과 증식에는 적합할수록, 식물체 생육에는 부적합수록, 환경을 나타내는 변은 길어진단다.
기용 학생! 삼각형 면적을 구하는 공식은 알지?

 그럼요! 밑변과 높이를 곱하고 반으로 나누면 됩니다.

 그래! 식물병을 구성하는 3가지 구성요소가 정량화되면, 병삼각형의 면적은 식물체 또는 식물집단의 발병량을 나타내게 된단다.

 어떤 조건일 때 식물병이 대발생하죠?

 식물병은 기주식물이 감수성이고, 병원력이 강한 병원체 밀도가 높게 분포하고, 환경조건이 식물체에 불리하고, 병원체에게 유리해서 발병에 적합한 조건이 충족될 때, 식물병이 대발생하게 돼!

 그런데 식물병은 시간 경과에 따라 증가하지 않나요?

 그렇고말고! 식물병은 3가지 구성요소의 궁합이 잘 맞고 발병 기간이 오랫동안 지속될수록 발병량은 급격하게 증가해.

 그러면 식물병이 성립된 후 진전되기 위해서는 3가지 요인 이외에 시간을 반드시 고려해야겠군요?

 그렇단다! 역시 혜지 학생이 아주 중요한 지적을 했구나! 식물병이 성립되고 진전하기 위해서는 식물병을 구성하는 3가지 구성요소인 감수성인 기주식물, 병원력이 강한 병원체, 그리고 비교적 장시간에 걸친 발병에 적합한 환경조건이 적절한 조합을 이뤄야 한단다.

 결국 시간은 식물병을 구성하는 3가지 구성요소 각각과 그 상호작용에도 영향을 미치겠군요?

식물병 성립을 설명하는 병삼각형 개념에 4번째 구성요소인 시간이 포함되도록 확대해서 4가지 구성요소 상호작용을 가시화한 것을 병사면체(disease tetrahedron) 또는 병피라미드(disease pyramid)라고 해.

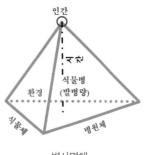

병사면체

2차원적 병삼각형 면적이 아니라, 3차원적 병사면체 체적이 식물병의 발병량이란 말씀이시죠?

그렇지! 바로 그거야! 그래서 병사면체 체적은 병삼각형 면적뿐만 아니라 발병 지속 시간에도 비례한단다.
따라서 식물체, 병원체 및 환경을 삼각형의 한 변으로 하는 병삼각형의 중심에서 수직선으로 사면체의 높이를 시간으로 나타내어 4가지 구성요소를 정량화시킬 수 있어.
그래서 병삼각형의 면적에 시간인 높이를 곱하고 1/3로 나눠 병사면체의 체적을 구하면, 식물병의 발병량이 산출되지 않겠니?

결국 병사면체에서 발병이 지속되는 시간은 인간에게 달렸군요!

그래서 인간은 식물병의 4가지 구성요소 각각은 물론, 그 상호작용에도 지대한 영향을 미쳐서 식물병의 발병량을 증가시키거나 감소시키지. 그렇기에 병사면체의 꼭짓점으로 나타낸단다.

작물에서 병 진전은 작물을 재배하고 관리하는 인간에 의해 크게 영향을 받겠네요!

인간요소는 시간요소로 대체될 수도 있지만, 식물병 진전에 직·간접적으로 영향을 미치는 다섯 번째 별개의 구성요소로 병사면체에서 반드시 고려해야 한단다.

결과적으로 식물병이 성립된 후 대발생 여부는 사람 손에 달렸다는 말씀이시죠!

교수님! 감수성(susceptibility)과 저항성(resistance)은 어떤 개념인가요?

 감수성은 식물체가 유전적으로 병에 걸리기 쉬운 성질을 일컫는단다.

 그러면 저항성은 식물체가 병에 잘 걸리지 않는 성질을 일컫겠군요? 개념이 잘 와닿지는 않아요!

 그러니? 그림처럼 식물체의 감수성 또는 저항성 정도는 병원체에 대한 식물체 반응으로 측 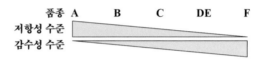 정하고 평가할 수 있는 정량적 개념이자 상대적 개념이란다.

 위 그림에서 품종 A < 품종 B < 품종 C < 품종 D < 품종 E < 품종 F 순으로 감수성이겠네요?

 그렇지! 품종 F가 가장 감수성인 품종이지.

 그러면 저항성은 정반대 순서니까 품종 A가 가장 저항성 품종인가요?

 그렇고말고! 그림에서 품종 F < 품종 E < 품종 D < 품종 C < 품종 B < 품종 A 순으로 저항성인 셈이야.

 교수님! 면역성(immunity)은 저항성과 다른 개념인가요?

 그림에서 품종 A처럼 고도로 저항성이어서 병에 걸리지 않는 성질을 면역성이라고 해.

 내병성(tolerance)은 저항성과 면역성과 다른 개념인가요?

그렇단다! 감수성인 식물체가 병에 걸렸지만, 극복하고 수량 손실을 크게 받지 않는 성질을 내병성이라고 하지.

교수님! 이해하기 어려운데 예를 들어 설명해주세요!

품종 D와 품종 E는 비슷한 정도로 감수성인데, 품종 D의 수량 손실이 품종 B와 비슷하다면, 품종 D는 내병성 품종인 셈이지.

아! 그렇군요! 이제 이해가 되네요!

감수성은 유전요인 외에도 온도, 광선, 일조시간, 양분 등 환경 요인에 의해 영향을 받는단다.

그러면 재배하는 작물의 감수성은 특히 환경 요인에 의한 영향을 많이 받겠군요?

벼처럼 고온성 작물은 이상저온일 때, 인삼처럼 음지성 작물은 햇빛에 노출되었을 때, 감수성이 증가하지.
또한, 강낭콩 같은 단일식물은 장일처리를 하면 감수성이 높아져. 대부분의 농작물은 양분이 부족할 때 감수성이 증가한단다.

감수성이나 저항성이 식물체 생육에 따라 달라지나요?

보통 성체식물에 비해 어릴수록 감수성이지만, 특정 생육 시기에 감수성인 경우도 있어.

대체로 식물체가 성숙할수록 저항성이 증대되죠?

그래! 어렸을 때 감수성이었다가 성체식물에서 발현되는 저항성을 성체식물 저항성(adult-plant resistance)이라고 해.

농작물에서 성체식물 저항성이 연구되었나요?

'보리 흰가루병'과 '벼 도열병'에 대한 성체식물 저항성이 보고되었단다.

 병회피(disease escaping)는 어떤 현상인가요?

 파종기를 바꾸든지 숙기가 다른 품종을 재배해서 감수성 식물일지라도 병원체 활동기를 회피해 발병을 모면하는 것을 병회피라고 하지.

 병회피는 내병성과도 다른 개념이네요!

 물론 다른 개념이지! '맥류 붉은곰팡이병'에 걸리기 쉬운 맥류 품종도 출수기 전후에 날씨가 건조하면 감염을 모면하는데, 대표적 병회피에 해당한단다.

병원성과 병원력

 교수님! 병원성(pathogenicity)과 병원력(virulence)은 어떤 개념이죠?

 병원체가 병을 일으킬 수 있는 기본 능력을 병원성, 병원성을 가진 병원체가 식물체를 침해해 병을 일으킬 수 있는 상대적 능력을 병원력이라 한단다.

 그래도 병원성과 병원력의 차이를 모르겠네요!

 병원력은 높고 낮음을 측정할 수 있는 정량적 개념이고, 병원성은 정량화할 수 없는 질적 개념이야.

 교수님! 그림에서 레이스 1, 레이스 2, 레이스 3, 레이스 4는 병원성이 있는 레이스고, 레이스 5는 병원성이 없는 비병원성 레이스죠?

레이스   **1**   2   3   4   5
병원력 수준

 그래! 병원성 레이스 중에서 레이스 4 < 레이스 3 < 레이스 2 < 레이스 1 순으로 병원력이 강하지.

아! 그러면, 병을 일으킬 수 있으면 병원성이 있는 것이고, 병원성을 가진 병원체 중에서도 병을 심하게 일으킬 수 있으면 병원력이 강한 것이네요?

 그래! 병원성은 발병 유무를 나타내는 절대적 개념이고, 병원력은 발병 정도를 비교하는 상대적 개념이야.

 코로나19 팬데믹을 일으키는 병원성이 있는 '코로나19 바이러스(Corona Virus 19)' 중에서 최근에 출현한 변이 바이러스는 돌연변이에 의해 병원력이 강해진 바이러스죠?

 그래! 인체병원체와 식물병원체는 기주만 다를 뿐이고 병원성을 나타내는 기작은 같아. 영국, 인도, 남아공 등에서 출현한 여러 가지 변이 바이러스 중에서 오미크론 변이 바이러스가 가장 병원성이 강해 전세계에서 우세종이 되고 있어. 코로나19 팬데믹이 더욱 기승을 부리고 있어 걱정이구나!

기생체와 병원체

 교수님! 기주(host)와 기생체(parasite)는 어떤 개념인가요?

 병원체가 식물체를 감염해서 영양분을 탈취하는 성질을 기생성(parasitism)이라고 하는데, 양분을 탈취하는 대상을 기주라고 하고, 양분을 탈취하는 병원체는 기생체라고 한단다.

 여름철에 피를 빨아먹는 모기가 기생체이고, 그 대상인 사람이 기주인가요?

 그런 셈이지. 우리가 기생충이라고 부르는 십이지장충, 회충, 디스토마 등이 기생체고 우리 몸이 기주지.

 교수님, 기생체와 병원체는 같은 개념인가요?

 반드시 그렇지는 않아. 진정끈적균류나 '그을음병균'은 부생체지만, 식물체 표면을 뒤덮어 생장을 억제하고 광합성을 방해해 병적 현상을 초래하는 병원체란다. 다시 말해서 기생체가 병원체가 되기 위한 필요조건이기는 하지만, 충분조건은 아니라는 증거지.

 기생성은 병원성과 같은 개념인가요?

 정확하게 일치하는 개념은 아니지만, 기생성은 병원성과 밀접한 관계가 있어. 식물 병을 일으키는 병원체 능력과 기주를 침입하고 정착하는 기생체 능력은 기주식물체에 병적 현상으로 나타나게 되지.

 교수님! 절대기생체(obligate parasite)는 어떤 개념인가요?

 기생체 중에서 바이로이드, 바이러스, 몰리큐트, 유관속 국재성세균, 선충, 원생동물, 그리고 곰팡이 중에서 흰녹가루병균, 노균병균, 흰가루병균, 녹병균, 무사마귀병균 등은 살아있는 기주에서만 생장하고 번식할 수 있어서 절대기생체 또는 활물영양체 (biotroph)라고 해.

 그러면 절대기생체는 인공배양이 되지 않겠네요?

 그렇단다! 그러나 대부분의 곰팡이와 세균들은 살아있는 기주와 죽은 기주에서 뿐만 아니라, 각종 영양배지에서도 살아갈 수 있어서 비절대기생체(nonobligate parasite) 라고 해.

 반활물영양체(semibiotroph)는 어떤 개념인가요?

 '감자 역병균'과 '배나무 검은별무늬병균'처럼 기생체로 살아가는 비절대기생체 지만, 부생적으로도 살아갈 수 있는 반활물영양체는 흔히 임의부생체(facultative saprobe)라고도 해.

 임의부생체는 인공배양이 잘 되나요?

임의부생체는 기생성이 강해 인공배양이 되더라도 생장 속도가 늦은 편이란다.

 사물영양체(necrotroph)는 어떤 개념인가요?

 '고구마 무름병균'과 '잿빛곰팡이병균'처럼 생활사 중에서 대부분을 유기물에서 살아가지만, 어떤 조건에서는 기주에 기생하는 사물영양체는 임의기생체(facultative parasite)라고도 해.

 임의기생체는 인공배양이 잘 되나요?

 인공배지에서 배양이 잘 되는 임의기생체는 대부분의 생활사 동안 주로 부생생활을 하다가 식물체에 상처가 있는 경우만 침입할 수 있어. 병원성이 약한 기회주의적 병원체지.

 그래서 임의기생체를 연약병원체(weak pathogen) 또는 상처기생체(wound parasite)라고 부르는군요!

 그렇지! 고구마를 캘 때 생기는 상처를 통해 침입하는 '고구마 무름병균'이 대표적 임의기생체란다.

 절대부생체(obligate saprobe)는 어떤 개념인가요?

 절대부생체는 '끈적균'과 '그을음병균'처럼 살아있는 식물체에 기생하지 않고 죽은 유기물에서만 영양을 취하면서 살아가지.

병원체의 종류별 생활양식

병원체 종류		생활양식	예
기생체	절대기생체 (활물영양체)	살아있는 기주에서만 생활	바이러스, 바이로이드, 몰리큐트, 노균병균, 흰가루병균, 녹병균, 흰녹가루병균, 무사마귀병균
	임의부생체 (반활물영양체)	기생체지만 부생도 가능	감자 역병균, 배나무 검은별무늬병균
부생체	임의기생체 (사물영양체)	부생체지만 기생도 가능	고구마 무름병균, 잿빛곰팡이병균
	절대부생체	죽은 유기물에서만 생활	끈적균, 그을음병균

2. 식물병의 병환

 교수님! 식물병이 성립된 후 진전되기 위해서는 병원체는 전염을 되풀이해나가야겠죠?

 그럼! 병원체는 기주식물체로부터 다른 기주기물체로 전염을 되풀이하면서 자기 종을 보존해 간단다.

 교수님! 식물병은 어떻게 되풀이되죠?

 병원체가 기주식물체로부터 다른 기주식물체로 전염이 계속되는 것을 전염의 사슬이라 해. 식물병이 해마다 되풀이해서 발생하는 과정을 병환(disease cycle) 또는 감염환(infection cycle)이라고 한다.

 병환은 어떻게 구성되죠?

 식물병의 병환은 1차 전염원 생성, 전반, 접촉, 침입, 기주인식, 감염, 침투, 정착, 생장 및 번식, 병증상 발현, 월동/월하 구조체 형성, 휴면기 등으로 구성돼.

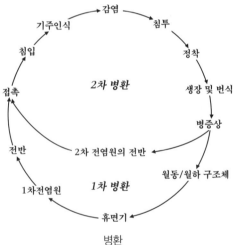

병환

 1차 병환이 뭐죠?

 최초로 감염을 일으키는 1차 전염원이 생성되어 하나의 병환이 완성될 때 1차 병환이라 해. 이러한 병환이 완성되는 데 여러 해가 걸리기도 하지.

 어떤 병원체는 해마다 몇 번이나 병환이 되풀이되기도 하지 않나요?

 그렇고말고! 환경조건이 식물병의 발병에 아주 적합할 때는 병징에서 감염을 일으키는 2차 전염원을 생성해서 여러 차례 반복 감염을 일으키지. 그러면서 새로운 병환을 되풀이하기도 해. 이것을 2차 병환이라고 한단다.

 병원체가 감염을 멈추는 휴면은 왜 필요하죠?

 식물병 발병에 부적합한 환경조건이거나 감염시킬 기주식물체가 없는 시기에는 월동이나 월하를 하는 휴면기를 거치지. 이듬해 1차 전염원을 생성해 다시 새로운 병환을 만들어.

 병원체는 월동기에만 휴면을 하죠?

 그렇지는 않아! '키위 궤양병균'처럼 저온성 병원균이나 저온성 작물을 침해하는 '보리 흰가루병균' 등은 무더운 여름 동안 월하를 한 후 1차 전염원을 생성해서 다시 새로운 병환을 만들기도 해.

 교수님! 식물체와 병원체에 따라 다양하고 복잡한 병환을 알아야 하는 이유는 뭐죠?

 병환 중 취약한 고리를 찾아내 차단하면, 식물병 진전을 효과적으로 예방할 수 있기 때문이란다.

 그렇군요! 병환을 정확하게 아는 게 유비무환이겠네요!

전염원

 교수님! 전염원(inoculum)이 뭐예요?

 식물체를 감염할 수 있는 병원체의 어떤 부분이라도 전염원이라고 해.

 곰팡이에서는 전염원이 될 수 있는 것이 무엇인가요?

 곰팡이의 균사, 균핵, 균사조직 등의 영양체와 무성포자, 유성포자, 자실체 등의 번식체 모두 전염원이 된단다.

병원체에 따라 전염원의 종류가 다르겠군요?

그래! 세균, 몰리큐트, 원생동물 등 단세포 병원체는 세포가, 바이러스와 바이로이드는 입자가 전염원이야.

그러면 선충에서는 성충, 유충, 알 등이 전염원이겠군요?

그렇고말고! 기생식물에서는 식물체 일부 또는 종자가 전염원이지.

주요 병원체와 전염원

병원체	전염원
곰팡이	균사, 균핵, 균사조직, 무성포자, 유성포자, 자실체 등
세균, 몰리큐트, 원생동물	세포
바이러스, 바이로이드	입자
선충	성충, 유충, 알
기생식물	식물체의 일부, 종자

교수님! 병원체 중 한 개체만 전염원으로 작용하죠?

아냐! 전염원은 곰팡이 포자나 균핵처럼 개체일 수도 있고, 세균 유출액처럼 수백만 개 집단일 수도 있어. 이러한 전염원의 한 단위를 번식체(propagule)라고 해.

전염원은 어떻게 월동이나 월하를 하죠?

1년생 식물을 침해하는 병원체는 감염된 식물체 잔재, 토양, 종자, 영양번식기관 등에서 세균 세포, 곰팡이의 균사, 포자, 균핵, 자실체 상태로 월동이나 월하를 하지.
다년생 식물체에서 병원체는 감염된 식물체 또는 비늘눈, 전정가지, 병든 낙엽 또는 열매에서 월동이나 월하를 해. '벼 오갈 바이러스'와 '벼 줄무늬잎마름 바이러스'는 매개충인 끝동매미충과 애멸구 체내에서 월동한단다.

1차 감염과 1차 전염원을 자세하게 설명해주세요!

 온대지역에서 월동한 병원체가 봄철에 활동을 시작해 처음으로 기주식물체에 침입해 감염을 일으키는 것을 1차 감염(primary infection)이라고 해.
병원체가 휴면한 후 다시 1차 감염을 일으키는 것들을 총칭해서 1차 전염원(primary inoculum)이라고 하지.

병원체의 월동/월하처와 1차 전염원의 종류

전염원 월동/월하처	1차 전염원	병원균
병든 가지, 열매	균사, 분생포자, 세균세포	배나무 검은무늬병균, 배나무 검은별무늬병균, 복숭아나무 잎오갈병균, 사과나무 탄저병균, 밤나무 줄기마름병균, 맥류 흰가루병균, 감귤나무 궤양병균
볍씨, 볏집	균사	벼 도열병균, 벼 깨씨무늬병균
종자와 혼재	균핵	맥류 맥각병균, 채소 균핵병균
종자 표면	균사, 분생포자	보리 속깜부기병균, 밀 비린깜부기병균, 벼 도열병균, 벼 깨씨무늬병균
종자 내부	균사	벼 키다리병균
종자 배, 배유	균사	보리 겉깜부기병균
토양 표면	균핵	배추 균핵병균, 오이 흰비단병균
토양 속	난포자	모잘록병균
	균사, 후벽포자	채소 시들음병균, 오이 덩굴쪼김병균
	세균세포	벼 줄무늬잎마름 바이러스
	바이러스 입자	맥류 오갈 바이러스
병든 식물잔재	난포자	배나무 노균병균
	균핵	유채 균핵병균
감자 괴경(덩이줄기)	균사	감자 역병균
	세균세포	감자 둘레썩음병균
인경(비늘줄기)	균사	양파 깜부기병균
묘목	균사	과수 자주날개무늬병균
	세균세포	과수 뿌리혹병균(근두암종병균)
잡초(겨풀, 둑새풀)	세균세포	벼 흰잎마름병균
잡초(둑새풀, 갈풀, 개밀)	난포자	벼 누른오갈병균
잡초(별꽃, 물레나물, 개망초, 개갓냉이)	바이러스 입자	오이 모자이크 바이러스
곤충(애멸구)	바이러스 입자	벼 줄무늬잎마름 바이러스

 1차 감염으로 생긴 병징에서 형성된 전염원이 2차 전염원(secondary inoculum)이되는 거죠?

 그렇지! 2차 전염원은 같은 식물체에서 다른 부위, 또는 한 식물체에서 다른 식물체로 옮겨지면서 반복적으로 2차 감염(secondary infection)을 일으킨다.

1차 전염원과 2차 전염원은 동일하죠?

 단세포 미생물인 세균, 파이토플라스마, 원생동물은 1차 전염원과 2차 전염원이 모두 세포일 수밖에 없어. 바이러스와 바이로이드도 1차 전염원과 2차 전염원이 모두 입자일 수밖에 없지 않겠니?

 그러면 곰팡이나 선충 등의 1차 전염원과 2차 전염원이 다를 수 있겠네요?

 그래! 곰팡이에서 1차 전염원이 균핵인 경우라 할지라도 2차 전염원은 분생포자일 수 있어. 선충의 1차 전염원이 알인 경우에도 2차 전염원은 성충일 수 있지.
특히, 곰팡이는 영양체와 번식체가 매우 다양하기에 1차 전염원과 2차 전염원이 다른 경우가 많단다.

 모든 병환에서 무엇보다 1차 전염원을 제거하는 것이 병 방제에서 중요하겠네요!

 그렇단다! 1차 전염원은 식물병의 종류에 따라 하나, 또는 그 이상 많을 수도 있어 매우 다양하지만, 전염원 제거가 가장 근본적인 식물병 예방법이지.

병원체의 전반

 교수님! 전염원이 기주식물을 침해하고 병을 일으키려면 먼저 식물체에 도달해야죠?

 그렇지! 전염원이 식물체로 이동하거나 옮겨지는 것을 전반(dissemination)이라고 해.

 전염원은 어떻게 식물체로 전반되죠?

 곰팡이 유주포자와 세균은 편모를 가지고 있어 스스로 이동하는 능동 전반을 해. 실제로 전반되는 거리는 지극히 제한적이야.

 전염원은 대부분 수동 전반을 하죠?

그래! 보통 전염원은 바람, 빗물, 각종 농기계, 농기구 같은 무생물적 요인에 의해 수동 전반을 한단다.

바람과 빗물   농기계와 농기구

 생물적 요인에 의한 수동 전반도 하죠?

 그래! 전염원은 곤충뿐 아니라 동물의
발이나 작업화 또는 작업용 장갑 등에
의해서도 수동 전반을 해.

곤충   작업화   동물

 직접 전반은 어떻게 전반되는 거죠?

 오염된 토양, 종자, 영양번식기관, 감염된 식물체 등에 의해 곧바로 감염될 기회를 갖는 전반을 일컫지.

 그러면, 간접 전반은요?

 수동 전반과 유사한 개념으로 전염원이 생물적 요인과 무생물적 요인에 의해 기주식물체로 전반된 후 비로소 감염될 기회를 갖는 전반을 간접 전반이라고 해.

 유효 전반이란 어떤 개념이죠?

 수많은 곰팡이 포자가 바람에 의해 옮겨지지만, 바다, 사막, 산맥, 비기주식물체 등에 도달하면 전염원으로서 역할을 할 수 없지 않겠니? 전염원이 감염될 식물체 부위로 때를 맞추어 전반된 것을 유효 전반이라고 하고, 전염원 역할을 할 수 없는 곳으로 전반된 것을 무효 전반이라고 해.

병원체가 스스로 기주식물체로 이동하는 능동 전반이나 토양이나 종자 등을 통한 직접적으로 전반되는 경우는 유효 전반이 될 가능성이 크겠군요?

 그렇고말고! 반대로 수동 전반이나 간접 전반인 경우는 유효 전반이 될 가능성이 희박하지.

 그래서 주로 바람에 의해 수동 전반되는 곰팡이는 엄청난 양의 포자를 생성하는군요?

 그럼! 그래야 그중에서 유효 전반을 하는 포자가 하나라도 생기지 않겠니? 곤충이나 선충은 기주특이성이 있어서 가해할 수 있는 기주식물체가 정해져 있고, 전염원이 침입하기 쉽게 구침으로 상처를 만들기에 유효 전반일 가능성이 아주 높지.

 교수님! 곰팡이 포자는 바람에 의해 잘 전반되죠?

 그렇지! 바람에 의해 전반되는 것을 풍매전반이라 하고, 공기를 통해 전염되는 식물병을 공기전염병이라고 해.

 어떤 사례가 있죠?

 '밀 줄기녹병균'의 여름포자는 미풍에도 쉽게 비상해서 수백 km까지 전반되고, '배나무 붉은별무늬병균'의 소생자는 보통 1.5km 정도까지 전반된단다.

주요 공기전염병

병원체	주요 공기전염병
곰팡이	밀 줄기녹병, 배나무와 사과나무 붉은별무늬병, 벼 도열병, 벼 키다리병, 맥류 겉깜부기병, 감자 역병, 잣나무 털녹병 등

 교수님! 세균은 물에 의해 잘 전반되지 않나요?

 당연하지! 편모를 가진 세균과 유주포자처럼 물에 의한 전반을 수매전반이라 하고, 빗물이나 관개수에 의해 전염되는 식물병을 수매전염병이라고 한다.

주요 수매전염병

병원체	주요 수매전염병
곰팡이	감자 역병, 모잘록병, 벼 모썩음병, 벼 잎집무늬마름병, 무/배추 무사마귀병, 오이 역병, 고추 역병, 밤나무 줄기마름병, 사과나무 탄저병, 고추 탄저병
세균	벼 흰잎마름병, 토마토 풋마름병, 과수 화상병

 바이러스와 몰리큐트는 곤충에 의해 잘 전반되나요?

 그럼! 바이러스와 몰리큐트는 물론 일부 세균과 곰팡이, 심지어 선충도 곤충에 의해 전반되지.

 곤충에 의한 전반을 충매전반이라고 하겠네요?

 그렇단다! 병원체를 전반시키는 곤충을 매개충이라 하고, 매개충에 의해 전염되는 식물병을 충매전염병이라고 해.

 보독충은 매개충과는 다른 개념인가요?

 바이러스를 매개할 때, 매개충의 체내에 바이러스를 지니고 전염능력이 있으면 보독충이라 해.

 바이러스 정체를 모를 때 바이러스를 병독(病毒)이라고 불렀던 것에서 유래하겠군요?

 그렇지! 기용 학생이 지혜롭게 아주 잘 기억하고 있구나! 세균을 거르는 여과지를 통과한 즙액에 있는 바이러스를 여과성 병독이라고 지칭했던 것에서 유래한단다.

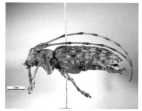

솔수염하늘소(출처: *Wikipedia*)

유럽느릅나무좀(출처: *Wikipedia*)

광릉긴나무좀(출처: 국립산림과학원)

95

여러 가지 충매전염병과 매개충

병원체	충매전염병	매개충
선충	소나무재선충병	솔수염하늘소, 북방수염하늘소
곰팡이	느릅나무 시들음병	유럽느릅나무좀, 미국느릅나무좀
	참나무 시들음병	광릉긴나무좀
	고구마 검은무늬병	방아벌레
	곡류 맥각병	여러 가지 곤충
세균	과수 화상병	꿀벌
	오이 세균시들음병	오이줄무늬잎벌레, 오이점무늬잎벌레
	옥수수 세균시들음병	옥수수벼룩잎벌레
파이토플라스마	오동나무 빗자루병	담배장님노린재, 썩덩나무노린재, 오동나무애매미충
	대추나무 빗자루병	마름무늬매미충
	뽕나무 오갈병	
바이러스	벼 오갈병	끝동매미충, 번개매미충
	벼 줄무늬잎마름병	애멸구
	감자 잎말림병	복숭아혹진딧물, 감자수염진딧물
	감자 Y바이러스병	복숭아혹진딧물, 목화진딧물
	오이 모자이크병	
	콩 모자이크병	복숭아혹진딧물, 완두수염진딧물
	무 모자이크병	복숭아혹진딧물, 무진딧물
	감귤나무 트리스테자병	귤소리진딧물

교수님! 바이러스의 비영속형 전반이란 어떤 개념이죠?

매개충이 구침을 삽입해서 감염된 식물체로부터 획득한 바이러스가 구침에만 머무르기 때문에 단시간 내에 전염력을 잃게 되는 것을 비영속형 전반이라고 해.

어떤 곤충이 비영속형 전반을 일으키죠?

주로 진딧물류가 비영속형 전반을 일으키지.

영속형 전반은 어떤 개념이죠?

매개충이 구침을 삽입해 감염된 식물체로부터 수 시간 이상에 걸쳐 획득한 바이러스를 수 시간 또는 수일 동안 잠복기를 거쳐 수일 또는 일생 동안 보독하는 것을 영속형 전반이라고 해.

어떤 곤충이 영속형 전반을 일으키죠?

멸구류, 매미충류가 영속형 전반을 일으키지.

 영속형 바이러스는 다시 증식형 바이러스와 순환형 바이러스로 세분하네요?

 영속형 전반을 하는 바이러스 중에서 보독충 체내에서 바이러스의 증식이 일어나면서 거의 영속적으로 전반하는 바이러스를 증식형 바이러스라고 해. 보독충 체내에서 증식하지 않고 구침에 머물며 반영속적으로 전반하는 바이러스를 순환형 바이러스라고 하고.

주요 비영속형 바이러스와 영속형 바이러스

병원체		매개충	주요 바이러스
비영속형 바이러스		진딧물	오이 모자이크 바이러스
영속형 바이러스	증식형 바이러스	벼끝동매미충	벼 오갈 바이러스
	순환형 바이러스	진딧물	감자 잎말림 바이러스

 교수님! 경란전염(transovarial passage)은 어떤 개념이죠?

 '벼 오갈병' 매개충인 끝동매미충과 '벼 줄무늬잎마름병' 매개충인 애멸구는 보독충의 알을 통해 자손에게도 바이러스가 전염되는데, 알을 통한 바이러스 전염을 경란전염이라 해.

 종자와 영양번식기관도 중요한 매개수단이죠?

 종자에 의한 전반을 종자전반이라 하고, 종자가 매개해 전염되는 식물병을 종자전염병이라고 한단다.

진딧물(출처: *Wikipedia*)

끝동매미충(출처: 국립산림과학원)

애멸구(출처: 국립산림과학원)

종자, 영양번식기관 및 즙액에 의해 전반되는 전염병

전반수단	병원체	주요 식물병/병원체
종자감염	곰팡이	보리 겉깜부기병, 벼 도열병, 벼 키다리병, 콩 자주무늬병, 토마토 시들음병
	세균	벼 세균벼알마름병
	바이러스	담배 둥근무늬 바이러스, 보리 줄무늬모자이크 바이러스, 콩 모자이크 바이러스, 땅콩 반문 바이러스
종자오염	곰팡이	보리 속깜부기병, 밀 비린깜부기병, 배추 검은무늬병, 벼 도열병
	세균	벼 세균벼알마름병
	바이러스	오이 녹반모자이크 바이러스, 토마토 모자이크 바이러스
종자혼입	곰팡이	맥류 맥각병, 채소 균핵병
괴경	곰팡이	감자 역병
	세균	감자 둘레썩음병
	바이러스	감자 바이러스
인경	곰팡이	양파 깜부기병
	바이러스	마늘 바이러스
묘목	곰팡이	잣나무 털녹병, 과수 자주날개무늬병
	세균	과수 뿌리혹병(근두암종병)
즙액(상처)	바이러스	감자 바이러스 X, 담배 모자이크 바이러스, 오이 녹반모자이크 바이러스, 토마토 모자이크 바이러스

 토양도 식물병을 전반시키죠?

 아무렴 그렇고말고! 토양에 의한 전반을 토양전반이라고 하고, 토양을 통해 전염되는 식물병을 토양전염병이라고 한단다.

주요 토양전염병

병원체	주요 토양전염병/병원체
곰팡이	배추 균핵병, 오이 흰비단병, 모잘록병, 채소 시들음병, 오이 덩굴쪼김병, 맥류 마름병, 과수 자주날개무늬병
바이러스	담배 모자이크 바이러스, 오이 녹반모자이크 바이러스

 토양에 존재하는 선충도 식물병을 매개하죠?

 선충도 곰팡이와 바이러스를 매개하는데, 특히 선충 매개 바이러스는 NEPO 바이러스(NEmatode transmitted POlyhedral VIRUS)와 NETU 바이러스(NEmatode transmitted TUbular VIRUS)로 분류하지.

 NEPO 바이러스와 NETU 바이러스의 차이는 뭐죠?

NEPO 바이러스는 3㎜ 크기의 침선충(*Xiphinema*)과 바늘선충속(*Longidorus*)에 속하는 선충에 의해 전염되는 구형 바이러스를 총칭해. NETU 바이러스는 1㎜ 크기의 궁침선충속(*Trichodorus*)에 속하는 선충에 의해 전염되는 간상 바이러스를 총칭한단다.

선충에 의해 전반되는 주요 식물바이러스

병원체	선충	주요 식물바이러스
NEPO 바이러스	*Xiphinema* 속 선충 *Longidorus* 속 선충	포도 부채잎(fanleaf) 바이러스, 담배 둥근무늬 바이러스, Arabis 모자이크 바이러스
NETU 바이러스	*Trichodorus* 속 선충	담배 줄기괴저(rattle) 바이러스

 또 다른 매개 수단도 있죠?

 곤충 외에도 응애, 새 무리에 의해 전반되고, 사람 손과 씨감자를 자른 칼, 전정가위 등을 통해 전반되지. 곰팡이와 새삼에 의해서도 매개된단다.

기타 방법에 의해 전반되는 식물병

전반 수단	병원체	주요 식물병/병원체
응애	바이러스	복숭아 모자이크 바이러스
사람(담배 피운 손)	바이러스	담배 모자이크 바이러스
칼	곰팡이	감자 역병, 감자 둘레썩음병
전정가위	세균	키위 궤양병, 과수 화상병
하등균류(*Olpidium brassicae*)	바이러스	담배 왜화 바이러스, 담배 괴저 바이러스, 상추 big vein 바이러스
감자 암종병균(*Synchytrium endobioticum*)	바이러스	감자 X 바이러스
새삼	바이러스	오이 모자이크 바이러스

병원체의 침입

 교수님! 곰팡이는 어떻게 식물체에 침입하나요?

 곰팡이는 식물체 세포벽을 뚫을 수 있는 기계적 장치에 의해 식물체 내로 침입하지. 세포벽 분해효소를 분비해 세포벽을 뚫고 식물체 내로 직접 침입하기도 해.

 곰팡이가 식물체를 침입하는 방법도 다양한가요?

곰팡이는 다음과 같이 5가지 방식으로 식물체를 직접 침입한단다.

① 포자가 발아한 후 균사는 표피에 머물면서 세포 내로 흡기가 침입해 감염을 일으키거나,

② 균사가 큐티클(각피) 아래만 침입하고 감염을 일으키거나,

③ 균사가 세포 사이로 침입해 감염을 일으키거나,

④ 균사가 세포 사이로 침입한 후 세포 내로 흡기가 침입해 감염을 일으키거나,

⑤ 침입관을 만들어 식물체로 직접 침입한 후 균사가 세포 내로 침입해 감염을 일으킨단다.

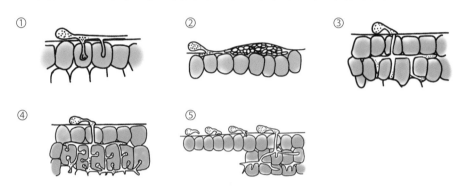

 우리 몸에 있는 잎, 코, 눈, 귀 등을 통해 인체병원체가 침입하듯이 식물체에도 식물병원체의 침입 통로가 되는 자연개구(natural opening)가 있지 않나요?

 식물체에도 식물병원체의 침입 통로가 되는 다음과 같은 3종류의 자연개구가 있단다.

① 기공   ② 피목   ③ 수공

기공 침입   피목 침입   수공 침입

 상처도 곰팡이의 침입 통로인가요?

 아무렴 그렇고말고! 곰팡이는 상처를 통해 쉽게 식물체 내로 침입한단다.

 선충은 어떻게 식물체를 침입하나요?

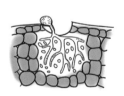 

상처 침입   주근과 측근 사이
                   갈라진 틈새 침입

선충은 구침을 앞뒤로 반복해서 움직이면서 식물체를 찔러 세포벽에 작은 구멍을 만들어. 이를 통해 식물체 내로 직접 침입 하거나, 기공을 통해 침입한단다.

 선충은 모두 식물체 내로 들어가나요?

 내부기생 선충은 몸이 식물체로 들어가지만, 외부기생 선충은 식물체로 들어가지 않고, 단지 구침만 식물체에 박아 영양을 흡수하지.

 세균은 어떻게 식물체를 침입하나요?

 세균은 식물체 표면을 직접 뚫고 침입할 수 없어. 기공, 수공, 꿀샘(밀선) 등 자연개 구와 식물체 표면에 있는 상처로만 침입하지.

   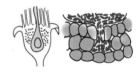

| 기공 침입 | 상처 침입 | 수공 침입 | 꿀샘(밀선) 침입 |

 상처는 모든 종류 병원체의 가장 유용한 침입 통로가 되는군요?

 그럼! 특히 파이토플라스마, 바이러스, 바이로이드 등은 주로 매개충이나 선충이 가 해할 때 생기는 상처를 통해 침입한단다.

 상처가 생기지 않도록 식물을 재배하는 것이 식물병의 예방에 중요하겠군요!

여러 가지 병원체의 침입 통로

통로	병원체
각피	벼 도열병균, 장미 흰가루병균, 탄저병균 등 대부분 식물병원성곰팡이, 선충
기공	맥류 줄기녹병균, 사탕무 갈색무늬병균, 호프 노균병균
수공	양배추 검은썩음병균, 과수 화상병균, 벼 흰잎마름병균
피목	감자 더뎅이병균, 핵과류 잿빛무늬병균, 사과나무 겹무늬썩음병균, 뽕나무 줄기마름병균
꿀샘	호밀 맥각병균, 과수 화상병균
상처	고구마 무름병균, 감귤 푸른곰팡이병균, 사과나무 부란병균, 채소 무름병균, 토마토 풋마름 병균, 키위 궤양병균, 밤나무 줄기마름병균, 모든 파이토플라스마, 바이러스, 바이로이드

교수님! 병원체의 감염(infection)은 어떻게 이루어지죠?

 병원체가 감수성 식물에 옮겨져 침입을 끝내고 기주의 감수성 세포나 조직과 접촉해 영양을 탈취하는 관계가 성립되는 일련의 과정을 감염이라고 한단다.

 식물체로 침투한 병원체가 식물체 내부에 정착해 양자 사이에 기생관계가 성립되죠?

 그렇고말고! 감염 후 기생당한 식물체는 기주가, 기생하는 병원체는 기생체가 돼. 침입과 감염은 연속적 발병과정이라서 구분하기 어려울 때도 있지.

 감염이 이루어지면 병원체는 식물체 내부로 침투해서 정착하고 생장과 증식을 거듭하죠?

 식물체의 양분을 탈취하는 감염에 성공한 병원체는 기주식물체에서 생장과 증식을 거듭하면서 더는 감염할 부위가 없거나, 기주식물체가 죽을 때까지 감염을 반복한단다.

 그러면 언제 식물체가 병든 것을 알 수 있죠?

 반복된 감염으로 식물체는 영양을 탈취당하고 세포, 조직 또는 기관이 손상돼 병징(symptom)이나 표징(sign) 같은 병증상(disease syndrome)이 나타나. 그러면 감염된 식물체가 병든 것을 알 수 있게 되지.

 병징, 표징, 병증상은 비슷한 용어처럼 보이는데, 어떤 차이가 있죠?

 감염된 세포, 조직, 기관 또는 전체 식물체에서 발현되는 다양한 생리적 이상 또는 형태적 비정상을 총칭해서 '병증상'이라고 해.
그리고 병증상 중에서 세포, 조직, 기관에 이상을 일으켜 외부에 나타난 반응을 '병징'이라고 하지. 식물체에 감염을 일으킨 후 병환부에 나타나 육안으로 식별할 수 있는 병원체를 표징이라 해.

잠복기(incubation period)란 어떤 개념이죠?

 병원체가 감수성 식물에 옮겨져서 어떤 병증상이 발현될 때까지의 기간을 잠복기라고 한단다.

 잠복기라도 감염된 상태인 거죠?

 그렇지! 감염되었지만 병증상이 나타나지 않는 경우를 잠재감염(latent infection)이라고 해.

 국부감염(local infection)과 전신감염(systemic infection)은 어떻게 구분하죠?

 병원체에 따라 식물체에서 감염된 부위에만 머무르고 다른 부위로 잘 퍼져나가지 않을 때 국부감염이라고 해. 이때 나타나는 병징을 국부병징(local symptom)이라고 하지.

 인체병 중에서 '무좀'은 손과 발에만 국부감염으로 생기는 국부병징이죠?

 그래! 병원체가 식물체 전신에 퍼져나가면서 감염을 일으킬 때 전신감염이라고 해. 이때 나타나는 병징을 전신병징(systemic symptom)이라고 해.

 교수님! 병원체에 따라 감염 양식도 차이가 있죠?

 그렇고말고! 곰팡이와 세균은 주로 국부병징을 나타내지만, 유관속국재성세균, 파이토플라스마, 원생동물, 바이러스, 바이로이드는 대부분 전신병징을 나타내는 것이 특징이야.

국부병징을 나타내는 벼 도열병

전신병징을 나타내는 키위 궤양병

병증상(병징과 표징)

 교수님! 병원체에 감염된 식물체에서 병증상은 어떻게 나타나나요?

 병원체가 성공적으로 식물체에 침입한 후에 감염하고, 계속해서 생장·증식하는 과정에서 식물체에서는 다양한 병증상이 발현되게 된단다.

 병증상 중에서 대표적 병징은 어떤 것인가요?

 식물체에 생기는 대표적 병징으로는 시들음, 마름, 점무늬, 더뎅이, 구멍, 오갈, 황화, 궤양, 빗자루, 뿌리혹 등 매우 다양하단다.

시들음	가지마름	순마름	잎가마름	점무늬	더뎅이
구멍	오갈	황화	궤양	빗자루	뿌리혹

 병징은 진단에 중요하군요?

 병징은 식물 종류 또는 병 종류에 따라 다르므로, 병징에 의해서 식물이 병에 걸린 것을 알고, 어떤 병인가를 진단할 수 있단다.

 교수님! 병징으로만 식물병 진단이 가능한가요?

 그렇지는 않아! 다른 병원체가 비슷한 병징을 나타내기도 해. 같은 병원체라도 식물 품종, 발병 부위, 생육 시기, 환경조건 등에 따라 다른 병징을 나타내기도 하기 때문이야.

 병원체의 종류나 감염된 식물체 상태 또는 재배 조건에 따라서 병징이 드러나지 않는 경우도 있나요?

 그렇지! 드물지만 육안으로는 병징을 확인할 수 없는 병징은폐(masking)가 생기기도 해.

 그러면, 병징에만 의존해서 진단할 경우에는 오진 위험이 있겠네요?

 그렇고말고! 기용 학생다운 날카로운 지적이야!

 곰팡이는 표징을 나타내나요?

 곰팡이는 식물병 종류에 따라 다양한 표징을 나타내기 때문에 곰팡이병 진단에 중요한 수단이 되지.

 곰팡이의 표징은 어떤 것이 있나요?

 곰팡이가 식물체를 감염한 후 생기는 대표적인 표징으로 균사체, 균핵, 분생포자경, 노균, 흰가루, 버섯, 포자낭, 분생포자층(분생포자반), 분생포자각, 자낭구, 자낭각, 자낭반 등 매우 다양하단다.

균사   균핵   분생포자경   노균병/흰가루병   버섯

포자낭   분생포자층   분생포자각   자낭구   자낭각   자낭반

세균도 표징을 나타내나요?

바이러스, 파이토플라스마, 세균 등은 크기가 너무 작아 육안으로 관찰할 수 없기에 표징을 나타내지 않는 것이 당연해. 하지만 세균은 식물체 표면에 세균 유출액 (bacterial ooze)을 표출시켜 표징을 나타내기도 해.

병징과 표징은 동시에 나타나나요?

곰팡이들은 대부분 다양한 병징을 나타낸 후 그 위에 표징을 나타내. '노균병균', '흰가루병' 등은 표징을 먼저 나타낸 후 그 주변에 병징을 나타낸단다.

교수님! 표징이 없는 경우도 있나요?

보통 '시들음병균'은 병징만 있고 표징이 없어. 반면에 '흰가루병균'은 병징없이 표징만 나타내지.

세균도 마찬가지인가요?

대부분 세균은 병징만을 나타내지만, 일부 세균들은 드물게 표징으로 세균 유출액이 병든 식물체 표면에 드러나기도 해.

표징은 진단에 중요한가요?

표징은 병이 어느 정도 진행된 뒤에 나타나기에 조기 진단에는 큰 도움이 되지 않아. 그렇지만 병징이 상대적인 반면에, 표징은 병원체에 따라 색깔, 모양, 크기 등이 일정한 절대적 특성이야. 그러므로 식물병 진단상 매우 중요하지.

그렇군요! 식물병마다 주요 병징과 표징을 알아 두면 빠르게 진단할 수 있겠네요!

단주기성 병환과 다주기성 병환

 교수님! 병환이 완성되는 데 얼마나 걸리죠?

 병환부에서 2차 전염원이 계속 생성되다가 식물병을 일으킬 수 없는 겨울이나 여름 동안 병원체는 생존하기 위해서 휴면을 취한단다.

보통 월동이나 월하를 한 병원체는 이듬해 1차 전염원이 돼 건전한 기주식물체로 전반되고, 새로운 병환을 다시 만들어. 그렇기에 식물병은 지구상에서 해마다 끊임없이 되풀이해서 발생하는 거야.

 단주기성 병원체(monocyclic pathogen)와 다주기성 병원체(polycyclic pathogen)란 어떤 개념이죠?

 1년에 단 한 번의 병환 또는 병환 일부를 마치는 병원체를 단주기성 병원체라고 하지. 이러한 병환을 단주기성 병환이라고 해.

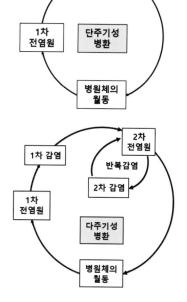

 다주기성 병원체는 1년에 여러 세대를 거치겠죠?

 식물의 한 재배기간 여러 번 반복되는 병환을 다주기성 병환이라고 하는데, 2차 감염과 병환을 반복할수록 전염원 양은 몇 배씩 증가한단다.

 다년주기성 병(polyetic disease)은 어떤 개념이죠?

 수목의 '시들음병', '파이토플라스성 쇠락'과 여러 가지 '바이러스병'에서 1년 동안에 병환을 완성하지 못하는 식물병은 기본적으로 단주기성 병이야. 그러나 병환을 완성하는데 1년 이상 걸리면 다년주기성 병이라고 한다.

주요 단주기성 병, 다주기성 병 및 다년주기성 병

구분	대표적인 병
단주기성 병	깜부기병, 뿌리썩음병, 균핵병, 흰비단병, 모잘록병, 시들음병, 덩굴쪼김병
다주기성 병	감자 역병, 노균병, 흰가루병, 녹병, 점무늬병
다년주기성 병	수목 시들음병, 느릅나무 시들음병, 밤나무 줄기마름병

식물병마다 병환이 다르겠군요!

식물병의 병환을 자세하게 살펴보면 병환마다 취약한 부분이 있기 마련인데, 그런 부분을 공략하면 병환을 차단하기 쉽지.

결국 각 식물병마다 병환을 잘 파악하는 것이 방제의 지름길이겠네요!

그래! 혜지 학생다운 지혜로운 올바른 결론이로구나!

병원체의 기주교대

교수님! 병원체는 한 가지 식물에서 병환을 완성하나요?

그렇지 않단다! 기주특이성을 가진 병원체가 한 가지 식물에만 병을 일으키면 단범성 병원체라고 해. 그리고 기주범위가 넓어 여러 가지 식물에 병을 일으키면 다범성 병원체라고 한단다.

교수님! 동종기생균(autoecious fungi)과 이종기생균(heteroecious fungi)은 어떻게 다른가요?

같은 종 식물에서 생활사를 끝내는 대부분의 식물병원곰팡이를 동종기생균이라고 하고, '녹병균(rust)'처럼 생활사를 완성하기 위해서 2종의 다른 식물을 기주로 하는 곰팡이를 이종기생균이라고 한단다.

'녹병균'은 여러 종류의 포자를 만드는군요?

'녹병균'은 다음과 같이 5가지 포자형성 구조체와 포자를 형성한단다.

① 전균사와 소생자

② 녹병정자기와 정자

③ 녹포자기와 녹포자

④ 여름포자퇴와 여름포자

⑤ 겨울포자퇴와 겨울포자

| 전균사와 소생자 | 녹병정자기와 정자 | 녹포자기와 녹포자 | 여름포자퇴와 여름포자 | 겨울포자퇴와 겨울포자 |

'녹병균'과 '깜부병균'의 겨울포자가 발아해서 형성된 담자기를 전균사라고 부르고, 전균사 위에 유성포자로 형성된 담자포자를 소생자라고 해.

'녹병균'이 만드는 5가지 포자형성 구조체와 포자는 표처럼 기호로 표기하기도 한단다.

녹병균의 포자형성 구조체와 포자형(*과거 명칭)

기호	포자형성 구조체	포자
0	녹병정자기(spermagonium), 녹병자기(*pycnium*)*	녹병정자(spermatium), 녹병포자(*pycniospore*)*
I	녹포자기(aecium)	녹포자(aeciospore)
II	여름포자퇴(uredium), *하포자퇴**	여름포자(uredospore), *하포자**
III	겨울포자퇴(telium), *동포자퇴**	겨울포자(teliospore), *동포자**
IV	전균사(promycelium) = 담자기	소생자(sporium) = 담자포자

 기주교대(alternation of host)는 어떤 개념인가요?

 이종기생균이 생활사를 완성하기 위해서 기주를 바꾸는 것을 기주교대라고 하고, 두 기주 중 경제적 가치가 적은 기주를 중간기주(intermediate host)라고 하지.

이종기생균이 일으키는 식물병과 중간기주

녹병균	식물병	기주식물	
		녹병정자 · 녹포자 세대	여름포자 · 겨울포자 세대
Puccinia graminis	밀 줄기녹병	매자나무	맥류
Puccinia striiformis	밀 줄녹병	불명	맥류
Puccinia recondita	밀 붉은녹병	좀꿩의다리	밀
Gymnosporangium asiaticum	배나무 붉은별무늬병	배나무/모과나무	향나무
Gymnosporangium yamadae	사과나무 붉은별무늬병	사과나무	향나무
Cronartium ribicola	잣나무 털녹병	잣나무	까치밥나무/송이풀
Cronartium quercuum	소나무 혹병	소나무속식물	졸참나무/신갈나무
Coleosporium asterum	소나무 잎녹병	소나무속식물	참취
Melampsora larci-populina	포플라 잎녹병	낙엽송	포플라

 단주기형 녹병균(microcyclic rust)과 장주기형 녹병균(macrocyclic rust)의 차이는 무엇인가요?

 '접시꽃 녹병균'처럼 겨울포자와 담자포자만 형성하는 '녹병균'을 단주기형 녹병균이라고 하고, '잣나무 털녹병균'처럼 겨울포자와 담자포자 외에 녹병정자, 녹포자, 여름포자 등 다섯 가지 포자를 형성하는 '녹병균'을 장주기형 녹병균이라고 한단다.

 그럼 중주기형 녹병균(demicyclic rust)도 있나요?

 그래! '배나무/사과나무 붉은별무늬병균'처럼 여름포자나 녹병정자가 없거나, 이 두 가지 포자가 모두 없는 '녹병균'을 중주기형 녹병균이라고 한단다.

 혹시 기주교대를 하지 않는 '녹병'도 있나요?

 '회화나무 녹병균(*Uromyces truncicola*)'에 의한 '회화나무 녹병'은 가지와 줄기에 혹을 만들기에 일명 '혹병'이라고 불러. 기주교대를 하지 않는 동종기생균에 의한 '녹병'이지.

 그렇군요! 또 다른 동종기생균도 있나요?

 '아스파라거스 녹병균(*Puccinia asparagi*)'도 동종기생균이란다.

'녹병'은 참 다양하군요! 동종기생균은 일부일처(一夫一妻)처럼 보이고 이종기생균은 일부다처(一夫多妻)처럼 느껴지는데요!

 허허! 기용 학생다운 재치 있는 비교로구나! 아무튼 그렇게 기억하는 것도 좋은 방법이다.

전염성병과 밀접한 관계가 있는 환경조건은
병원체의 생장, 증식, 전반, 감염을 위한
포자 발아나 침입뿐만 아니라,
식물체의 생장, 기관 분화, 생리작용과
병원체에 대한 감수성 등에도
영향을 미친단다

유자나무 검은점무늬병

1. 발병 환경

 교수님! 전염성병의 발생에 환경이 중요하죠?

 그럼! 전염성병과 밀접한 관계가 있는 환경은 병원체와 식물체 모두에게 영향을 미쳐서 식물병이 발생하도록 하지. 환경조건은 병원체의 생장, 증식, 전반, 감염을 위한 포자 발아나 침입뿐만 아니라, 식물체의 생장, 기관 분화, 생리작용과 병원체에 대한 감수성 등에도 영향을 미친다.

 전염성병의 성립에 환경이 결정적 영향을 미치는군요?

 당연하지! 식물병은 식물체와 병원체가 접촉되더라도 오른편 그림처럼 환경조건이 적합하지 않으면 발생하지 않아.

 발병 유인(predisposition)이란 어떤 개념이죠?

 식물병의 발생에 특히 관계가 깊은 환경 요인을 총칭해 발병 유인이라고 해.

 발병 유인 파악은 왜 중요하죠?

 발병 유인을 밝히는 일은 식물병 진단이나 방제를 위해서 매우 중요하지.
특히 약제를 사용하는 직접적 방제가 곤란한 식물병을 방제하기 위해서는 발병 유인을 고려해서 환경 요인을 식물병 발생에 부적합하도록 바꿔줘야 하지.
또한, 식물병의 발생을 예찰하거나, 어느 정도로 식물병이 만연될 것인가를 알아 미리 방제계획을 세우려면 발병 유인이 무엇인지 밝혀내야 해.

 발병 유인은 기상 조건과 토양 조건 뿐만 아니라 미생물적 환경도 포함되죠?

 그렇고말고!

습도

교수님! 비는 식물병의 발생에 어떤 영향을 미치나요?

흐르는 물, 흩뿌려지는 빗방울, 스프링클러 등은 병원체가 식물체에서 다른 부위로 전반되거나, 한 식물체에서 다른 식물체로 전반되는 데 매우 중요한 역할을 하지.

수분이 식물체 감수성에도 영향을 미치나요?

수분은 기주식물체의 수분함량을 높임으로써 병원체에 대한 감수성을 증대시켜 발병 정도와 발병량을 증가시킨단다.

그러면 강우량이 식물병의 발병에 중요하겠군요?

물론이지! 특정 지역에서 발병량이 많은 것은 강우량과 밀접한 관련이 있어. '포도노균병', '감자 역병', '과수 화상병' 등은 생육기에 강우량과 상대습도가 높은 지역에서 발병이 심하단다.

강우 횟수와 습기 지속 시간도 식물병의 발병에 영향을 미치나요?

한 생육기 동안 되풀이되는 병환 수는 충분하게 내리는 강우 횟수와 관계가 있어. '사과나무 검은별무늬병균'은 온도가 18~23℃ 정도로 적당해도 잎과 과일이 감염되기 위해서는 최소 9시간 동안 습기가 지속돼야 해.
그런데 18~23℃ 범위보다 높거나 낮은 온도에서는 최소 습기 지속 시간이 더 길어야 해. 최소 습기 지속 시간이 충족되지 못하면 발병하지 않아.

그러면 강우 일수와 강우량이 모두 중요하겠네요!

그렇단다! '배나무 검은별무늬병', '배나무 검은무늬병', '배나무 붉은별무늬병', '복숭아나무 잎오갈병', '포도나무 새눈무늬병', '과수 탄저병' 등은 강우 일수나 강우량과 밀접한 관계가 있어 특히 전염기에 비가 많거나 자주 올 때 많이 발생해.

교수님! 병원체가 식물체에 침입하려면 식물체 표면에 수분이 있어야 하죠?

그렇고말고! 수분은 곰팡이 포자가 발아하고 발아관이 식물체에 침입하는 데 꼭 필요해. 대부분의 곰팡이와 세균이 기주식물체를 성공적으로 감염하기 위해서 얇은 막의 수분이 필요하단다.
'흰가루병'은 식물체 표면에 수분이 존재할 때는 오히려 분생포자 발아율이 낮아지므로 건조한 지역에서 더 빈번하게 발병한단다.

그래서 '흰가루병'은 건조한 가을에 발병이 심한 거죠?

그렇단다! 혜지 학생은 유추 능력도 대단하구나!

무슨 말씀을요! 감사합니다! 병원체가 식물체에 침입한 후에도 강우가 중요한가요?

대부분의 병원체는 기주식물체에 침입한 후 기주식물체에서 양분과 수분을 섭취하면서부터는 외부의 습도에 크게 의존하지 않아. 그러나 '감자 역병', '노균병'의 진전에는 주변의 높은 상대습도와 수분이 필요하지.
짧은 시간이라도 잎이 젖어 있으면 포자가 방출되지만, 고온 건조한 날씨에서는 병원체의 균사 생장, 포자 발아, 병징 발현 등이 멈춘단다.

교수님! 토양습도도 발병에 영향을 미치나요?

토양습도는 토양 속 병원체 활성과 기주 저항성에 영향을 미친단다. '모잘록병'처럼 뿌리나 괴경 등 식물체 지하부나 유묘에 발생하는 식물병의 발병도는 토양 수분양과 비례해서 수분 포화점 근처에서 가장 높단다.
'무/배추 무사마귀병'은 토양 보수력이 45% 이상이면 많이 발생하고, '소나무 모잘록병'은 장마철에 배수가 나쁜 밭에 발생하기 쉽단다.

작물 재배에서 배수 관리가 매우 중요하군요!

'Rhizoctonia', 'Sclerotinia', 'Sclerotium' 등 토양 전염성 병원균과 'Erwinia', 'Pseudomonas' 등의 세균, 그리고 대부분 선충은 토양이 물에 잠기지 않고 다만 젖어 있을 때 가장 심한 병징을 일으킨단다.

수분 스트레스도 발병에 영향을 미치나요?

곰팡이에 의해 발생하는 '궤양병'과 '시들음병'은 식물체가 수분 스트레스를 받을 때 발병이 상당히 심해지고, '감자 더뎅이병'도 토양이 젖었다가 마른 후에 발병이 매우 심해진단다.

교수님! 식물병은 보통 수분이 많을 때 발병이 심해지는데, '흰가루병'처럼 건조한 조건에서 많이 발생하는 식물병도 있다는 게 신기하네요!

기온

교수님! 기온도 발병에 영향을 미치죠?

병원체뿐만 아니라 식물체도 생리작용을 하고 생장하기 위한 최적온도가 있는 것처럼 'Nectria', 'Loucosttoma', 'Phytophthora' 등의 곰팡이와 'Pseudomonas' 등의 세균에 의해 다년생식물에 발병하는 '궤양병'은 초봄이나 가을에 감염돼 진전된단다.

왜 그렇죠?

이 시기 기온이 병원체가 자라기에 충분한 반면에, 기주식물체가 활발하게 활동하기에는 기온이 너무 낮기 때문이야.

기온이 병원체보다 식물체 생육에 영향을 미쳐 발병이 촉진되는군요?

그런 셈이야! 이처럼 기온이 낮을 때 '벼 도열병'도 많이 발생하는데, 이를 '냉도열병(冷稻熱病)'이라 해.

왜 그렇죠?

 여름철 저온이 '벼 도열병균' 생장에 알맞은 반면에, 원래 열대성 식물인 벼 생육을 나쁘게 해서 저항성을 약화시키기 때문이야.

 그런 사례가 더 있죠?

 '밀/옥수수 모마름병'을 일으키는 '맥류 붉은곰팡이병균' 생장 적온은 24~28℃인데, 저온식물인 밀은 고온에서, 고온식물인 옥수수는 저온에서 '밀/옥수수 모마름병'이 많이 발병하지.

 그렇군요! 이유가 뭐죠?

 부적당한 온도에서 밀과 옥수수는 허약해져 '맥류 붉은곰팡이병균'의 침해를 받기 때문이야.

 그러면 식물을 재배하는 지역에 따라 발병이 영향을 받겠네요?

 대부분의 식물병은 서늘한 지역이나 계절 또는 서늘한 해에 잘 발생해. 반면에 기온이 상대적으로 높은 지역과 시기에 잘 발생하는 식물병도 있어.

 어떤 식물병이 서늘할 때 잘 발생하죠?

 '감자 역병균'은 위도가 높은 곳에서 '감자 역병'을 가장 잘 일으켜. 아열대 지방에서는 겨울철에만 발생이 심해.

 고온에서 잘 발생하는 식물병도 있죠?

 '핵과류 잿빛무늬병' 등은 고온을 좋아해. 그러므로 고온 지역이나 계절에 국한돼 발생해. '*Fusarium* 시들음병', '가지과작물 풋마름병', '탄저병' 등은 고온에서 발생하며, 아열대나 열대지방에서 심하단다.

감염 후 병진전에도 기온이 영향을 미치죠?

 특정 기주-병원체 조합에 따라 달라. 기온이 병원체 생장과 증식에는 적당하지만, 기주식물체의 생육에는 부적합할 때 병환을 완성하는 데 걸리는 시간은 가장 짧지.

 교수님! 병환이 완성되는 데 얼마나 걸리죠?

 '밀 줄기녹병균'의 병환 완성에 걸리는 시간이 5℃에서는 22일, 10℃에서는 15일, 그리고 23℃에서는 5~6일이야. 곰팡이, 세균, 선충 등에 의한 다른 식물병도 병환 완성에 이와 비슷한 시간이 걸린단다.

 토양온도도 발병에 영향을 미치죠?

 '밀/옥수수 모마름병'을 일으키는 '붉은곰팡이병균'의 생육적온은 24~28℃야. 저온식물인 밀은 토양온도가 비교적 높아서 28℃ 전후에 발병이 심해. 고온식물인 옥수수는 낮은 토양온도인 8℃ 부근에서 발병이 가장 심하지.

 저온에서 발병이 많은 '벼 도열병'도 토양온도에 영향을 받죠?

 벼의 모, 잎, 이삭목 등에 발생하는 '벼 도열병'은 토양온도가 낮을 때 심하게 발생하지. 고온성 작물인 벼는 저온에서 자랐을 때 잎집이나 이삭목의 표피세포 두께가 얇고, 규질화 세포 수가 적어지는 해부학적 성질 변화가 '벼 도열병균'의 침입을 쉽게 해. 그러기 때문에 '벼 도열병'이 심하게 발생한단다.

 고온성 작물은 저온, 저온성 작물은 고온 환경에서 발병이 심해지는군요!

 "그렇단다! 기온이 병원체보다 기주식물체에 더 큰 영향을 미치기 때문이란다."

저온과 고온 환경에서 많이 발생하는 병

환경	조건	증가하는 병
기온	저온	벼 도열별, 벼 모썩음병, 감자 역병, 복숭아 잎오갈병, 보리 줄무늬병, 맥류 줄녹병
	고온	사과나무 탄저병, 가지과작물 풋마름병, 밀 붉은곰팡이병
토양	저온	벼 도열병, 옥수수 모잘록병
	고온	밀 모잘록병
시설재배	저온다습	노균병, 잿빛곰팡이병
	고온다습	무름병, 탄저병, 흰잎마름병, 풋마름병
	고온건조	시들음병
	건조	흰가루병

일조

 교수님! 일조(日照)도 발병에 영향을 미치나요?

 일조가 모자랄 때는 작물 광합성이 방해되어 녹말 함량이나 단백질 함량이 줄어들고, 암모니아 등 가용태 질소화합물이 많아져. 그러므로 식물병에 대한 저항성이 약하게 돼 결국 발병이 심해진단다.

 그러면 일조 부족이 발병을 촉진하겠네요?

 '벼 도열병'과 '벼 깨씨무늬병' 등은 일조가 모자랄 때 벼가 약해져서 영양을 취하기에 알맞은 상태로 변해. 그러기 때문에 기온이 낮고, 일조가 부족하며, 비가 자주 올 때 많이 발생해.
또한 일조가 모자랄 때 이슬 또는 비가 병원균 증식과 침입을 돕기 때문에 발병이 촉진되지.

 그러니까 일조 부족이 발병 유인으로 작용하는군요?

 그렇지! 일조 부족은 '잿빛곰팡이병균'과 '시들음병균' 등 비절대기생균과 바이러스에 대한 기주식물체 감수성을 증가시킨단다.

일조량이 많을수록 발병이 줄어드나요?

 그렇지도 않아! '인삼 탄저병'은 직사일광에서 발병이 심하고, 광도가 낮을수록 덜 발생해. 인삼이 음지식물이어서 '탄저병균'에 대한 저항성이 약해지기 때문이야.

 빛 파장도 곰팡이의 포자형성에 영향을 미치나요?

 그렇지! '토마토 잿빛곰팡이병균'의 포자 형성은 근자외선(330~380nm)에 의해 유도되지만, 청색광(약 450nm)에 의해서는 억제된단다.

 청색 비닐을 사용한 비닐하우스에서 토마토를 재배하면 '토마토 잿빛곰팡이병' 발생을 경감할 수 있겠네요!

 오! 아주 진취적 발상이구나! 기용 학생이 제시한 아이디어가 실제 실용화되고 있단다.

 바람

 교수님! 바람도 발병에 영향을 미치죠?

 바람도 곰팡이 포자 등 전염원을 광범위하게, 그리고 멀리 분산 전파해 병을 확산시키지.

 어떤 병원균이 바람에 의해 장거리 전반되죠?

 '밀 줄기녹병균'의 여름포자와 분생포자 등은 바람에 의해 수십 ㎞까지 전반된단다.

 태풍이나 비바람은 발병에 더 큰 영향을 미치죠?

 바람에 날리는 빗방울은 감염된 조직에서 곰팡이 포자나 세균이 누출되도록 하고, 바람은 전염원을 젖은 식물체 표면으로 운반해 감염을 쉽게 일으키게 해.

또한, 바람은 공기 습도나 기온을 변동시킴으로써 간접적으로 발병 유인이 되기도 하지. 비바람이나 강풍은 식물체에 기계적 상처를 만들어 병원균이 침입할 수 있는 통로를 만들어준단다.

 여러 가지 식물병이 태풍이나 비바람에 의해 발병이 조장되기도 하죠?

 그렇단다! 제주도에서 재배하는 감귤에 발생하는 '감귤 궤양병', 남부지방에서 벼에 발생하는 '벼 흰잎마름병', '복숭아나무 세균구멍병' 등 세균병이 태풍이나 비바람에 의해 발병이 조장된단다.

 보통 바람은 곰팡이 포자를 잘 전반시키고, 비바람은 세균을 잘 전반시키네요!

 혜지 학생이 잘 요약 정리했구나! 비바람은 세균뿐만 아니라 여러 종류의 곰팡이도 잘 전반시키는 편이야.

토양 종류와 성질

 교수님! 토양 종류도 발병에 영향을 미치나요?

 거름기 없는 화산회토에서는 '모잘록병균'이 왕성하게 생장해. 그래서 '보리 모잘록병'은 화산회토에서 많이 발생한단다.
토탄흙에서는 온도가 높을 때 환원 상태로 되어 황화수소(H_2S)가 발생하고, 철 부족으로 뿌리가 해를 받아. 그러므로 '벼 도열병'은 토탄흙에서 많이 발생해.

 질소질 거름은 '벼 도열병'을 유발하나요?

 황산암모늄[$(NH_4)_2SO_4$] 같은 질소질 거름을 주면 흙 속 질소 성분이 높아지는 동시에 뿌리가 장해를 더 받게 돼. 그래서 '벼 도열병'이 더욱 심하게 발생하지만, 철을 첨가하면 황산암모늄을 주었을 때의 나쁜 영향은 완화되어 뿌리가 덜 썩게 되지.
'벼 도열병'이 많이 발생하는 토양에서는 치환 석회 및 치환 용량이 모두 적어. 그러기 때문에 질소질 거름 흡수를 많게 해 '벼 도열병'을 유발한단다.

거름기 부족도 발병에 영향을 미치나요?

추락답(秋落畓)이나 오래된 논에서는 벼 뿌리 주위가 환원 상태로 되며, 황화수소가 발생해 뿌리는 검게 썩고, 거름 흡수가 나빠지기에 '벼 깨씨무늬병'이 많이 발생해.

교수님! 추락답이 뭐예요?

한자어여서 얼른 와닿지 않겠지만, 생식 생장기에 있는 벼 아랫잎이 빨리 마르고 퇴색해 생육이 좋지 않아서 벼 수량이 줄어드는 논을 '추락답'이라고 해.

'뽕나무 자주날개무늬병'과 '뽕나무 흰날개무늬병' 발병에 적합한 토양 조건이 다른가요?

그래! '뽕나무 자주날개무늬병'은 북쪽 경사지, 산등성이, 비교적 건조한 땅이나 개간한 지 오래되지 않은 땅에서 많이 발생해.
그렇지만 '뽕나무 흰날개무늬병'은 평지의 부식질 토양으로 비교적 재배 내력이 오래된 배수 나쁜 땅에서 많이 발생한단다.

'자주날개무늬병'과 '흰날개무늬병'이 같은 뽕나무에서 발생하면서 정반대 토양 조건에 발병이 심해지는 것은 아주 신기하네요!

입맛이 까다로운 사람처럼 '자주날개무늬병균'과 '흰날개무늬병균'이 선호하는 토양 조건이 크게 다르기 때문이야.

추락답

벼 깨씨무늬병

교수님! 토양 산도도 발병에 영향을 미치죠?

 토양 pH는 당연히 식물병의 발병에 영향을 미친단다.

 산성 토양에서 발병이 심하죠?

 그래! '무/배추 무사마귀병균'의 포자는 산성 토양에서는 발아가 잘 되지. 그렇지만 알칼리성 토양에서는 발아율이 줄어들거나, 발아할 수 없게 되지.
따라서 '무/배추 무사마귀병'은 pH 5.7에서 잘 발생하고 가장 심해. 그렇지만, pH 5.7~6.2에서는 급격하게 감소하며, pH 7.8에서는 완전히 억제된단다.

 그렇다면 석회를 뿌려서 pH를 알칼리성으로 조절하면 '무/배추 무사마귀병'을 방제할 수 있겠네요!

 그렇고말고! 혜지 학생다운 지혜로운 발상이구나! 실제 농가에서도 이미 그렇게 방제법으로 실천하고 있단다.
이와 비슷하게 '목화 시들음병'도 알칼리성 토양에서 발병이 적단다.

 알칼리성 토양에서 발병이 심한 식물병도 있죠?

 '감자 더뎅이병'은 pH 5.2~8.0이거나 그 이상에서 심하게 발생해. 그러나 pH 5.2 이하에서는 급격하게 줄어든단다.
결국 감자가 산성에서도 생육이 잘 되므로 황가루를 뿌려 토양 pH를 산성으로 조절하면 '감자 더뎅이병'을 방제할 수 있지.

 '무/배추 무사마귀병'과는 반대네요!

 신기하게도 그렇단다!

알칼리성 토양에서 발병이 심한 식물병이 또 있죠?

 '목화 뿌리썩음병'도 pH 7.2~8.0 정도 중성 토양 또는 약알칼리성 토양에서 격심하게 발생한단다.

 '목화 시들음병'과 '목화 뿌리썩음병'이 정반대 조건의 토양산도에 발생이 심해지는 것도 신기하네요!

 결국 식물을 재배할 때 재배지 토양산도를 고려하거나 토양을 개선해서 식물병의 발병 가능성을 아예 사전에 억제하는 것이 바람직하지.

알칼리성 토양과 산성 토양에서 많이 발생하는 식물병

토양 조건	증가하는 식물병
알칼리	감자 더뎅이병, 가지과작물 풋마름병, 목화 뿌리썩음병, 침엽수 모잘록병 등
산성	배추 무사마귀병, 목화 시들음병, 토마토 시들음병 등

토양 양분

 교수님! 토양 양분도 식물병의 발병에 영향을 미치나요?

 토양 양분 함유량 및 비료 조건 등에 따라서 식물병 발병 정도에 차이가 생기는 이유는 어느 특정 요소가 너무 많거나 적어 식물체 정상적 생리가 흩어지게 되고, 식물조직 내 병 진전에 대한 저항력이 떨어지기 때문이야.

 질소(N)질 비료 과용은 식물병의 발병을 촉진하나요?

 그렇지! 질소질 비료 과용으로 식물체는 약해지고, 즙이 많게 자라. 그러면 영양생장기가 길어지고, 성숙이 늦춰져 병원체에 더 오래 노출되어 식물조직이 공격당하기 쉬워져. 그러기 때문에 '벼 도열병', '과수 화상병', '녹병', '흰가루병' 등 많은 식물병을 유발한단다.

질소질 비료는 벼 재배 중에 '벼 잎집무늬마름병'의 발병을 촉진하나요?

 그래! 질소질 비료는 벼를 무성하게 자라게 해 포기 사이에 바람과 햇빛이 통하지 않아 습도가 높아지지. 그러기 때문에 '벼 잎집무늬마름병균'의 생장이 왕성해져서 '벼 잎집 무늬마름병'의 발생이 심해진단다.

 질소질 비료가 부족해도 식물병의 발병이 촉진되나요?

 질소가 모자라면 식물은 약하고, 늦게 자라며, 빨리 늙어 병원체에 대한 감수성이 높아 지므로 '토마토 시들음병', '토마토 겹둥근무늬병', '풋마름병', '균핵병', '모잘록병' 등을 유발한단다.

 질소 비료 형태도 식물병의 발병에 영향을 미치나요?

 질소의 양보다 형태가 토양 산도에 영향을 미쳐 식물체 저항성이나 병원체에 더 영향 은 준단다.
특히, '시들음병', '무/배추 무사마귀병', '균핵병' 등은 암모늄태 화학비료를 주면 토양 이 산성화되어 더 심하게 발생해. '목화 뿌리썩음병', '감자 더뎅이병' 등은 질산태 화학 비료를 주면 토양이 알칼리화되어 더 심하게 발생하지.

 인(P)도 식물병의 발병에 영향을 미치나요?

 인은 식물체의 양분 균형을 개선하거나 작물의 성숙을 도와줘. 이처럼 어린 식물체의 조직을 좋아하는 병원체의 감염에서 식물체가 벗어날 수 있게 해 저항성을 높이는 것 으로 여겨진단다.
'보리 마름병'과 '감자 더뎅이병'의 발생은 인을 시용하면 감소하지만, '밀 마름병'과 시 금치에서 'CMV' 발생은 오히려 증가해.

 칼륨(K)은 식물병의 발병에 어떤 영향을 미치나요?

 칼륨을 시용하면 규질화 세포수를 많게 해서 '벼 깨씨무늬병'의 병반수를 적게 하지. 그러나 칼륨량이 많으면 '벼 도열병'이 오히려 높아져.

칼륨이 적고, 질소가 많을 때 벼 뿌리가 상하고, 벼 체내 생리적 성질에도 영향을 미쳐서 '벼 깨씨무늬병'의 병반수를 많게 한단다.

칼슘(Ca)도 식물병의 발병에 어떤 영향을 주나요?

칼슘은 세포벽 조성과 병원체 침입에 대한 저항성에도 영향을 주지.

칼슘은 '뿌리썩음병', '균핵병', '잿빛곰팡이병', '시들음병'과 선충에 의한 식물병은 감소시킨단다.

반면에, '담배 역병'과 '감자 더뎅이병'은 오히려 증가해.

미량요소는 식물병의 발병을 감소시키나요?

그래! 철(Fe)은 *Verticillium* 시들음병, 구리(Cu)는 '밀/보리 마름병'과 '호밀 맥각병', 망간(Mn)은 '감자 더뎅이병'과 '감자 역병', 몰리브덴(Mo)은 '감자 역병'을 감소시키는 것으로 알려졌단다.

규산 시용도 식물병의 발병을 감소시키나요?

규소, 수소, 산소 화합물인 규산($[SiO_x(OH)_{4-2x}]$)은 식물병에 대한 저항성을 높이지.

규산을 시용하면 마그네슘 흡수를 촉진하지. 규산 및 마그네슘은 잎에 규질화 표피세포를 증가시켜서 '벼 도열병', '벼 깨씨무늬병', '벼 잎집무늬마름병' 등의 발생을 감소시킨단다.

미량요소가 식물병의 발병을 증가시키기도 하나요?

그래! 마그네슘(Mg)은 '옥수수 깨씨무늬병', 철이나 망간은 '토마토 시들음병', 망간은 'TMV'에 의한 '토마토 모자이크병'을 증가시킨단다.

원소 처리(과다) 또는 부족(결핍) 시 증가하는 식물병

원소	상태	증가하는 병
질소(N)	과다	벼 도열병, 벼 잎집무늬마름병, 벼 깨씨무늬병, 사과나무/배나무 화상병, 녹병, 흰가루병
	부족	토마토 시들음병, 토마토 겹둥근무늬병, 가지과작물 풋마름병, 균핵병, 모잘록병
	암모늄태(NH_4^+)	시들음병, 무/배추 무사마귀병, 균핵병
	질산태(HNO_3)	목화 뿌리썩음병, 밀 마름병, 감자 더뎅이병
인(P)	처리	밀 마름병, 오이 모자이크병
칼륨(K)	과다	벼 도열병, 뿌리혹선충병
	부족	목화 시들음병, 양배추 위황병, 벼 적고병, 벼 깨씨무늬병, 보리 흰무늬병
칼슘(Ca)	처리	담배 역병, 감자 더뎅이병
	결핍	토마토 배꼽썩음병
마그네슘(Mg)	처리	옥수수 깨씨무늬병
철(Fe)	처리	토마토 시들음병
망간(Mn)	처리	토마토의 시들음병, 모자이크병
붕소(B)	결핍	무/배추 속썩음병, 사과/배 축과병, 담배 윗마름병, 포도 새눈무늬병

원소 처리 시 감소하는 식물병

원소	감소하는 병
인(P)	보리 마름병, 감자 더뎅이병
칼륨(K)	벼 깨씨무늬병, 밀 줄기녹병
칼슘(Ca)	뿌리썩음병, 균핵병, 잿빛곰팡이병, 시들음병, 선충병
철(Fe)	*Verticillium* 시들음병
구리(Cu)	밀/보리 마름병, 호밀 맥각병
망간(Mn)	감자 더뎅이병, 감자 역병
몰리브덴(Mo)	감자 역병
규산($[SiO_x(OH)_{4-2x}]$)	벼 도열병, 벼 잎집무늬마름병, 벼 깨씨무늬병

미생물적 환경

교수님! 미생물도 식물병의 발병에 영향을 미치죠?

미생물은 기주 및 병원체와 함께 생활하는데, 병원체를 억제할 때 항생작용 또는 길항 작용이라고 해. 오히려 병원체 작용을 조장할 때 협력작용이라 한단다.

근권과 엽권이란 어떤 개념이죠?

미생물과 병원체는 가장 밀접하게 작용하는데, 뿌리 근처 미생물 활동이 활발한 곳을 근권(rhizosphere)이라고 하지. 잎 표면에 미생물과 병원체가 활동하는 곳을 엽권(phyllosphere)이라고 해.

 근권에서는 어떤 작용이 일어나죠?

 뿌리가 분비하는 물질이 병원균 또는 미생물에 대해서 영양물질 또는 저해물질로 작용해서 미생물 생식에 영향을 주게 돼. 병원균의 생육도 촉진되거나 억제된단다.

 병원균은 미생물이 생산하는 항생물질에 의해 영향을 받겠죠?

 그렇단다! 병원균은 미생물이 생산하는 항생물질에 의해 항생(antibiosis), 용균(lysis), 정균(fungistatis) 등 기주식물이 없는 땅에 현저한 영향을 미친단다.
길항미생물로 잘 알려진 '*Trichoderma viride*'는 '흰비단병균'과 '모잘록병균'의 균사에 기생하고, 항생물질의 일종인 비리딘(viridin)을 생산해. '흰비단병'과 '모잘록병'을 방제하기 위한 연구가 진행 중이야.

 엽권에서는 어떤 작용이 일어나죠?

 병원균과 길항하는 엽권미생물도 있고, 반대로 발병을 조장시키는 엽권미생물도 있지.

 엽권미생물이 식물병의 발병을 억제하기도 하죠?

 잎·줄기 착생세균이 '흰가루병균', '탄저병균', '*Fusarium*속'의 균사를 용해하고, 보리 잎 위에서 분리한 '*Bacillus sp.*'는 '보리 세균마름병균'을 억제해. '*Fusarium sp.*'는 '보리 점무늬병균' 생장 및 포자 발아를 억제하고, 벼 잎에서 분리된 '*Candida sp.*', '*Cuvuralia lunata*', '*Alternaria oryzae*', '*Cladosporium oryzae*' 등도 '벼 깨씨무늬병' 발생을 억제한단다.

 자연 상태에서 식물체 주위에는 많은 미생물이 존재하기 때문에 미생물적 환경이 식물병의 발생에 영향을 줄 수밖에 없겠군요!

2. 저장환경

 교수님! 저장병(postharvest disease)은 어떤 병인가요?

 저장병은 작물을 수확, 선별, 포장하는 동안과 시장과 소비자에게 이르기까지 운송되는 동안, 그리고 저장 또는 소비자가 이용하기까지 생산물에 발생하는 여러 가지 식물병을 총칭한단다.

 저장병은 언제부터 발생하나요?

 저장병의 1차 전염원은 수확할 때 포장에서 발견되지. 저장병은 수확, 포장 중에 오염되거나 수송 또는 저장 및 판매 중에 발생하고.

 상처기생체는 수확할 때 생기는 상처를 통해 침입하는 병원체를 일컫는가요?

 채소와 과실을 저장하거나 수송하고 소비할 때 발생하는 저장병균이 상처기생체란다.

 수확할 때 생기는 상처와 동해가 저장병 발생에도 영향을 미치나요?

 상처 난 고구마 괴근을 12℃에 저장하기 전에 25~30℃, 90% 상대습도에서 10~14일 정도 처리하면 상처 부위에 코르크층이 형성돼. 그러기 때문에 '고구마 무름병균' 침입을 막을 수 있어.
글라디올러스도 10℃ 이하에서 저장하기 전에 29℃, 97% 상대습도에서 10일간 처리하면 감염이 감소되지.
감자 괴경을 침해하는 몇 가지 곰팡이는 저장 전 21℃ 이상에서 약 2주일간 처리하면 상처가 아물도록 코르크층을 형성해 발병이 줄어든단다.

 저장 중 생산물의 수분함량은 저장병의 발생에 어떤 영향을 미치나요?

 곡물의 저장 중에 수분함량이 높으면 병원균이 침입해 배아가 죽어서 발아하지 않고, 변색되며, 단백질이 분해되지. 그래서 병원균이 분비하는 균독소(mycotoxin)가 사람과 가축에게 중독을 일으키기도 하고, 기름 채취용 종자는 산패해서 악취를 발산하게 된단다.

곡류 수분함량이 저장병의 발생에 영향을 미치나요?

곡류는 수확 시 수분이 높으면(23~33%, 건물 무게) 포장균인 '*Helminthosporium*', '*Alternaria*' 등이, 수분이 낮으면(13~18%, 건물 무게) 저장병균인 '*Aspergillus*', '*Penicillium*' 등이 저장병의 발생에 영향을 미친단다.

곡류의 수분 함량별 문제되는 저장병균

저장 중 곡류 수분함량(건물 무게 %)	저장병균
23~33%	포장균('*Helminthosporium*', '*Alternaria*', '*Fusarium*' 등)
13~18%	저장병균('*Aspergillus*', '*Penicillium*' 등)

저장 중 습도도 저장병 발생에 영향을 미치나요?

'고구마 무름병'은 23℃ 온도 조건일 때, 74~84%의 상대습도에서 발병이 심하고, 93~99%의 상대습도에서 발병이 적은 이유는 다습한 조건에서 고구마 괴근에 코르크 형성이 촉진되기 때문이란다.
'당근 균핵병'의 발병 적습은 95% 상대습도인데, 저온에서 85~90%로 내리면 발병이 적어지지. 그렇지만 당근은 낮은 습도에서 쭈그러지기에 저온(0℃)에서 저장하는 것이 실용적이야.

저장 중 온도는 저장병 발생에 어떤 영향을 미치나요?

'감귤 푸른곰팡이병균'의 생장 최적온도인 25℃보다 높거나 낮은 저장 온도에서 '감귤 푸른곰팡이병'은 현저하게 감소한단다.
'고구마 검은무늬병균'의 생장 및 발병 최적온도는 23~27℃인데, 코르크 형성 때문에 '고구마 무름병균'의 생장 및 발병 최적온도는 일치하지 않아.

저장 중 작물별 저장병의 특성을 파악해 온도와 습도 등 저장환경을 관리해야겠네요!

저장병과 균독소중독증

교수님! 저장병균은 어떤 곰팡이들이죠?

난균인 'Pythium'과 'Phytophthora', 접합균인 'Rhizopus'와 'Mucor', 담자균인 'Rhizoctonia'와 'Sclerotium', 세균 중 'Erwinina'와 'Pseudomonas'에 의해서도 저장병이 발생하지만, 가장 일반적 저장병균은 자낭균과 불완전균류에 속하는 'Alternaria', 'Aspergillus', 'Botrytis', 'Fusarium', 'Geotrichum', 'Penicillium', 'Sclerotinia' 등이란다.

저장병은 어떤 피해를 주죠?

대개 작물 재배 포장에서 잠복해 있던 저장병균이 수확 후 발병에 적합한 환경조건이 마련되면서 생산물 부패를 일으키거나 독소 물질을 분비해. 이로써 생산물을 소비하기에 부적합하게 만들거나, 품질을 떨어뜨려 생산자뿐만 아니라 유통업자와 소비자에게까지 막대한 피해를 주지.

저장병 예방법은 무엇이죠?

저장병을 예방하기 위해서는 포장에서부터 저장병균에 오염되지 않도록 방제하고, 생산물에 상처 발생이 없도록 수확과 취급에 주의해야 해. 저장 용기, 창고, 운송 차량 등은 사용하기 전에 소독제로 소독해야 한단다.
산소 수준을 낮추고 이산화탄소 수준을 높게 한 CA 저장(Controlled Atmosphere Storage)과 운송은 생산물과 병원균 호흡을 억제해 저장 부패와 진전을 억제할 수 있지. 생산물 표면에 약제 처리 또는 훈증소독으로 저장병을 방제할 수도 있어.

균독소(mycotoxin)가 무엇인가요?

저장병균을 비롯해 곰팡이 대사산물 중에서 사람과 온혈동물에 생리적 장해를 일으키는 물질을 균독소라고 해.

균독소중독증(mycotoxicoses)은요?

 균독소중독증은 균독소가 일으키는 질병을 총칭한단다. 맥각이 든 밀빵과 호밀빵을 먹은 사람에게 생기는 맥각중독증과 독버섯을 먹은 사람에게 생기는 버섯중독증은 가장 고전적 균독소중독증의 대표적인 사례야.

 그렇군요! 균독소는 어떤 것이 있나요?

 주요 균독소는 다음과 같이 3가지가 있단다.
① 누룩곰팡이독소(Aspergillus toxin) ② 푸른곰팡이독소(Penicillium toxin)
③ 푸사리움독소(Fusarium toxin)

 교수님! 누룩곰팡이독소부터 설명해 주세요!

 대표적 누룩곰팡이독소는 'Aspergillus flavus'에 의해 생성되는 아플라톡신(aflatoxin)이야.
1960년 영국에서 '칠면조 X병' 사건이 발생했는데, 'Aspergillus flavus'에 오염된 사료 속 땅콩에서 아플라톡신이 발견되었어. 아플라톡신을 섭취한 소, 돼지, 양 등의 가축들을 쇠약하게 만들고, 거식증을 일으켜. 다른 전염성 병에 취약하게 하고, 유산하게 만들지.

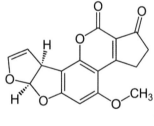

Aflatoxin

 아플라톡신의 허용량이 정해졌죠?

 아플라톡신은 강력한 발간암성을 가지고 있어서 FAO와 WHO의 합동위원회에서는 곡물 종자와 두류 속의 아플라톡신 허용량을 $10\,\mu g/kg$(10ppb)으로 정했단다.

 교수님! 푸른곰팡이독소에 대해서도 설명해 주세요!

황변미독소(yellowed-rice toxin)가 대표적 푸른곰팡
이독소란다.

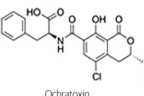
Ochratoxin

1954년 일본에서 일어난 황변미 사건이 단서가 돼 발
견된 오크라톡신(ochratoxin)은 가축의 간과 신장의
변성과 괴저를 일으킨단다.

또한, 'Aspergillus'와 'Penicillium속'에 의해 생성되는 진전유발독소(tremorgenic
toxin)는 신체가 심하게 떨리고, 과도한 소변 배출을 일으키지.

파툴린(Patulin)은 폐와 뇌의 부종과 출혈, 신장의 손상, 운동신경 마비와 암을 일으
킨단다.

그 밖에 'Penicillium'으로부터 신경독, 간장퇴화, 간암, 피하암의 원인이 되는 균독소
가 발견되었어.

푸른곰팡이독소에 의한 균독소중독증

종류	균독소	곰팡이	균독소중독증
푸른곰팡이독소 (Penicillium toxin)	황변미독소	여러 가지 Penicillium속균	신경독 · 간장해 · 간암
	오크라톡신		가축의 간과 신장의 변성과 괴저 유발
	진전유발독소		신체의 심한 떨림, 과도한 소변 배출 유발
	파툴린		폐와 뇌의 부종과 출혈, 신장의 손상과 운동신경의 마비와 암 유발

 교수님! 푸사리움독소도 궁금합니다!

 1962년 미국에서 'Fusarium tricinctum'에 오염된
옥수수와 1963년 일본에서 'Fusarium nivale'에 오
염된 밀에 의한 가축 중독사건 등을 푸사리움 독소
가 일으켰지.

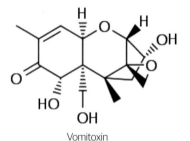
Vomitoxin

'붉은곰팡이병'을 일으키는 'Fusarium graminearum'
에 오염된 옥수수에 생성되는 균독소 보미톡신
(vomitoxin, DON, DeOxynivaleNol)은 사료섭취 감소, 체중 감소, 구토, 거식증을
유발하고, 제랄레논(zearalenone)은 돼지 생식계의 비정상과 퇴화를 일으키는 '에스
트로겐 증상(estrogenic syndrome)'을 일으킨단다.

후모니신(Fumonisin)은 키다리병(Fusarium moniliforme)에 오염된 옥수수를 먹은
말, 당나귀, 노새의 뇌를 파괴하는 blind stagger병(equine leukoencephalomalacia)

과 돼지의 폐부종(pulmonary edema)을 일으켜. 사람에게 암을 일으킬 수 있어. *Fusarium* sp.이 생성하는 트리코테신(trichthecin, trichothecene)은 돼지에게 무기력, 골수세포, 림프 마디 변질, 내장 변질, 설사, 출혈을 일으켜 죽게 만들지.

맥각중독증(ergotism)은 어떻게 발생하나요?

맥각중독증은 '곡류 맥각병균'의 맥각(ergot)에 있는 균독소인 알칼로이드(LySergic acid Diethylamide, LSD)에 의해 발생한단다.

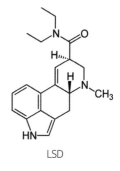

LSD

맥각에 오염된 호밀, 보리, 수수, 기장, 밀 등의 곡류를 섭취한 사람과 동물들에게 극심한 경련과 사지 팽창을 일으키고, 신체 말단부위가 썩으며 불타는 듯한 느낌 때문에 맥각중독증은 '악마의 저주' 또는 '성안토니의 화염'이라고 불리었어. 알칼로이드는 환각제로 사용되거나, 혈관 수축 효능 때문에 출산 후 과다출혈을 막기 위해 사용되기도 했어.

교수님! 그밖에 다른 중독증은 어떤 것이 있죠?

'*Acremonium*'에 감염된 톨페스큐(tall fescue)를 먹은 가축들은 생식 장애를 일으키고, 산유량과 체중이 줄고, 체온이 증가하고, 털이 거칠어지고, 심하면 맥각중독증처럼 신체 말단부위를 썩게 하는 'fescue foot 증상'을 일으킨단다.

독버섯에 중독되는 것도 균독소중독증이죠?

아무렴 그렇고말고! 야생버섯을 채취해서 함부로 섭취하면 절대 안돼! 독버섯은 치명적이란다!

애써 수확한 곡물을 잘못 저장하면 곡물이 손실될 뿐만 아니라 사람이나 가축에게 치명적인 균독소중독증 피해를 입을 수도 있겠군요!

효소는 세포 구성물질과 영양물질을 파괴하고,
독소는 원형질막의 투과성과 기능에 장해를 주고,
생장조절물질은 세포분열이나 비대생장을
증가 또는 감소시키고,
다당류는 식물체에서 수분 이동을
물리적으로 방해한단다

04 | 병원체의 병원성 기작

1. 식물세포의 구성

 교수님! 식물세포는 어떻게 생겼나요?

 다세포 진핵생물인 식물체는 견고한 요
새처럼 만들어진 세포 집단이지.
식물세포는 세포벽, 세포막, 핵과 다양한
기관과 세포질로 구성되어 있어. 세포질
과 기관들은 다양한 단백질이 함몰된 세
포막에 의해 분리되어 있단다.

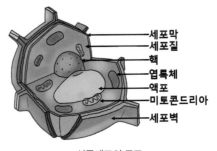

식물세포의 구조

세포분열 후기에 세포판(cell plate)이 생겨 이것이 나중에 중엽(middle lamella)으로
된단다. 차례로 1차 세포벽과 2차 세포벽을 형성하지.

 식물체 표면은 어떻게 구성되나요?

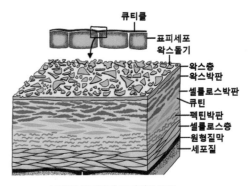

식물 잎 큐티클과 표피세포 구조

 셀룰로스로 되어있거나, 표피세포벽을 덮
는 큐티클로 되어있어. 특히 식물체의 어
린 부위는 큐티클층 외부에 왁스층으로
덮혀 있지.

 표피세포벽은 어떻게 구성되나요?

 표피세포벽에는 펙틴질 중엽 위에 있는 큐티클층과 왁스층이 식물체를 기계적으로
보호한단다.
큐티클층은 큐틴과 왁스로 되어있으며, 친수성 셀룰로스와 펙틴을 함유하지 않는단다.

 중엽과 세포벽의 구성성분은 무엇인가요?

 중엽과 1차 세포벽은 주로 펙틴질과 리그닌으로 구성돼. 셀룰로스와 헤미셀룰로스가
약간 들어 있고, 2차 벽과 3차 벽은 주로 셀룰로스로 되어있는 것이 특징이야.

식물체 표면과 세포벽 구조와 성분

구조		성분
표피세포벽	왁스층	왁스
	큐티클층	큐틴+왁스
중엽		펙틴질+리그닌(약간의 셀룰로스+헤미셀룰로스)
1차 세포벽		
2차 세포벽		셀룰로스
3차 세포벽		

2. 병원체의 기계적 침입

교수님! 병원체는 식물체에 어떻게 병원성을 발현하죠?

병원체가 식물체에 병원성을 발현하는 방법 중 하나로, 곰팡이는 기계적 힘으로 식물체에 침입한단다.

식물세포를 침입하기 위해 곰팡이는 기계적 힘을 어떻게 발휘하죠?

곰팡이 포자는 먼저 식물체 표면으로 전반되어 단단하게 부착돼야 해.

다음 단계는요?

식물체와 접촉한 포자는 발아관을 형성하고 식물체와의 접촉 부위 직경이 커지고 편평하고 둥근 부착기를 형성하지.

부착기는 식물체에 부착된 면적을 증가시켜 곰팡이가 식물체에 안전하게 달라붙게 하죠?

그렇지! 이어서 부착기로부터 침입관이라는 가는 생장점이 나와서 큐티클과 세포벽을 통해 세포 안으로 침입한단다.

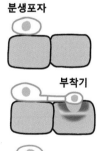

분생포자

부착기

침입관

단단한 큐티클과 세포벽을 뚫으려면 침입관은 훨씬 더 단단해야겠네요?

 그렇지! 부착기 세포벽에 단단한 멜라닌이 축적되어야 식물체 침입이 일어나지.
멜라닌은 단단한 구조층을 형성하고 부착기 안에 용질을 함유하게 해서 물이 흡수되
도록 한단다.
이 과정에서 부착기 팽압이 증가하기에 침입관이 식물체에 물리적으로 침입할 수 있어.

 곰팡이는 기계적인 힘만으로 침입하지는 않죠?

 곰팡이가 식물체의 방어벽을 뚫고 침입하는 데는 항상 곰팡이 효소가 방어벽을 연화
하거나 용해해 도와준단다.

 곰팡이 효소는 왁스층 침입에도 관여하죠?

 그렇지 않아! 곰팡이는 기계적 힘만으로 왁스층을 뚫고 침입하는데, 아직 곰팡이에
왁스를 분해하는 효소는 알려지지 않았어.

 선충은 순수한 기계적인 힘으로만 침입하죠?

 그렇지! 식물체와 접촉한 선충 몸체의 앞부분이 흡인력에 의해 식물체 세포벽에 수
직으로 달라붙어. 머리를 세포벽에 고정하고 구침을 찔러 몸체 뒷부분을 흔들거나
둥글게 회전하면서 몇 번 찌르면, 세포벽이 뚫리고 구침 또는 선충 몸체가 세포 속으
로 침입한단다.

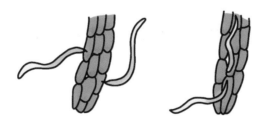

선충 침입

3. 병원체의 화학무기

 교수님! 식물세포를 침입할 때 화학적 작용도 관여하나요?

 자연 상태에서 식물체 내 병원체 활동은 주로 화학 작용에 의존한단다.
식물체에 대한 병원체의 영향은 병원체가 분비하는 물질, 식물체에 존재하거나 식물
체가 생성하는 물질 간 생화학적 반응 결과에 전적으로 달려있어.

 식물세포를 침입하기 위해 병원체가 생성하는 화학무기는 어떤 것이 있나요?

 식물병을 직접 또는 간접적으로 일으키기 위해 병원체는 다음과 같은 4종류의 화학
무기를 생성한단다.
　① 효소　② 독소　③ 생장조절물질　④ 다당류

 그러면 모든 병원체가 화학무기를 생성하나요?

 바이러스와 바이로이드는 어느 물질도 생성하지 않지만, 바이러스와 바이로이드를
제외한 병원체들이 효소, 생장조절물질, 다당류를 생성하지. 독소는 곰팡이와 세균
이 생성해.

 병원체의 화학 무기들은 발병과정에 어떤 기능을 하나요?

 효소는 기주세포 구성물질을 분해하고 세포에서 영양물질을 파괴하며, 원형질체 구
성요소에 직접 영향을 미쳐 정상 기능을 방해한단다.
독소는 원형질체의 구성요소에 직접 작용해 원형질막의 투과성과 기능에 장해를
주지.
생장조절물질은 세포에 호르몬 영향을 미쳐서 세포분열이나 비대생장을 증가 또는
감소시킨단다.
다당류는 유관속병에만 영향을 미치는데, 식물체에서 수분 이동을 물리적으로 방
해해.

병원체의 화학무기와 식물병 발병과정에서의 기능

화학무기	식물병 발병과정에서의 기능
효소	세포 구성물질 분해, 세포 영양물질 파괴, 원형질체 구성요소 정상 기능 방해
독소	원형질막 투과성과 기능 장해
생장조절물질	세포분열이나 비대생장 능력 증가 또는 감소
다당류	식물체에서 수분 이동 물리적 방해

식물 세포벽물질의 분해

교수님! 효소(enzyme)가 뭐죠?

효소는 세포와 용액 내에서 유기반응을 촉매하는 커다란 단백질 분자야.

세포 내 대부분의 화학반응은 효소적이므로 화학반응의 수만큼 많은 종류의 효소가

존재하지.

효소는 항상 존재하는 구성 효소도 있지만, 많은 효소는 내외적 유전자 활성제

(activator)에 반응해 세포에서 필요할 때 생성된단다.

세포벽 구성물질 중 하나가 큐틴(cutin)이죠?

큐틴은 큐티클의 유일한 성분인데, 큐티클 위쪽은 왁스와 섞여 있어. 표피세포 외벽

과 붙어있는 아래쪽은 펙틴과 셀룰로스가 섞여 있지.

큐틴은 수산기를 가진 C16과 C18 지방산의 불용성 중합체란다.

병원체는 큐틴을 어떻게 분해하죠?

큐틴을 분해하는 큐틴분해효소(cutinase)는 불용성 큐틴 중합체로부터 큐틴 분자를

끊어서 한 개 이상의 분자로 된 지방산 유도체를 만들지.

큐틴분해효소는 다음과 같이 두 종류가 있단다.

① cutinesterase ② carboxycutin peroxidase

큐틴분해효소는 병원성에 어떻게 관여하죠?

기주식물체 큐티클을 통해 침입할 때 큐틴분해효소가 관여하지. 그러기 때문에 큐틴 분해효소를 많이 생성하는 병원체는 병원성이 강하단다.

 펙틴질(pectin substances)도 세포벽을 구성하는 물질이죠?

 세포들을 서로 붙들어 매는 중엽의 주성분인 펙틴질은 1차 세포벽의 상당 부분을 차지해. 일정한 모양이 없는 교질로 되어있으면서 셀룰로스 미세섬유 사이의 공간을 채우고 있지.
펙틴질은 다당류로, 소수의 람노스(rhamnose) 분자와 갈락투로난(galacturonan) 등의 당으로 된 측쇄와 섞인 갈락투로난 분자 사슬로 주로 구성돼.

 병원체는 세포벽을 구성하는 펙틴질을 분해하기 위해 어떤 효소를 분비하죠?

 펙틴분해효소(pectinase 또는 pectolytic enzyme)는 다음과 같이 세 종류가 있단다.
① pectin methyl esterase
② polygalacturonase
③ pectine lyase

 병원체는 펙틴질을 어떻게 분해하죠?

 Pectin methyl esterase는 펙틴 사슬 구조의 가지만 잘라내고, 펙틴 사슬 구조 길이에는 영향을 미치지 않지. 그러나 펙틴질의 용해도를 변화시키고, 사슬을 잘라낼 수 있는 펙틴분해효소의 작용 속도에는 영향을 미쳐.
Polygalacturonase는 펙틴 사슬에 물 분자를 첨가해 2개의 갈락투로난 분자 사이의 연결을 가수분해하지.
Pectine lyase는 사슬에서 물 분자를 없애 연결부위를 잘라 불포화 이중결합을 가진 생성물을 만든단다.

 펙틴분해효소는 병원성에 어떻게 관여하죠?

 펙틴분해효소는 포자가 발아할 때 만들어지며, 큐틴분해효소, 셀룰로스분해효소와 함께 작용해 병원체가 기주를 침입하는 것을 돕지. 감염조직에 있는 병원체에게 양분을 제공한단다.

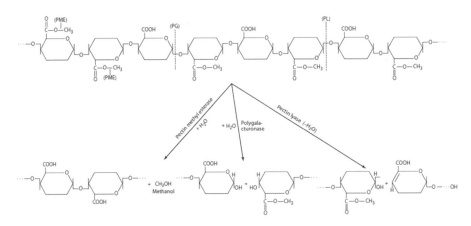

펙틴분해효소에 의한 펙틴사슬의 분해(출처: 식물병리학)

 셀룰로스(cellulose)도 세포벽 구성 물질인가요?

 셀룰로스는 다당류로서 약 3,000개 이상의 포도당이 β-1,4-수소결합으로 연결되어 있고, 고등식물에서 세포벽 미세섬유 모양의 구조물질로 존재하지.
미세섬유는 건물 기둥 속의 철근 다발처럼 생장세포에서 세포벽의 40%까지 차지하는 세포의 기본 구조가 되는 단위 물질이야.

 교수님! 병원체가 셀룰로스를 분해하기 위해 어떤 효소를 분비하나요?

 셀룰로스를 분해해 마지막으로 포도당분자들을 생성하는 셀룰로스분해효소(cellulase)는 다음과 같이 3종류가 있어.
① CelloBioHydrolase(CBH),
② Endo-β-1,4-Glucanase(EBG),
③ β-glucosidase.

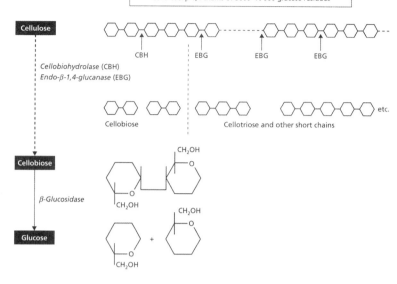

셀룰로스분해효소에 의한 셀룰로스 사슬의 분해(출처: *균학개론*)

 병원체는 셀룰로스를 어떻게 분해하나요?

 외부 작용 효소 CBH는 셀룰로스 사슬의 비환원 말단을 2당류(cellobiose) 단위로 잘라. 내부 작용 효소 EBG는 무작위적으로 사슬 중간을 공격해 작은 조각으로 자르지. cellobiase라고 부르는 β-glucosidase가 2당류를 최종 포도당으로 분해한단다.

 셀룰로스분해효소는 병원성에 어떻게 관여하나요?

 셀룰로스분해효소는 세포벽물질을 붕괴시켜 병원체가 기주식물체 내로 침입과 전파를 쉽게 해. 세포구조를 붕괴시키거나 와해시켜 식물병을 일으키기 쉽게 하는 역할을 한단다.

 헤미셀룰로스(hemicellulose)도 세포벽을 구성하나요?

 헤미셀룰로스로 알려진 결합글리칸은 수소결합으로 연결되고 셀룰로스 미세섬유를 포함하는 다당류 중합체의 복잡한 혼합체지. 헤미셀룰로스는 1차 세포벽의 주요 성분이며, 다양한 비율로 중엽과 2차 세포벽을 구성해.

헤미셀룰로스분해효소(hemicellulase)는 어떤 종류가 있나요?

 헤미셀룰로스분해효소는 중합체에 작용해 생성되는 단량체에 따라 xylanase, galactanase, glucanase, arabinase, mannase 등으로 부른단다.

 교수님! 리그닌(lignin)도 세포벽 구성 물질이죠?

 리그닌은 중엽, 물관 2차 세포벽, 섬유 등에서 발견되고, 식물체 표피세포벽과 가끔 하표피 세포벽에서도 발견돼.
나무의 리그닌 함량은 15~38%까지 다양하며, 셀룰로스 다음으로 많아. 리그닌은 일정한 모양이 없고, 구성과 성질이 탄수화물이나 단백질과 다르지. 삼차원적 중합체로서 다른 물질보다 효소분해에 대해 강한 저항성을 가지고 있단다.

 병원체는 리그닌을 어떻게 분해하죠?

 리그닌을 분해하는 리그닌분해효소(ligninase)는 담자균류에 속하는 목재부후균(wood-rot fungi)이 분비하지.
목재부후균 중에서 갈색부후균(brown-rot fungi)은 리그닌을 분해하지만 이용하지 못하고, 백색부후균(white-rot fungi)에 의해 리그닌은 대부분 분해되어 이용된단다.

병원균이 분비하는 세포벽물질 분해효소

효소	병원균
큐틴분해효소	잿빛곰팡이 병균, 모잘록병균, 보리 줄무늬병균, 보리 흰가루병균 등
셀룰로스분해효소	*Fusarium* 등 곰팡이, 세균, 선충, 기생식물
펙틴분해효소	과수 자주날개무늬병균, 모잘록병균, 고구마 무름병균, 채소 세균무름병균 등
리그닌분해효소	목재 흰썩음병균 등

교수님! 병원체는 세포물질을 분해해 영양을 취하나요?

 그렇지! 거의 모든 병원체는 생활사의 전부 또는 일부를 살아있는 식물체 세포에서 생존하면서 원형질체로부터 양분을 취해. 일부 병원체는 원형질체가 죽은 후에야 원형질체로부터 양분을 취한단다.

당과 아미노산 등은 작은 분자이기 때문에 병원체에 의해 직접 흡수돼. 그러나 전분, 단백질, 지방 등은 병원체가 분비하는 효소에 의해 분해되어야만 이용될 수 있어.

 병원체는 단백질(protein)을 어떻게 분해하나요?

 20여 아미노산 분자들이 결합해 형성된 단백질은 세포 내 반응 촉매 또는 세포막과 세포벽 구조물질로 다양한 역할을 해.

병원체는 단백질분해효소(protease나 proteinase, 또는 peptidase)를 분비해 단백질을 분해한 후 이용한단다.

 병원체는 전분(starch)을 어떻게 분해하나요?

 중요한 저장 다당류인 전분은 식물세포에 있는 엽록체 등에서 합성되는 포도당 중합체로서 분자들이 직선으로 되어 있는 amylose와 다양한 분자사슬이 분지되어 있는 amylopectin 등 2가지로 존재해.

병원체는 전분분해효소(amylase)에 의해 전분이 분해된 최종생산물로 생산되는 포도당을 직접 이용한단다.

 병원체는 지질(lipid)을 어떻게 분해하나요?

 모든 식물세포 내에 존재하는 지질은 종자에서 에너지 저장화합물로 작용하는 기름과 지방, 표피세포에 존재하는 왁스지질, 단백질과 식물 세포막을 구성하는 인지질과 당지질 등이야.

모든 지질의 일반적인 특성으로 포화지방산 또는 불포화 지방산이 포함되어 있는데, 병원체는 지질분해효소(lipase 또는 phospholipase)를 분비해 지질분자들을 가수분해한 후 지방산으로 유리시켜 직접 이용한단다.

병든 식물체에서 산화효소는 어떤 기능을 하나요?

병원균 감염으로 병든 식물체 조직에서는 페놀물질 축적과 동시에 산화효소(phenol oxidase와 peroxidase) 활성이 증가하지.
'벼 깨씨무늬병균'과 '감자 역병균' 침입부위는 폴리페놀이 축적되어 병원균들이 분비하는 산화효소로 산화되고, 조직은 갈변을 일으키며 식물병이 진전된단다.

기주특이적 독소

교수님! 독소(toxin)가 무엇이죠?

독소는 병원균이 분비하는 길항 대사물질이야. 직접 또는 간접적으로 기주식물에 영향을 미쳐 병징을 일으키는 물질이란다.
독소는 살아있는 기주식물체의 원형질체에 직접적으로 작용해 세포에 심한 피해를 주거나 세포를 죽이지.

그러면 기주특이적 독소는 어떤 개념이죠?

기주식물체에만 독성이 있고 다른 종류의 식물체에는 해를 주지 않는 독소를 기주특이적 독소(host-specific toxin) 또는 기주선택적 독소(host-selective toxin)라고 해.

기주특이적 독소는 병원성이 있는 균주만 분비하겠죠?

그렇단다! 병원성이 있는 균주만이 분비하기 때문에 병원독소(pathotoxin)라고도 해. 식물체가 감염되어 병징을 나타낼 때와 똑같이 작용한단다.

병원균에 대한 기주 품종의 저항성과 독소에 대한 반응은 완전히 일치하죠?

 그렇지! 병원독소는 식물체에서 자연 발병이 되었을 때와 똑같이 특징적 병징을 나타낼 수 있어.

병원균과 병원독소의 기주특이성은 비슷하며, 병원균 계통의 독소 생산량과 병원력과는 상관관계가 있단다.

 빅토린(victorin, HV-toxin)이 대표적인 기주특이적 독소죠?

 그렇지! '귀리 잎마름병균(*Cochliobolus victoriae*)'에 의해 생성되는 강력한 기주특이적 독소가 빅토린이야.

HV-독소라는 이름은 '귀리 잎마름병균'의 불완전세대 학명이 '*Helminthosporium victoriae*'였기 때문에 붙여졌어.

'귀리 잎마름병균'은 감수성 빅토리아(victoria) 계통 귀리를 감염시키고, 독소를 분비하고, 잎으로 이동해서 '잎마름병'을 일으키고, 식물체 전체를 죽이기까지 해.

빅토린은 감수성 품종에서는 독소의 25만 배 희석액도 뿌리 생육을 저해해. 그러나 저항성 품종에서는 전혀 독성을 나타내지 않는단다.

 교수님! T-독소(T-toxin)도 기주특이적 독소죠?

 '옥수수 깨씨무늬병균(*Cochliobolus heterostrophus*) 레이스 T'에 의해 생성되는 기주특이적 독소로 35~45개의 탄소가 있는 직선의 긴 폴리케톨(polyketol)이지.

정상 세포질을 가진 옥수수는 '옥수수 깨씨무늬병균 레이스 T'와 T-독소에 저항성을 나타내. 그러나 텍사스 웅성불임(Tms) 세포질 옥수수는 '옥수수 깨씨무늬병균 레이스 T'와 T-독소에 감수성이야.

 세포질유전을 하죠?

 그렇단다! '옥수수 깨씨무늬병균 레이스 T'의 T-독소를 생성하는 능력과 Tms 세포질을 가진 옥수수에 대한 병원력은 하나의 같은 유전자에 의해 조절되고 세포질유전자로 모계 유전된단다.

HC-독소(HC-toxin)도 기주특이적 독소죠?

 HC-독소도 '옥수수 점무늬병균(*Cochliobolus carbonum*)'에 의해 특정 옥수수 계통에만 독성을 나타내는 기주특이적 독소야.
HC-독소는 독소에 대한 저항성의 생화학적 및 분자적 유전기초가 알려진 유일한 독소지.
HC-독소라는 이름도 '옥수수 점무늬병균'의 불완전세대 학명이 '*Helminthosporium carbonum*'였기 때문에 붙여졌어.

 저항성 옥수수계통은 HC-독소에 대해 어떻게 저항성을 발현시키죠?

 저항성을 지닌 옥수수계통은 HC-독소를 해독시키는 HC-toxin reductase라는 효소를 암호화하는 유전자 *Hm1*을 가지고 있어.
HC-독소 자체는 독성을 나타내지 않지만, 유도방어 반응의 성립에 필요한 유전자발현의 시작을 방해함으로써 병원력 요인으로 작용해.

 '*Alternaria alternata*'도 기주특이적 독소를 생성하죠?

 '*Alternaria alternata*'의 여러 병원형은 기주를 공격하고 각 병원형의 특별한 기주에만 특성을 나타내. 관련된 여러 화합물의 하나를 생성하지.

 AM-독소(AM-toxin)도 기주특이적 독소를 생성하죠?

 '사과나무 점무늬낙엽병'을 일으키는 AM-독소는 과거에 '*Alternaria mali*'로 알려졌던 '*Alternaria alternata*'에 의해 생성되는 독소로 순환 뎁시펩티드(cyclic depsypeptide)이고, 보통 3가지 형태가 섞여서 존재해.

 AM-독소는 저항성 사과나무 품종에 병원성을 나타내지 않죠?

 그래! AM-독소는 감수성 사과나무 품종에 대해 아주 선택적으로 작용하는 반면 저항성 품종은 10,000배 이상의 농도에도 병징을 나타내지 않고 저항성을 보인단다.

AM-독소는 감수성 세포 원형질막을 부풀게 해 세포에서 상당량의 전해질을 잃게 만들지.

AK-독소(AK-toxin)도 '*Alternaria alternata*'가 생성하는 기주특이적 독소죠?

'배나무 검은무늬병'을 일으키는 '*Alternaria kikuchiana*'으로 알려졌던 '*Alternaria alternata*'에 의해 생성되는 AK-독소는 일본 배 품종인 20세기 품종을 특이적으로 침해한단다.

병원균이 생성하는 기주특이적 독소

기주특이적 독소	독소를 생성하는 병원균
빅토린(victorin, HV-독소)	귀리 잎마름병균(*Cochliobolus victoriae, Bipolaris victoriae, Helminthosporium victoriae*)
T-독소(T-toxin)	옥수수 깨씨무늬병균(*Cochliobolus heterostrophus, Helminthosporium heterostrophus*)의 레이스 T
HC-독소	옥수수 점무늬병균(*Cochliobolus carbonum, Biploaris zeicola, Helminthosporium carbonum*)
AM-독소(alterine)	사과나무 점무늬낙엽병균(*Alternaria mali, Alternaria alternata*)
AK-독소	배나무 검은무늬병균(*Alternaria kikuchiana, Alternaria alternata*)
AL-독소	토마토 줄기마름병균(*Alternaria alternata*)
Dextruxin B	배추 검은무늬병균(*Alternaria brassicae*)
PC-독소	수수 milo disease(*Periconia circinta*)
PM-독소	옥수수 Yellow leaf blight(*Mycosphaerella zeae-maydis*)
PTR-독소	밀 tan spot(*Pyrenospora triciti-repentis*)
SV-독소	서양배나무 brown rot(*Stemphylium vescarium*)

비기주특이적 독소

교수님! 비기주특이적 독소는 기주특이적 독소와 어떻게 다른가요?

기주식물뿐만 아니라 다른 식물체에도 병징을 나타나게 하는 독소를 비기주특이적 독소(non-host-specific toxin) 또는 비기주선택적 독소(non-host-selective toxin)라고 한단다.

자연 상태에서 정상적으로 병원체에 침입받지 않는 식물체에도 병징을 일으키나요?

그렇단다! 비기주특이적 독소는 병원체에 의한 발병 정도는 증가시키지만, 식물병을 일으키는데 필수적인 것은 아니란다.

 대표적 비기주특이적 독소가 탭톡신(tabtoxin)인가요?

 탭톡신은 '담배 들불병균(*Pseudomonas syringae* pv. *tabaci*)'에 의해 생성되는 것으로 처음 보고된 비기주특이적 독소야.

 다른 병원체들도 탭톡신을 생성하나요?

 탭톡신은 귀리, 옥수수, 커피나무 등에서 '*Pseudomonas syringae*'의 다른 병원형의 감염에 의해서도 생성되는 것으로 보고되었지.

독소 생성 균주들은 잎에 노란색 테두리를 가진 괴사 병반을 형성해. 정제된 독소뿐만 아니라, 무균배양 여과액은 담배를 비롯한 여러 종류의 식물체에 '담배 들불병'의 특징적 병징을 나타낸단다.

탭톡신은 일반 아미노산 트레오닌(threonine)과 이전에 알려지지 않았던 탭톡신으로 구성된 디펩타이드(dipeptide)야.

탭톡신은 독성을 나타내지 않아. 그러나 세포 내에서 가수분해되면 독성을 나타내는 탭톡시닌(tabtoxinine)이 글루타민 합성효소를 불활성화시켜 글루타민의 수준을 고갈시키지. 그러면 결국 암모니아 독성을 나타내는 농도로 축적해 광합성과 광호흡을 방해하게 되고, 엽록체 틸라코이드 세포막(thylakoid membrane)을 파괴해 황화와 괴사를 일으킨단다.

 파세올로톡신(Phaseolotoxin)도 비기주특이적 독소인가요?

 그렇고말고! 파세올로톡신은 '*Pseudomonas syringae* pv. *phaseolicola*'에 의해 생성되는 비기주선택성 독소야. 독소생성 균주들이 식물체에 국부적 또는 전신적으로 나타나는 황화 증상이 독소만 처리해도 나타난단다.

이러한 파세올로톡신은 phosphosulfamyl기를 가지고 있는 ornithine-alanine-arginine의 트라이펩타이드(tripeptide)지.

파세올로톡신을 세균이 식물체에 분비한 직후에 식물체의 효소가 펩타이드결합을 끊어서 알라닌(alanine), 아르기닌(arginine)과 phosphosulfamylornithine을 만드는데, 이 phosphosulfamylornithine이 파세올로톡신의 독성을 갖게 하는 부분이야.

파세올로톡신은 피리미딘(pyrimidine) 뉴클레오타이드의 생합성을 억제하고, 리보솜 활성을 감소시키고, 지질합성을 방해하지. 또한 세포막 투과성을 바꿔 엽록체 속에 많은 전분 알갱이를 축적하지.

파세올로톡신은 '키위나무 궤양병균'을 비롯해 여러 병원균에 의해서도 생성된단다.

교수님! 텐톡신(Tentoxin)도 비기주특이적 독소인가요?

텐톡신은 여러 종류의 식물체 유묘에 점무늬와 황화 증상을 일으키는 'Aletrnaria tenuis'에 의해 생성돼. 비기주특이적 독소지.

잎이 ⅓ 이상 황화되면 죽고, 황화가 덜 된 유묘도 건전한 식물체보다 활력이 떨어지지. 텐톡신은 순환 테트라펩티드(cyclic tetrapeptide)로서 엽록체로 에너지 수송 단백질에 결합해 불활성화하지. 또한 ADP를 ATP로 바꾸는 광인산화를 억제해.

텐톡신은 감수성 식물체에서 엽록소의 정상 합성과 발달을 방해함으로써 황화를 일으켜. 식물체 저항성 기작에 관여하는 산화효소인 폴리페놀 산화효소(polyphenol oxidase)의 활성을 억제해 상대적으로 병원체의 병원력을 증대시킨단다.

교수님! 써코스포린(Cercosporin)도 비기주특이적 독소인가요?

물론 그렇지! 써코스포린은 '백일홍 점무늬병균(Cercospora zinniae)' 같은 많은 작물에 '점무늬병'과 '잎마름병'을 일으키는 'Cercospora spp.'와 여러 다른 곰팡이에 의해 생성되는 비기주특이적 독소야.

써코스포린은 빛을 흡수해 여기(들뜬) 상태로 전환되고 이어서 산소분자와 결합해 활성산소를 형성하는 광민감성 페릴렌퀴논(perylenequinone)이지.

써코스포린은 빛에 의해 활성화해, 활성산소 특히 단일 산소를 발생시켜 기주식물 세포막을 파괴해 세포간극 병원균에게 양분을 제공해 주지. 식물세포의 지질, 단백질, 핵산과 반응해 식물세포를 크게 손상하거나 죽여서 병원균의 병원력을 높여준단다.

교수님! 푸사린산(Fusaric acid)도 비기주특이적 독소인가요?

 그렇고말고! '벼 키다리병균(*Gibberella fujikuroi*) 외에도 *Fusarium oxysporum*, *Fusarium moniliforme*' 등 많은 병원균에 의해서 생산되는 시들음 병징의 원인물질 이야.

비기주특이적 독소 종류와 이들을 생성하는 병원균

비기주특이적 독소	독소를 생성하는 병원균
곰팡이가 생성하는 독소	
Tabtoxin	담배 들불병균(*Pseudomonas syringae* pv. *tabaci*)
Phaseolotoxin	강낭콩 둘레무리마름병균(*Pseudomonas syringae* pv. *phaseolicola*)
Tentoxin	*Aletrnaria tenuis*
Cercosporin	백일홍 점무늬병(*Cercospora zinniae*)
Fusaric acid	벼 키다리병균(*Gibberella fujikuroi*), *Fusarium oxysporum*, *Fusarium moniliforme*
Ophiobolin	벼 깨씨무늬병균(*Cochliobolus miyabeanus*)
Alternaric acid, alternariol, ziniol	*Alternaria* spp.
Ceratoulmin	느릅나무 시들음병균(*Ophiostoma novo-ulmi*)
Fumaric acid	아몬드나무 hull rot(*Rhizopus* spp.)
Fusicoccin	아몬드나무와 복숭아나무 가지마름병균(*Fusicoccum amygdali*)
Lycomarasmin	시들음병균(*Fusarium oxysporum*)
Oxalic acid	밤나무 줄기마름병균(*Cryphonectria parasitica*)
Pyricularin	벼 도열병균(*Magnaporthe grisea*)
세균이 생성하는 독소	
Coronatine	키위나무 궤양병균(*Pseudomonas syringae* pv. *actinidiae*)
Syringomycin, Syringotoxin	*Pseudomonas syringae* pv. *syringae*
Tagetitoxin	*Pseudomonas syringae* pv. *tagetis*
Thaxtomins	*Streptomyces* spp.

푸사린산은 토마토에 250μg/g에서 시들음 증상을 나타내는데, 원형질막 투과성을 높여 기주식물 잎 표면에 Ca^{2+}, K^+, Na^+ 등 양이온이나 여러 종류의 아미노산을 삼출해. 이것이 마르면 잎 표면의 삼투압과 수분 증산이 점차 높아져 식물을 시들게 하지.

푸사린산은 금속원소 및 킬레이트와 결합하는 성질이 강해 페록시다아제(peroxidase), 카탈라아제(catalase) 등 말단호흡계 철 효소를 강하게 저해함으로써 식물 생장을 저해해.

푸사린산은 토마토 체내에서 대사되어 N-메틸푸사르산 아미드(N-methylfusaric acid amide)에 의해 불활성화되고, 해독작용은 저항성이 강한 품종일수록 강하단다.

생장조절물질

 교수님! 생장조절물질(growth regulator)에는 어떤 것들이 있죠?

 자연적으로 발생하는 화합물 중에서 호르몬으로 작용해 식물체의 생장을 조절하는 중요한 생장조절물질은 다음과 같이 4종류가 있단다.
① 옥신 ② 지베렐린 ③ 사이토키닌 ④ 에틸렌

 생장조절물질은 어떻게 병원성에 관여하죠?

 생장조절물질은 아주 낮은 농도에서 작용하기 때문에 정상 농도에서 조금만 차이가 있어도 식물체의 생장 모습이 완전히 달라져.

병원체는 식물체가 생성하는 생장조절물질이나 생장저해물질을 더 많이 생성할 수 있고, 다른 종류의 생장조절물질과 생장저해물질을 새롭게 생성할 수도 있지. 식물체에 의해 생성되는 생장조절물질과 생장저해물질의 생성을 자극하거나 완화하는 물질을 생성할 수도 있고 말이야.

병원체는 식물체 호르몬 체계에 평형을 깨뜨려 식물체의 왜소, 비대생장, 로제트생장(rosette), 과다한 뿌리 분기, 줄기 기형화, 잎의 상편생장(epinasty), 조기 낙엽, 눈의 생장 억제 등 비정상적 생장을 유도한단다.

 옥신(auxin)이 대표적인 생장조절물질이죠?

 그렇고말고! 식물체에서 자연적으로 생성되는 옥신은 Indole-3-Acetic Acid(IAA, 인돌초산산화효소)야.

IAA는 식물체에서 생장하는 조직 내에서 지속적으로 생성되고 녹색의 어린 조직

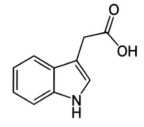

Indole-3-acetic acid

으로부터 오래된 조직으로 이동해. 인돌-3 아세트산 산화효소(indole-3-acetic acid oxidase)에 의해 계속 분해되어 결국은 옥신이 낮은 농도로 유지되지.

IAA는 식물체에서 어떤 기능을 하죠?

 IAA는 식물체 세포의 신장과 분화에 필요하고, 세포막 투과성에도 영향을 미친단다. IAA는 식물체의 호흡을 증가시키고, mRNA 합성을 촉진해 구조단백질뿐만 아니라, 효소를 포함한 모든 단백질 합성을 촉진하지. 병원체는 감염 식물체의 IAA 농도를 높이고, 병원체도 IAA를 생성할 수 있단다.

 교수님! '뿌리혹병균(*Agrobacterium tumefaciens*)'도 IAA를 생성하죠?

 100종 이상의 식물체에서 '뿌리혹병균'은 감수성 식물체의 상처를 통해 침입해 세포를 파괴하지 않지만, 세포벽에 붙어 Ti-플라스미드가 뿌리, 줄기, 잎, 이삭, 수염, 잎자루 등에 혹(gall)이나 암종(tumor)을 발생시킨단다.

 '풋마름병균(*Ralstonia solanacearum*)'도 IAA를 생성하죠?

 '풋마름병균'은 감염된 식물체에서 IAA 농도를 100배 이상이나 높이지.

 IAA는 어떻게 병원성을 발현시키죠?

 채소류 등 식물체에서 IAA 농도가 증가하면 세포벽 구성성분인 펙틴, 셀룰로스, 단백질 등이 '풋마름병균'이 분비하는 효소에 의해 분해되어 세포벽 유연성이 높아지고, 조직의 리그닌화가 억제된단다
결과적으로 '풋마름병균'이 분비하는 세포벽 분해효소에 리그닌화되지 않은 식물체의 조직이 노출되는 시간이 연장돼. 그러면서 '풋마름병'에 걸리기 쉬워지지.

 교수님! 지베렐린(gibberellin)도 생장조절물질인가요?

 '벼 키다리병균(*Gibberella fujikuroi*)'에서 지베렐린이 처음 분리되었고, 대표적 지베렐린은 지베렐린산 수용체(gibberellic acid)야.
지베렐린은 녹색식물의 정상 구성성분이며, 일부 미생물에 의해서도 생성되고, 비타민 E와 헬민토스포롤(helminthosporol)도 비슷한 활성을 나타내지.

지베렐린은 IAA와 협동해서 생장 촉진 효과를 나타내는데, 키가 작은 품종을 빨리 신장시켜 정상 크기로 만들며, 개화, 줄기 신장, 뿌리 신장, 과실 신장을 촉진한단다.

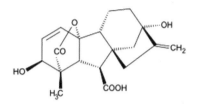
Gibberellic acid

 지베렐린은 어떻게 병원성을 발현시키나요?

 지베렐린에 의해 '벼 키다리병'에 감염된 유묘는 아주 빨리 자라 건전 식물체보다 키가 훨씬 크고 허약하게 돼.

 사이토키닌(cytokinin)도 생장조절물질인가요?

 사이토키닌은 세포 생장과 세포 분화를 위해 필요한 생장요인으로 단백질과 핵산 분해를 억제해 노화를 억제하지. 식물체를 통해 아미노산 등의 양분이 사이토키닌 농도가 높은 곳으로 이동하도록 한단다.

녹색 식물체와 종자 및 즙액에서 사이토키닌은 낮은 농도로 존재해.

사이토키닌 활성을 가진 최초의 화합물은 카이네틴(kinetin)으로 동정되었어. 청어 정자 DNA에서 처음 분리되었고, 식물체에서는 발견되지 않았지.

그 후 제아틴(zeatin)과 이소펜테닐아데노신(IsoPentenyl Adenosine: IPA) 같은 몇 종의 사이토키닌이 식물체로부터 분리되었지.

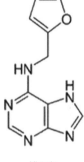
Kinetin

 사이토키닌은 어떻게 병원성을 발현시키나요?

 사이토키닌은 유전자의 작동 중지를 방지하고, 중지된 유전자를 활성화하는 작용을 하지.

'뿌리혹병'에 의해 발생하는 뿌리혹, '깜부기병'과 '녹병'에 의해 발생하는 혹, '녹병'에 감염된 강낭콩 잎에서 사이토키닌 활성이 증가해.

'*Verticillium* 시들음병'에 감염된 목화와 가뭄 스트레스를 받은 식물체에서 사이토키닌 활성은 더욱 낮아진단다.

에틸렌(ethylene, CH$_2$=CH$_2$)도 생장조절물질이죠?

식물체에서 생성된 에틸렌은 황화, 잎 상편생장, 부정근 자극, 과실 성숙 등에 영향을 미쳐. 식물체를 침입할 때 세포막 투과성을 높이지.

에틸렌은 파이토알렉신의 생성을 유도하고, 식물체의 저항성을 증가시키는 효소나 신호 화합물의 합성이나 활성을 높인단다.

'바나나 풋마름병균(*Ralstonia solanacearum*)'에 감염된 바나나 열매에서 에틸렌 함량은 열매가 노랗게 변하는 정도에 비례해 높아져. 건전한 열매에서는 에틸렌이 전혀 발견되지 않아.

'토마토 반쪽시들음병균(*Verticillium albo-atrum*)'에 감염될 때 에틸렌이 존재하면 병 진전이 억제되고, 감염 후에 에틸렌이 존재하면 병 진전이 촉진되지.

다당류

다당류(polysaccharides)는 어떻게 병원성에 관여하나요?

세포외 다당류(exopolysaccharides)는 곰팡이, 세균, 선충 등 병원체를 감싸면서 외피와 환경 사이의 접촉영역을 제공하는 끈적끈적한 물질이야.

세포외 다당류는 병원체가 병징을 유도하거나, 기주식물체에서 증식을 좋게 해서 간접적으로 병원성을 발휘하도록 하지. 세포의 다당류는 병원체의 생존을 증대시켜 병원체가 병징을 일으키는 데 필수적이지.

교수님! 다당류 분자가 병원성을 발휘하는 대표적인 사례는 어떤 식물병인가요?

'시들음병균'인 *Fusarium oxysporum*'이 뿌리 상처를 통해 물관에 침입한 후 분비하는 다당류 분자와 병원체 효소에 의해 분해되어 물관으로 분비되는 큰 분자 물질, 병원체 균사, 대형분생포자, 소형분생포자, 후벽포자 등이 물관을 폐쇄하지. 수분의 상승을 가로막기 때문에 시들음 증상을 일으킨단다.

우리 몸에 있는 혈관에서 발생하는
동맥경화와 비슷해 보이네요?

 그래! 기용 학생의 비유가 적절하구나!

소형분생포자　　대형분생포자　　후벽포자

과민성 반응은 병원체가 침입했을 때
기주세포가 급격히 반응해 죽음으로써
병원체 생육이 저지되거나 불활성화되는 현상으로
병원체 침입 후 기주세포가 더 빨리 죽을수록
더 저항성이고, 기주-기생체가 평화적 공존하며
서서히 감염되면 결국 식물체는 감수성이란다

05 | 식물체의 저항성 기작

감나무 둥근무늬낙엽병

1. 저항성의 종류

 교수님! 저항성(resistance)은 어떤 개념이죠?

 병원체의 작용을 억제하는 식물체의 능력을 저항성이라고 한단다.

 감수성(susceptibility)은요?

 식물체가 병에 걸리기 쉬운 성질을 감수성이라고 하지.

 식물체가 지니는 저항성은 다양하죠?

 식물체가 병원체에 대해 저항성을 나타내는 원인은 아주 다양하단다.

 비기주저항성(nonhost resistance)은 어떤 개념이죠?

 비기주저항성은 병원체의 기주범위 밖의 식물에 대해 발현되는 저항성이야.

 병원체가 발병에 적합한 환경에서도 기주가 아닌 식물체는 완전한 저항성을 나타 내죠?

 그래! '벼 도열병균'은 벼에는 병원성이 있으나 감자에는 병을 일으킬 수 없어. '감자 역병균'은 감자에는 병원성이 있으나 벼에는 병을 일으킬 수 없지 않니?

 인체병원체가 식물체로 전염되지 않고 식물병원체가 사람에게 전염되지 않는 것도 같은 현상이죠?

 그렇고말고! 'HIV(Human Immunodeficiency Virus)'는 사람에게 '에이즈'를 일으 키지만, 식물을 감염시킬 수 없고, 담배에 '모자이크병'을 일으키는 'TMV(Tobacco Mosaic Virus)'는 사람이나 동물을 감염시키지 않지.

'궤양병'은 사람과 식물에 모두 발생하죠?

그래! 사람에게 '위궤양'이나 '십이지장궤양'을 일으키는 '*Helicobacter pylori*'는 식물을 감염시키지 않지. 키위나무에 '궤양병'을 일으키는 '*Pseudomonas syringae* pv. *actinidiae*'는 사람에게 전염되지 않을 뿐만 아니라 다른 종류 식물에도 전염되지 않는단다.

왜 그렇죠?

모든 병원체는 기주특이성을 가지고 있어서 병원체에 따라 기주가 한정되기 때문이야. 병원체와 식물체 사이에 친화성이 없어 비기주저항성을 나타낸단다.

그러면 저항성이란 기주범위에 속하는 식물체-병원체 상호반응에서 통용될 수 있는 개념이군요!

그렇지! 비기주저항성과 비슷한 개념으로 식물체가 병에 전혀 걸리지 않는 성질을 면역성(immunity)이라고 해.

내병성(disease tolerance)도 면역성과 비슷한 개념이죠?

내병성은 식물체 내에 병원체를 가지면서도 병징이 나타나지 않거나, 수량에는 큰 영향이 없는 등 식물체가 실질적 피해를 적게 받는 경우를 말하지.

병회피(disease escaping)는 다른 개념이죠?

그래! 병회피는 파종기를 바꾸든지 숙기가 다른 품종을 재배해 식물체가 병원체 활동기를 회피하는 걸 의미해. 처음부터 병에 걸리지 않고 발병을 모면하는 것을 말하지.

'맥류 붉은곰팡이병'에 걸리기 쉬운 품종도 출수기 전후 날씨가 건조하면 감염을 모면하는 것이 병회피죠!

그렇고말고! 혜지 학생이 지혜롭게 복습을 잘하고 있구나.

외견상 저항성(apparent resistance)은 여러 가지 방법으로 병원체의 감염을 회피하거나 견뎌내기 때문에 발현되는 저항성이란다.

2. 감염 전 방어기작

기존 방어구조

교수님! 병원체의 감염 전 저항성 기작으로 식물체에는 어떤 방어구조가 있나요?

병원체가 식물체에 접촉하기 전에 이미 존재하는 방어구조로 표피세포를 덮고 있는 왁스, 큐티클(각피), 표피세포벽, 기공, 피목 등이 있단다.

큐티클이 두껍게 발달한 식물체는 병원체 침입이 어렵나요?

그래! 큐티클이 두꺼운 토마토 열매는 '잿빛곰팡이병균'이 침입하기 어렵기에 '잿빛곰팡이병'에 대해 저항성이야. 리그닌화한 후벽조직이 발달한 밀 품종은 '줄기녹병균'이 침입하기 어렵기에 '줄기녹병'에 대해 저항성이고.

성체식물일수록 병원균에 대해 저항성이 되나요?

그렇고말고! '배나무 붉은별무늬병균'은 큐티클이 발달한 성숙한 배나무는 침입할 수 없기에 어린잎이나 어린 열매에만 침입해.

벼 표피에서 규질화 세포가 발달하면 병원체의 침입이 어렵나요?

표피에 규질화 세포가 많은 벼 품종은 '벼 도열병균'이 침입하기 어렵기에 '벼 도열병'에 대해 저항성이지.

기공 개폐 시간도 저항성과 관련이 있나요?

 아침 늦게 기공이 열리는 밀 품종은 이슬이 말라 버리기 때문에 '밀 줄기녹병균'의 여름포자가 침입할 수 없어. 그러므로 '밀 줄기녹병'에 저항성이란다.

병원체 감염 전 방어구조와 저항성 기작

방어구조	저항성 기작
각피 두께	각피가 투꺼운 토마토 열매는 잿빛곰팡이병균에 저항성
각피 발달	각피가 발달한 성숙한 배나무는 붉은별무늬병균에 저항성
후벽조직 발달	후벽조직이 발달한 밀 품종은 줄기녹병균에 저항성
규질화 세포 발달	규질화 세포가 많은 벼 품종은 도열병균에 저항성
기공 개폐 정도	기공이 충분히 열리지 않는 어린잎은 사탕무 갈색무늬병균이 침입할 수 없어 저항성
기공 개폐 시간	아침 늦게 기공이 열리는 밀 품종은 '밀 줄기녹병균'의 여름포자가 침입할 수 없어 저항성

기존 화학적 방어

 교수님! 병원체 감염 전 저항성 기작으로 식물체에서 방출되는 방어물질은 어떤 것이 있죠?

 양파의 유색 품종에는 붉은 색소 외에도 페놀화합물인 프로토카테츄산(protocatechuic acid)과 카테콜(catechol) 때문에 '양파 탄저병균'에 대해 저항성이야. 착색된 껍질을 벗기면 감수성으로 된단다.

병원균 침입 전 형성된 페놀화합물은 직접 저항성에 관여하는데, '밀 줄기녹병균', '벼 도열병균'에 저항성 품종은 페놀화합물 함량이 높단다.

 감염 전 저항성 기작으로 작용하는 다른 물질은 어떤 것이 있죠?

 토마토의 어린 열매, 잎 또는 종자 세포에 높은 농도로 존재하는 몇 가지 페놀화합물, 탄닌 같은 지방산 유사 화합물은 '잿빛곰팡이병균'에 대해 어린 조직이 저항성을 나타내게 하지.

또한, 딸기 잎에 존재하는 카테킨(catechin)은 '검은무늬병균(*Alternaria alternata*)'의 포자 발아와 부착기 형성은 억제하지 못하지만, 흡기로부터 감염균사의 형성을 억제함으로써 감염을 억제하지.

사포닌(saponin)의 일종인 토마토의 토마틴(tomatine)과 귀리의 아베나신 (avenacin) 같은 몇 가지 화합물은 항균성 세포막 분해 활성을 가질 뿐만 아니라, 사포닌분해효소(saponinase)가 없는 곰팡이가 기주를 감염시키지 못하게 해.

렉틴(lectin) 같은 화합물은 어떤 당에 특이적으로 결합하고 많은 종류의 종자에서 높은 농도로 생성돼. 따라서 많은 곰팡이를 용해하고 생장을 억제한단다.

병원체 감염 전 방어물질과 저항성 기작

감염 전 방어물질	저항성 기작
카테콜과 푸로토카테크산	저항성 유색 양파품종 껍질에서 탄저병균의 포자 발아 억제
페놀화합물, 탄닌	어린 열매, 잎 또는 종자의 세포에 높은 농도로 존재하는 토마토 품종은 잿빛곰팡이 병균에 저항성
페놀화합물	함량이 높은 품종은 밀 줄기녹병균, 벼 도열병균 등에 저항성
카테킨	딸기 잎에서 검은무늬병균의 흡기로부터 감염균사 형성 억제
토마토의 토마틴과 귀리의 아베나신	사포닌의 일종으로 항균성 세포막 분해 활성을 가질 뿐만 아니라 사포닌분해효소가 없는 곰팡이의 기주 감염 저지
렉틴	어떤 당에 특이적으로 결합하고 많은 종류의 종자에서 높은 농도로 생성되어 많은 곰팡이 용해 및 생장 억제

3. 유도 방어기작

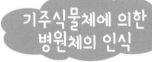

 교수님! 기주식물체는 병원체를 어떻게 인식하나요?

 식물체가 병원체로부터 스스로 보호하기 위해 병원체와 접촉하자마자 병원체의 존재를 나타내는 신호분자를 수용하기 시작한단다.

 기주식물체가 병원체를 인식할 수 있는 유도인자(elicitor)는 어떤 것이 있나요?

 식물체가 병원체를 인식할 수 있는 유도인자로서 곰팡이와 세균이 분비하는 비특이적 유도인자는 독소, 당단백질, 탄수화물, 지방산, 펩티드(peptide)와 세포 외 미생물적 효소(protease, pectic enzyme)를 포함하지.

기주-병원체 상호작용에서 병원체에서 분비되는 *avr*유전자 산물, *hrp*유전자 산물, 억제제 등도 유도인자로 작용해.

 병원체가 분비하는 물질 외에 유도인자로 작용하는 물질도 있나요?

 식물체 효소가 병원체 표면의 다당류를 분해하거나, 병원체 효소가 식물체 표면의 다당류를 분해해서 방출되는 과량체(oligomer)와 단량체(monomer)도 유도인자로 작용한단다.

 병원체 유도인자를 인식하는 수용체가 기주식물체에 존재하나요?

 그럼! 병원체 유도인자를 인식하는 기주 수용체의 위치는 알려지지 않았지만, 세포막 외부나 세포막 위 또는 세포 내에서도 작용한단다.

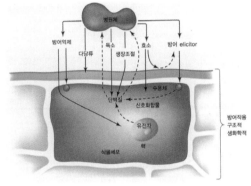

병원체와 기주세포의 상호작용의 모식도(출처: 식물병리학)

 기주식물체가 병원체를 인식할 수 있는 유도인자는 특이적으로 작용하나요?

 '밀 흰가루병균'이 분비하는 가용성 탄수화물이 보리, 호밀, 귀리, 벼, 옥수수 등 넓은 범주의 화곡류에서도 유도인자로 작용해서 방어반응 유전자를 생성해. 병원균 침입에 대한 저항성 유도에도 관여하지.

 병원체 유도인자를 인식한 후 식물체의 방어반응은 어떻게 진행되나요?

 식물체의 특정한 분자가 병원체에서 유래하는 유도인자를 일단 인식하면, 병원체와 병원체 효소, 독소 등을 방어하기 위해 식물체 세포에서 일련의 생화학적 반응과 구조적 변화가 일어나지.

얼마만큼 빠르게 식물체가 병원체를 인식하는가와 얼마만큼 빠르게 경고를 발휘해 방어 수단을 동원할 수 있는가에 따라 감염이 일어날 수 있는지 또는 얼마만큼 병 진전이 될 수 있는지가 결정된단다.

결과적으로 **병원체를 인식**하고 식물체가 방어 수단을 동원해 병 진전이 멈출 때까지 얼마나 심한 병징이 생길 수 있는지가 결정되겠군요!

신호전달체계

교수님! 식물체에서 경고신호는 어떻게 전달되죠?

병원체에서 유래된 유도인자를 기주가 인식하면, 기주에서 다음과 같이 경고신호가 전달된단다.
① 유도인자 인식 → ② 경고신호 전달 → ③ 기주세포 단백질과 핵유전자 활성화 → ④ 병원체 억제 물질 생성 → ⑤ 병원체 공격받은 세포 부위로 생성물 이동

교수님! 신호 전달자는 어떤 것이 있죠?

가장 일반적 신호 전달자는 단백질 인산화효소(protein kinase), 칼슘 이온, 포스포릴 라아제(phosphorylase, phospholipase), 과산화수소(H_2O_2), ATPase, 에틸렌 등이야.

그러면 경고신호는 국부적으로만 전달되는 건가요?

그렇지 않아! 경고물질 일부와 신호전달체계는 세포에 있지만, 신호는 여러 인접 세포로 전달되고, 식물체 전체에 구조적으로도 전달된단다.

식물체 전체로 신호를 전달하는 경고물질은 어떤 것이 있죠?

전신 저항성이 획득되도록 하는 식물체에서 전신신호 전달체계는 살리실산(salicylic acid), 세포벽에서 방출된 올리고갈락투로나이드(oligogalacturonide), 자스몬산(jasmonic acid), systemin, 지방산, 에틸렌 등에 의해 실행되지.
살리실산을 포함해 일부 합성 화학물질과 합성 dichloroisonicotinic acid도 여러 종

류의 식물병원 바이러스, 세균 및 곰팡이에 대한 전신 저항성을 획득하게 하는 신호 전달 체계를 활성화한단다.

감염 후 유도 구조적 방어

교수님! 병원체 감염 후 구조적 방어도 유도되나요?

이미 형성된 내·외부의 방어구조에도 불구하고 상처나 자연개구를 통해 침입한 병원체에 반응해 식물체는 자신을 방어하기 위해서 한 가지 이상의 방어구조체를 형성하지.

병원체의 감염 후 저항성 기작으로 유도되는 구조적 방어는 어떤 것이 있나요?

병원체에 의해 공격당한 후 식물체에서는 다음 세 종류의 구조적 방어반응이 일어나지.
① 세포질적 방어반응 ② 세포벽 방어구조 ③ 조직학적 방어구조

세포질적 방어반응은 어떻게 일어나나요?

만성적인 병 또는 거의 공생상태를 유도하는 병원성이 약한 '뽕나무버섯(*Armillaria*)' 균주와 균근균(mycorhizal fungi)처럼 느리게 자라는 일부 곰팡이에 감염된 식물세포의 세포질이 균사 덩어리를 둘러싸 여러 입자 또는 구조체가 세포질에 나타나면서 균사체는 붕괴되고, 침입이 멈추지.

세포벽 방어구조는 어떤 것인가요?

세포벽 방어구조는 세포벽에서의 형태적 변화 또는 병원체의 침입을 받은 세포의 세포벽으로부터 유도된 변화를 포함한단다.

세포벽 방어구조는 어떻게 형성되나요?

비친화성 세균과 접촉한 유조직 세포벽 외층은 부풀어 오르고 세균을 둘러싸고 사로잡아 세균 증식을 방해하는 셀룰로스 물질을 생성해. 또는 세포벽이 병원체에 반응해 페놀과 섞인 셀룰로스처럼 보이는 물질을 형성함으로써 두꺼워지지.

칼로즈(Callose) 방어 돌기도 세포벽 방어구조인가요?

곰팡이 침입에 반응해 세포벽 안쪽에 침적되는 칼로즈 방어 돌기의 주기능이 세포손상을 회복하는 것이지만, 차후에 병원체의 세포 침입을 방해해. 세포벽 침입 후 세포내강에 자라는 균사 말단부는 페놀 물질과 섞이게 되는 칼로즈에 의해 봉해지고 균사 주위에 시스(sheath)나 lignituber를 형성한단다.

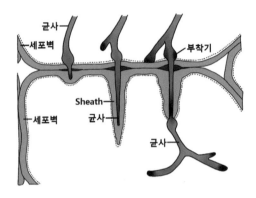

병원체 감염 후 저항성 기작으로 유도되는 조직학적 방어구조는 어떤 것이 있나요?

병원체에 공격당한 식물체에서는 다음과 같이 4종류의 조직학적 방어반응이 일어난단다.
① 코르크층 형성 ② 이층 형성 ③ 전충체 형성 ④ 검 물질 침전

교수님! 코르크층(cork layer)은 언제 형성되죠?

곰팡이나 세균, 심지어 바이러스나 선충에 의해 분비되는 물질이 세포를 자극하면, 그 저항성 반응의 결과로 식물체가 감염부위 너머에 기계적 방어벽인 코르크층을 형성하도록 유도해.

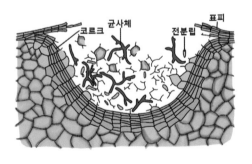

코르크층은 어떤 방어기능을 수행하죠?

코르크층은 초기의 병반 너머로 병원체 침입을 억제하고, 독소 물질의 확산을 막아주지.

코르크층은 건전한 부위로부터 감염부위로 양분과 물의 이동을 멈추고, 병원체로부터 영양분을 빼앗는단다.

 코르크층에 의해 차단된 병원체는 어떻게 되나요?

 병원체와 죽은 조직은 코르크층에 의해 제한되고, 특정 기주-병원체 조합에 대해 크기와 모양이 균일한 괴사병반을 형성한 곳에 남아있어.

일부 기주-병원체 조합에서 괴사조직은 밑에 있는 건전한 조직에 의해 외부로 밀리고, 허물이 벗겨질 딱지를 형성해 기주로부터 병원체를 완전히 제거한단다.

 코르크층 형성에 의한 조직학적 방어구조가 연구된 식물병이 있나요?

 '사이프러스나무 궤양병'에 대한 저항성 클론은 리그닌화되고 코르크화된 세포벽이 4~6겹으로 경계층을 형성해서 병원균의 생장을 저지해.

'양배추 누렁병'에 대해 저항성 품종은 병원균의 침입 부위에 몇 겹의 코르크화가 이루어져 발병을 억제하지.

 이층(abscission layer)은 언제 형성되나요?

 이층은 특정 조직이나 기관이 탈락되는 부위를 일컫는데, 곰팡이, 세균, 바이러스에 의해 감염된 후 핵과류의 어리고 생장이 활발한 잎에 형성된단다.

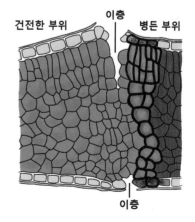

 이층은 방어기능을 어떻게 수행하나요?

 이층은 감염부위를 둘러싸는 잎 세포의 2개의 둥근 층 사이에서 형성된 틈새로 구성돼. 감염되는 동안에 이 2개의 세포층 사이의 중엽은 잎이 두꺼워지는 동안 용해되지. 나머지 잎으로부터 중앙부위를 완전히 잘라버려.

이 부위는 점차 오그라들어 죽고, 병원체를 보균한 채로 벗겨져 감염되지 않은 세포와 감염된 부위를 버리지. 식물체는 나머지 잎 조직을 병원체 침입과 병원체 독소 침해로부터 보호해.

 이층 형성에 의한 조직학적 방어구조가 연구된 식물병이 있나요?

 '소나무류 잎떨림병', '복숭아나무 세균구멍병' 등에서 병반부와 건전부 사이에 이층이 형성되어 발병을 저지하지.

 교수님! 전충체(tylose)는 언제 형성되죠?

 식물체에서 수(pith)를 통해 물관 속으로 돌출된 체관부 유세포 원형질체가 자란 전충체는 스트레스를 받는 상태에서와 유관 속 병원체에 의해 침입받는 동안에 식물체 물관 속에 형성된단다.

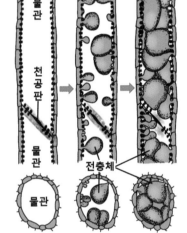

 전충체는 어떻게 방어기능을 수행하죠?

 셀룰로스 벽을 가진 전충체는 크기가 커지고 수가 많아져 물관 전체를 완전히 폐색하지.

식물체에서 병원체가 어린뿌리에 있는 동안에 전충체는 병원체에 앞서 빠르게 다량 형성되면서 병원체의 진전을 차단하지. 그러기 때문에 병원체가 없는 상태로 식물체는 남아있게 되어 저항성이야.

 검(gum) 물질은 언제 형성되나요?

 검 물질 분비는 핵과류 나무에서 가장 흔해. 그렇지만 대부분 식물체에서 병원체 감염에 의해 생긴 병반이나 상처 주위에 다양한 검 물질이 생성돼.

검 물질은 어떻게 방어기능을 수행하나요?

 검 물질이 세포간극과 감염부위를 둘러싼 세포 내에서 빠르게 침전되면서 병원체를 완전히 에워싸서 통과할 수 없는 장벽을 형성해. 그렇게 되면 병원체는 격리되고 굶주려 곧 죽게 된단다.

 검 물질 형성에 의한 조직학적 방어구조가 밝혀진 식물병이 있나요?

 그럼! '수박 덩굴쪼김병'에 저항성인 호박, 박 등에서 뿌리 끝으로 병원균이 침입해. 하지만 그 주위에 검 물질이 생겨서 발병은 억제된단다.

과민성 반응

 교수님! 병원체 감염 후 저항성 기작으로 유도되는 생화학적 방어는 어떤 것이 있죠?

 병원체에 의해 공격당한 식물체에서 다음과 같이 3종류의 생화학적 방어반응이 일어난단다.
① 과민성 반응 ② 항균성 물질 생성 ③ 유도저항성 발현

 과민성 반응(hypersensitive reaction)은 어떤 현상이죠?

 과민성 반응은 병원체가 침입했을 때 기주 세포가 급격히 반응해 죽음으로써 병원체 생육이 저지되거나 불활성화되는 현상이야.

 과민성 반응은 어떻게 발생하죠?

 많은 기주-병원체 조합에서 병원체가 식물세포와 접촉한 직후 다음과 같이 과민성 반응이 일어나지.
① 식물세포의 핵은 병원체를 향해 이동해 붕괴되고, 갈색 검 물질 입자가 병원체 주

위에 형성되고,

② 동시에 갈색 수지상 입자(resin-like granule)가 병원체 침입 지점 주위에 형성되고 나서 세포질 전체로 확대돼,

③ 식물 세포질이 갈변되고 죽기 시작함에 따라 침입균사는 분해되기 시작해서,

④ 균사가 침입한 식물세포에서 자라지 못하고 더 이상 침입을 멈춘단다.

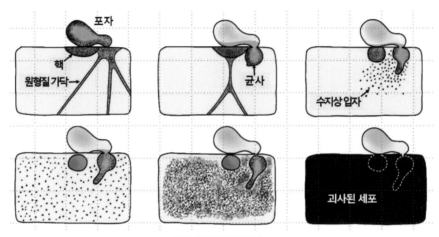

과민성 반응 발생 과정

 세균에 감염된 잎에서 과민성 반응은 어떻게 발생하죠?

 과민성 반응은 세균과 접촉한 세포들에서 모든 세포막을 파괴하고, 세균에 의해 침입받은 잎에 마름 및 괴사 증상이 뒤따라 나타나게 하지.

 그러니까 과민성 반응은 저항성 반응의 일종이죠?

 그렇고말고! 과민성 반응은 고도 저항성 반응에 속하며, 병원체 침입 후 기주세포가 더 빨리 죽을수록 식물체는 감염에 대해 더 저항성인 것이고, 기주-기생체가 평화적 공존하며 서서히 감염되면 결국 식물체는 감수성인 것이지.

 그런데 과민성 반응은 절대기생체에서만 일어나죠?

 그렇지 않아! 과민성 반응은 '녹병균', '흰가루병균' 같은 절대기생체에서만 일어나는 특이 반응으로 여겨왔으나, '벼 도열병균', '배나무 검은별무늬병균', '감자 역병균' 등

에서도 알려졌어.

과민성 반응은 어떤 생화학적 방어반응을 수행하죠?

병원체가 생성하는 유도인자를 식물이 특이적으로 인식해 일으키는 최고 수준의 식물방어반응이야. 병원체 유도인자를 인식한 기주식물의 감염부위나 주변 세포에서 생화학적 방어반응을 활성화해 세포 기능에 변화를 가져오지. 그러면서 방어 관련 화합물을 활성화한단다.

과민성 반응의 사례로 어떤 것이 있죠?

산화반응의 급격한 발생, 세포막을 통한 K+, H+ 등 이온의 증가, 세포막 파괴와 세포 구획화의 소실, 세포벽 구성성분과 페놀계 화합물의 교차결합, 파이토알렉신 (phytoalexin) 등 항미생물적 물질 생성, 키틴분해효소(chitinase) 등 항미생물적 발병 관련 단백질 형성 등이 잘 알려진 사례야.

과민성 반응은 어떤 기주-병원체 조합에서 발생하죠?

과민성 반응은 기주-병원체가 불친화적일 때, 즉 병원체가 기주식물체를 감염하지 못하는 특이적 기주-병원체 조합에서만 발생하지.
병원체가 방출하는 유도인자를 인식하는 저항성 유전자가 식물체에 존재하므로 과민성 반응이 일어난단다.

항균성 물질의 생성

교수님! 병원체가 감염을 일으킨 후 유도되는 항균성 물질은 어떤 것이 있나요?

식물체는 병원체에 감염된 후 다음과 같은 세 종류의 항균성 물질을 생성한단다.
① 발병관련 단백질 ② 파이토알렉신 ③ 페놀계 화합물 및 페놀산화효소

발병 관련 단백질(pathogenesis-related protein)은 어떤 방어기능을 수행하나요?

 PR 단백질이라고 부르는 발병 관련 단백질은 다양한 구조를 가진 식물 단백질로, 침입한 곰팡이에 대해 독성을 가지고 있어서 식물방어기능을 수행하지.

 PR 단백질은 병원체가 감염을 일으킨 후에만 유도되나요?

 그래! PR 단백질은 식물체에 소량으로 널리 분포되지만, 병원체 감염이나 스트레스를 받은 후에 PR 단백질 유전자가 활성화되고 전사되어 PR 단백질이 아주 높은 농도로 식물체에 유도된단다.

 교수님! PR 단백질은 어떤 물질들인가요?

 PR 단백질은 PR-1 protein, PR-4 protein, β-1,3-glucanase, 키틴분해효소(chitinase), chitosanase, 라이소자임(lysozyme), 과산화효소(peroxidase), 단백질분해효소 (proteinase), osmotin-like protein, thaumatin-like protein, cysteine-rich protein, glycine-rich protein, 단백질가수분해효소 억제제(proteinase inhibitor) 등이 있어.

 PR 단백질은 곰팡이 세포벽에 어떻게 영향을 미치나요?

 β-1,3-glucanase, 키티나아제 등의 PR 단백질은 곰팡이 세포벽 구성성분인 키틴을 붕괴시키며, 라이소자임은 곰팡이 세포벽 구성성분인 글루코사민(glucosamine)과 무람산(muramic acid)을 분해하지.

 PR 단백질을 유도하는 신호 화합물은 어떤 물질인가요?

 PR 단백질을 유도하는 신호 화합물은 살리실산, 에틸렌, xylanase, 폴리펩타이드 (polypeptide)인 시스테민(systemin), 자스몬산 등이야.
신호 화합물은 다른 부위로 전신적으로 수송되어 며칠 또는 몇 주 동안 식물체의 발병 정도를 떨어트린단다.

교수님! 파이토알렉신(phytoalexin)이 뭐죠?

파이토알렉신은 병원체가 기주식물에 접촉한 후 또는 화학적, 기계적 상해를 받은 후 식물체에서 합성, 축적되는 항균성 효과가 있는 저분자화합물을 일컫는다.

그렇군요! 파이토알렉신은 어떤 계통의 화합물이죠?

파이토알렉신은 30과 이상 식물에서 300개 이상 분리되어 있어. 대부분 단순 페놀화합물, 플라보노이드(flavonoid), 이소플라보노이드(isoflavonoid), 스틸벤(stilbene), 테르페노이드(terpenoid), 폴리아세틸렌(polyacetylene) 등의 화합물이지.

파이토알렉신의 화학 구조는 모두 다르죠?

그렇지는 않아! 하나의 과에 속하는 식물이 생성하는 파이토알렉신의 화학적 구조는 매우 비슷해.
대부분의 콩과식물에서는 이소플라보노이드, 가지과식물에서는 테르페노이드 등의 파이토알렉신이 알려졌어.

파이토알렉신은 어떤 방어기능을 수행하나요?

파이토알렉신은 병원균의 생육을 억제하는데, '고구마 검은무늬병'에 감염된 고구마에 생성되어 병든 고구마에 특이적으로 쓴맛을 나타내는 이포메아마론(ipomeamarone)은 '고구마 검은무늬병균'의 생육을 억제하지.

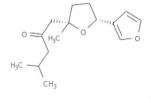

ipomeamarone

파이토알렉신은 식물 종류에 따라 일정한가요?

파이토알렉신은 식물의 종류에 따라 일정하지만, 병원체의 종류와는 상관이 없어.
pisatin은 '완두 갈색무늬병'에 감염된 완두 꼬투리와 '과수 잿빛무늬병균', '벼 도열병균', '사과나무 탄저병균'의

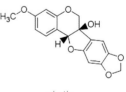

pisatin

포자현탁액을 접종한 완두 꼬투리에 모두 생기고, 접종한 병원균뿐만 아니라 다른 병원균의 생육도 억제하지.

또 다른 농작물에서 생성되는 파이토알렉신은 어떤 것이 있죠?

감자의 리시틴(rishitin), 강낭콩의 파세올린(phaseollin), 콩, 알팔파, 클로버의 글리세올린(glyceollin), 목화의 고시폴(gossypol), 고추의 캡시디올(capsidiol) 등도 주요 파이토알렉신이란다.

파이토알렉신은 특이적으로 생성되죠?

그렇지 않아! 파이토알렉신은 병원체나 비병원체, 상처, 물리적 자극, 중금속, 시안화물(cyanide) 같은 화학물질을 처리해도 비특이적으로 생성되지.

파이토알렉신의 유도인자는 어떤 것이죠?

'과수 잿빛무늬병균'의 균사에서 추출한 폴리펩타이드인 momilicolin A, '토마토 잎곰팡이병균'과 '고구마 무름병균'에서 분리한 당펩티드(glycopeptide), '콩 뿌리 썩음병균'에서 분리한 다량체 β-1,3-glucan과 올리고당(oligosaccharide), 글루칸(glucan), 키토산(chitosan), 당단백질(glycoprotein), 지질(lipid), 다당류 등의 고분자 화합물이 여러 식물에 파이토알렉신을 유도하는 인자란다.

저항성 식물과 감수성 식물에서 파이토알렉신 생성은 차이가 있죠?

그래! 저항성 식물과 감수성 식물에서 일어나는 파이토알렉신에 대한 기본 반응은 비슷하고 생성 속도에 차이가 있어. 불친화적 관계에서 파이토알렉신의 생성 속도도 빠르고 훨씬 더 많은 양이 축적된단다.

그러면 저항성 식물과 감수성 식물에서 피사틴(pisatin) 농도도 차이가 있나요?

그렇고말고! '완두 갈색무늬병'에 감염된 완두콩 꼬투리에서 완두콩 저항성 정도에 따라 피사틴 농도가 다르지. 높은 농도의 피사틴이 저항성 품종에서 축적된단다.

 페놀계 화합물(phenolic compounds)은 어떤 방어기능을 수행하나요?

 페놀계 화합물은 병원균에 감염 후 식물체에서 신속하게 생성, 축적돼. 감수성 품종에서보다 저항성 품종에서 더 빠른 속도로 생성되어 병원균에게 독성을 나타내지.

 저항성 식물에 감염을 억제하는 페놀계 화합물은 어떤 것들이 있나요?

 클로로겐산(Chlorogenic acid), 카페익산(caffeic acid), 페룰산(ferulic acid) 등 페놀계 화합물은 저항성 식물에서 감염을 억제해.

 식물체에서 배당체(glycoside)가 가수분해되어 방출된 페놀계 화합물도 방어기능을 수행하나요?

 그래! 병원균이 생성한 배당체 분해효소로 가수분해돼 방출된 페놀계 화합물은 병원균에 대해 독성이 있어 방어기능을 수행한단다.

 페놀산화효소(phenoloxidase)는 어떤 방어기능을 수행하나요?

 건전한 식물이나 감염된 감수성 식물보다 저항성 식물의 병든 조직에서 활성이 더 높은 페놀산화효소는 페놀계 화합물을 독성이 더 강한 퀴논(quinone)으로 산화하지. 그러므로 페놀산화효소의 활성이 높아지면, 독성 산화물이 고농도로 생성되어 저항성 정도가 높아진단다.

 과산화효소(peroxidase)는 어떤 방어기능을 수행하나요?

 페놀화합물을 독성이 강한 퀴논으로 산화하고, 과산화수소를 생성하는 과산화효소는 활성이 강한 유리기를 방출해 페놀계 화합물을 리그닌 유사물질로의 중합화(polymerization)를 가속화하지. 또한 식물 세포벽과 돌기(papillae)에 집적되면 병원균의 생장과 발육을 방해한단다.

유도저항성

교수님! 유도저항성(induced resistance)은 어떤 개념이죠?

병원균의 감염이나 화학물질의 처리에 의해 발현되는 저항성을 유도저항성이라고
해.

그러면, 유도저항성은 국부적으로 발현되죠?

꼭 그렇지는 않아! 감염된 식물 괴사부위 주변에 발현되는 저항성을 국부적 획득저
항성(local acquired resistance)이라 하고, 감염되지 않은 식물 말단부까지 전신적으
로 퍼지면 전신적 획득저항성(systemic acquired resistance)이라 한단다.

어떤 물질이 전신적 획득저항성을 발현시키죠?

살리실산, 이소니코틴산(isonicotinic acid), 벤조티아졸(benzothiazole), 아라키돈산
(arachidonic acid), DL-β-AminoButyric Acid(BABA) 등을 뿌리 처리, 엽면 살포, 줄
기 주입으로 식물에 전신적 획득저항성을 유도하지.
그밖에 살균제 포세틸-알(fosetyl-AL), 메탈락실(metalaxyl), 트리아졸(triazole) 등도
저항성 유도 활성을 가진단다.

전신적 획득저항성은 비특이적으로 작동하죠?

그래! 비특이적으로 작동하는 전신적 획득저항성은 모든 종류의 식물병원체가 일으
키는 발병을 떨어트리지.

과민성 반응과 전신적 획득저항성은 어떤 관계죠?

과민성 반응이 발현되면 식물체에서 전신적 획득저항성이 생성된단다.

교수님! 전신적 획득저항성 유전자 산물은 항균 활성을 가지죠?

 그렇고말고! 토마틴(Thaumatin), PR-1 단백질과 베타 글루칸 분해효소(β-1, 3-glucanase), 키틴분해효소, cysteine-rich protein 등 전신적 획득저항성 유전자 산물은 직접적 항균 활성을 가지거나, 항균 활성 단백질과 밀접하게 관련되어 있단다.

유전자 대 유전자설은
기주식물의 저항성이나 감수성을 결정해 주는
개개 유전자에 대응해서
기생체에는 비병원성이나 병원성을 결정해 주는
상응하는 특이적 유전자가 있다는 개념이란다

06 │ 식물병의 유전

배나무 검은별무늬병

1. 식물병 유전정보

 교수님! 유전정보는 어디에 있나요?

 모든 생물체는 DNA(Deoxyribose Nucleic Acid)에 유전정보를 내장하고 있어. 핵 속의 염색체(chromosome)에 대부분 DNA는 존재한단다.

 진핵생물 세포에서 유전정보는 어디에 내장돼 있나요?

 진핵생물 세포는 염색체뿐만 아니라 미토콘드리아에도 DNA를 가지고 있단다.

 식물세포에서 유전정보는 어디에 내장돼 있나요?

 식물세포는 핵과 미토콘드리아 DNA 외에 엽록체에도 DNA를 가지고 있단다.

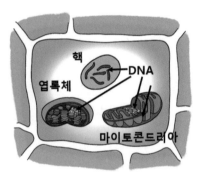

 원핵생물 세포에서 유전정보는 어디에 내장돼 있나요?

 세균과 몰리큐트처럼 원핵생물에는 단 하나의 염색체가 세포질에 존재해.

 교수님! 원핵생물 세포에서 염색체 외에는 DNA가 더 없나요?

 많은 원핵생물과 일부 진핵생물은 플라스미드(plasmid)라부르는 작은 환형 DNA를 세포질에 가지고 있어.
플라스미드 DNA도 유전정보를 가지고 있지만, 염색체 DNA로부터 독립적으로 증식하고 이동한단다.

 그런데 RNA에는 유전정보가 없나요?

물론 RNA 바이러스 유전정보가 RNA(Ribose Nucleic Acid) 내에 들어 있지.

 교수님! 유전자(gene)가 뭐예요?

 유전자는 하나의 단백질을 암호화하거나 하나의 RNA를 암호화하는 한 분절의 DNA 분자란다.

 병원체가 기주식물체에 병을 일으킬 수 있는 과정에도 유전자가 관여하나요?

 그렇고말고! 특정 기주식물체에 대한 병원성, 특이성 및 병원력을 발현할 수 있는 1개 이상 유전자가 병원체에 존재하기 때문이야.

 병원체의 유전자와 기주식물체의 유전자가 서로 관련이 있나요?

 그래! 병원력 유전자는 소수 식물체에만 특이적이지. 특정 병원체에 대해 감수성이 되도록 하는 식물 유전자도 그 병원체에 대한 기주식물체에만 존재한단다.

2. 병원체의 변이기작

돌연변이

 교수님! 병원체에서도 유전적 변이가 생기죠?

 유성생식을 하는 병원체의 유전적 변이는 주로 접합체가 감수 분열하는 동안 유전자 분리와 재조합을 통해 생기지만, 때로는 유성생식 과정 없이 변이체를 만들기도 해.

 그러면, 유전적 변이는 어떻게 생기죠?

병원체에서 유전적 변이는 다음과 같은 여섯 종류의 기작에 의해 생긴단다.
① 돌연변이 ② 교잡 ③ 세포질유전 ④ 이핵현상 ⑤ 준유성생식 ⑥ 이수성

 돌연변이(mutation)는 왜 생기죠?

 돌연변이는 다음 세대로 유전되는 유전물질의 급격한 변화로 자연계에서나 인공배지에서도 병원체 돌연변이는 자주 일어나지.

 그런데 돌연변이는 어떻게 생기죠?

 돌연변이는 DNA 염기 치환/부가/삭제, 특정 부위 DNA 증폭, 전이인자(transposable element) 삽입/절단, DNA 조각 역위 등을 통해 일어난단다.

 돌연변이는 모든 생물체에서 생기죠?

 돌연변이는 유성생식 또는 무성생식만을 하거나, 유성생식과 무성생식을 모두 하는 생물체에서 자연적으로 생기지.

 돌연변이는 즉시 발현되죠?

 반드시 그렇지는 않아! 세균, 곰팡이의 반수체 균사, 바이러스에서는 돌연변이가 발생한 즉시 발현되지. 그러나 대부분의 돌연변이는 열성이기에 2배체나 2핵 생물의 돌연변이는 잡종(hybrid) 세대에서는 발현되지 않아.

 돌연변이 빈도는 가변적이죠?

 그럼! 돌연변이가 일어나는 빈도는 종 또는 레이스, 환경조건 및 돌연변이 유기제에 따라 달라진단다.

 돌연변이는 어디에 영향을 미치죠?

돌연변이는 병원체 형태와 병원성을 포함한 여러 생리적 특성에 영향을 미친단다.

 돌연변이는 자주 일어나죠?

 그렇지는 않아! 병원성 돌연변이는 자주 일어나지 않아. 그러나 수많은 병원균 후대가 생성되므로 자연계에서 많은 돌연변이균이 매년 발생한단다.

 돌연변이로 새로운 레이스가 생겨 종전까지 저항성이던 품종을 침범한 사례가 있죠?

 유전적으로 균일한 저항성 품종이 수년 동안 넓은 면적에 재배되면서 돌연변이로 병원력이 강한 새로운 레이스가 생겼지. 종전까지 저항성이었던 품종을 침범한 병원균으로 '감자 역병균', '토마토 잎곰팡이병균', '아마 녹병균', '옥수수 깨씨무늬병균', '벼 도열병균' 등이 보고되었단다.

 교수님! 병원체에서 생기는 교잡(hybridization)은 어떻게 생기나요?

 교잡은 식물, 곰팡이, 선충이 유성생식을 하는 동안 약간 다른 유전물질을 가진 두 반수체(1N) 핵이 접합체라고 부르는 2배체(2N) 핵을 형성할 때마다 일어난단다.

 교잡이 생긴 후 2배체 상태로 있나요?

 아냐! 접합체는 감수분열을 통해 배우자, 포자 또는 균사 형태의 새로운 반수체 세포를 형성해.

 반수체 세포를 형성할 때 유전자 재조합이 일어나나요?

 접합체가 감수분열을 할 때, 쌍을 이룬 한쪽 염색체의 염색분체 부분이 다른 염색체의 염색분체 부분과 교환되는 유전적 교차 현상의 결과로 유전자 재조합이 일어난단다.

유전자 재조합이 일어난 결과는 후대에 유전되나요?

 감수분열 후 발생되는 반수체 핵이나 배우자는 유사분열해 균사와 포자를 형성한 결과, 유전적으로 다소 상이하지만 비교적 동질적인 개체를 생성해. 다음 유성생식 때까지 무성적으로 큰 개체군을 만들지.

 그러면 교잡은 어떤 집단에서 생기나요?

 교잡은 레이스간, 종내, 종간 또는 속간에서도 일어나. 교잡종에는 병원성이 다른 것이 생길 수 있는데, 실제로 포장에는 다양한 레이스가 섞여 있으므로 교잡 기회는 대단히 크단다.

 교잡에 의해 새로운 레이스가 생긴 사례가 있나요?

 교잡에 의해 '밀 줄기녹병균', '밀 비린깜부기병균', '사과나무 검은별무늬병균', '수수속깜부기병균', '수수 실깜부기병균' 등에서 새로운 레이스가 생겼다고 보고되었어.

세포질유전

 병원체에서 염색체가 아닌 부위를 통해서도 유전되죠?

 그래! 식물체나 병원체는 핵 외에 플라스미드, dsRNA, 미토콘드리아 DNA 등에 의해 조절되는 염색체외 유전으로 생리적 과정을 수행할 능력을 획득한단다.

 세포질유전(cytoplasmic inheritance)은 어떤 현상이죠?

 세포질유전은 염색체가 아닌 세포질을 통해 유전되는 현상이지.

 세포질유전은 모든 생물에서 일어나죠?

그렇단다! 바이러스나 바이로이드를 제외한 모든 생물에서 세포질유전이 일어난단다.

 세포질유전은 멘델의 법칙을 따르죠?

 아냐! 세포질유전은 멘델의 법칙을 따르지 않아. 그래서 돌연변이를 발견하기가 매우 어렵단다.

 병원체는 세포질유전으로 어떤 능력을 취득하죠?

 병원체는 독소에 대해 견딜 능력, 생장을 위해 새로운 물질을 이용할 능력, 기주식물에 대한 병원력 등이 세포질에서 유전물질 변이를 통해 취득하지.

 식물체에서는 세포질유전으로 어떤 형질이 유전되죠?

 식물체에서도 병원체에 대한 저항성, 감수성 등의 여러 형질이 세포질유전으로 유전된단다.

 식물체의 저항성과 병원체의 병원력이 세포질유전으로 유전되는 사례가 있죠?

 그래! 정상 세포질을 가진 옥수수는 '옥수수 깨씨무늬병균'과 '옥수수 깨씨무늬병균 레이스 T'가 생성하는 T-독소에 저항성이지. 그러나 텍사스 웅성불임 세포질을 가진 옥수수는 '옥수수 깨씨무늬병균 레이스 T'와 T-독소에 감수성이야.
'옥수수 깨씨무늬병균 레이스 T'의 T-독소를 생성하는 능력과 Tms 세포질을 가진 옥수수에 대한 병원력은 하나의 같은 유전자에 의해 조절되고, 세포질유전자로 모계유전 돼.

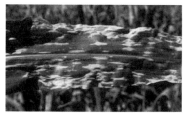

옥수수 깨씨무늬병 잎 병징
(출처: 식물병리학)

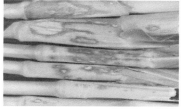

옥수수 깨씨무늬병 줄기 병징
(출처: 식물병리학)

교수님! 병원체에서 일어나는 이핵현상(heterocaryosis)은 어떤 현상인가요?

 이핵현상은 수정 또는 균사융합의 결과로 곰팡이 균사 또는 포자의 한 세포 내에 유전적으로 다른 2개 이상의 핵을 갖는 현상을 일컫는단다.

 이핵현상은 모든 생물에서 일어나나요?

 이핵현상은 많은 곰팡이에서 일어나는데, 배양 또는 기주식물체에서 병원성을 비롯한 여러 특성의 변이를 일으키지.

 이핵현상은 담자균에서 흔한 현상인가요?

 그래! 담자균에서 2핵 상태는 반수체 균사나 포자와는 큰 차이를 나타낸단다.

 이핵현상이 알려진 사례가 있나요?

 '밀 줄기녹병균'에서 반수체의 담자포자는 매발톱나무만 침해하고, 밀을 침해하지 못해. 그러므로 오직 매발톱나무에서만 자랄 수 있어. 2핵 녹포자와 여름포자는 밀은 침해하지만, 매발톱나무는 침해하지 못하므로 오직 밀에서만 자랄 수 있지. 2핵균사는 매발톱나무는 물론 밀에서도 자랄 수 있어.

 그래서 '밀 줄기녹병균'이 밀과 매발톱나무를 오가면서 생활하는 기주교대를 하는군요!

 그래! '밀 줄기녹병균'도 기구한 운명을 타고난 셈이란다.

준유성생식

 교수님! 병원체에서 일어나는 준유성생식(parasexualism)은 어떤 현상이죠?

 준유성생식은 유성세대가 없는 불완전균류의 영양균사에서 마치 유성생식과 같은 유전적 재조합이 일어나는 현상을 일컫는단다.

 그런데 준유성생식은 어떻게 일어나죠?

 균사에서 2개 핵(N)이 가끔 합쳐져서 2배체 핵(2N)을 형성해 증식하는 동안에 체세포분열 과정에서 교차가 일어나며, 2배체 핵(2N)이 점진적으로 그리고 빠르게 각각의 염색체를 잃어서 반수체(N)로 돌아갈 때 유전적 재조합이 일어난단다.

 준유성생식은 자주 일어나죠?

 그래! 균사융합이나 수정으로 2핵세포를 형성하는 균사 주위에서 곰팡이가 함께 생장한다면 준유성생식 빈도와 이를 통한 유전적 변이는 유성 생식을 통한 유전적 변이를 능가할 수 있지.

 준유성생식이 알려진 사례가 있죠?

 그럼! 준유성생식이 알려진 병원균은 '완두 시들음병균', '알팔파 줄기마름병균', '보리 점무늬병균' 등이야.

이수성

 교수님! 병원체에서 일어나는 이수성(heteroploidy)은 어떤 현상인가요?

 이수성은 정상적 핵당 염색체수, 즉 1N 또는 2N이 아닌 다른 개수의 염색체를 가지는 세포나 조직 또는 개체를 일컫는단다.

 그러면 이수성은 어떻게 일어나나요?

 이수체는 반수체, 2배체, 3배체, 4배체이거나, 정상적인 염색체보다 1, 2, 3 또는 그 이상의 염색체를 가지고 있거나, 정상보다 1, 2, 3 또는 그 이상의 염색체를 잃어서 생긴단다.

 이수성은 병원체에 어떤 영향을 미치나요?

 곰팡이에서 흔히 발견되는 이수체는 생장 속도, 포자 크기, 포자형성 속도, 균사 색, 효소활성, 병원성 등에 영향을 미친단다.

 이러한 이수성이 알려진 사례가 있나요?

 '목화 반쪽시들음병균' 등에서 이수성이 알려졌어

3. 세균의 변이기작

 교수님! 세균은 어떻게 유전적 변이를 일으키죠?

 유성 생식과 유사하게 세균의 유전적 변이는 다음과 같이 3종류의 기작에 의해 일어난단다.
① 접합 ② 형질 전환 ③ 형질 도입

 세균의 유전적 변이는 수직적으로만 유전되죠?

 그렇지 않아! 세균의 유전적 변이에 의한 유전물질 이동은 같은 종 또는 속의 세균에 국한되는 수직적 유전자 이동만 하지는 않는단다.

그러면 수평적으로 유전되는 사례가 있겠네요?

 그럼! '과수 뿌리혹병균(*Agrobacterium tumefaciens*)'은 분류학상 계의 범주를 넘어 식물에도 유전자를 전달하는 수평적 유전자 이동을 한단다.

 접합(conjugation)은 어떤 방법이죠?

 접합은 친화성을 가진 두 세균이 서로 접촉해 접합필리를 통해 일방적으로 한쪽 세균의 염색체 일부나 플라스미드 등 유전물질인 DNA를 받아들인 세포는 두 세균이 가졌던 유전형질의 조합을 이루어 후대에 다른 성질을 전하는 유전적 변이기작이란다.

 형질 전환(transformation)은 어떤 방법이죠?

 형질 전환은 같은 서식지에 세균들이 혼재해 있다가 어느 세균이 분비했거나 세포가 파괴되었을 때, 세포 밖으로 빠져나온 DNA를 다른 세균이 흡수해 일어나는 유전적 변이기작이야.

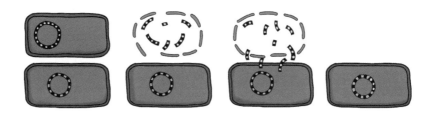

 형질 도입(transduction)은 어떤 방법이죠?

 형질 도입은 세균에 기생하는 바이러스의 일종인 박테리오파지(bacteriophage)에 의해 이루어지는 유전적 변이기작이란다.

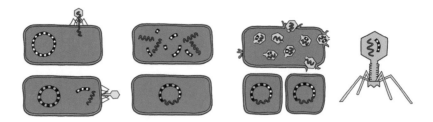

 형질 도입은 어떻게 유전적 변이를 일으키죠?

 기주 세균의 종류 또는 계통에 따라 용균을 일으키는 감수성 세균과 용균을 일으키지 않는 저항성 세균이 있지. 감수성 세균에서 용균을 일으킨 박테리오파지가 저항성 세균에 침입해 용균을 일으키지 못하면, 감수성 세균의 유전물질을 저항성 세균에게 옮겨준 역할을 한 셈이 된단다.

4. 병원체의 생리적 분화

 교수님! 병원체는 어떻게 생리적 분화를 하나요?

 작물에 여러 품종이 있듯이 병원체에도 형태적으로 같은 종이면서 특정 식물 또는 품종에만 병을 일으키는 등 병원성 및 기타 생리적 성질이 다른 현상이 있어. 이를 병원균의 생리적 분화라고 한단다.

 생리적 분화로 생긴 병원균 학명은 어떻게 표기하나요?

 동일 종에 속하는 식물병원균 중에서 기주 범위가 다른 개체군을 각각 분화형(forma specialis)이라 하는데, 약어로 식물병원균 학명 뒤에 'f.sp.'라고 표기하고 종명처럼 분화형명을 추가한단다.

 교수님! 잘 이해가 안 되는데, 예를 들어 설명해 주세요!

그러자꾸나! '맥류 줄기녹병균(*Puccinia graminis*)'은 고유의 특정한 형태적 특징을 가지고 있어서 종(species)으로 분류되지 않니?

그런데 말이야. '맥류 줄기녹병균(*Puccinia graminis*)' 중에서 밀이나 보리 또는 귀리만을 각각 침해하고 다른 맥류 작물은 침해하지 못하는 개체들이 있어.

이렇게 '맥류 줄기녹병균(*Puccinia graminis*)' 중에서 기주 범위가 다른 개체군을 분화형으로 세분하고, 예를 들어 귀리만 침해하면 '*Puccinia graminis* f.sp. *avenae*', 보리만 침해하면 '*Puccinia graminis* f.sp. *hordei*', 밀과 보리를 침해하면 '*Puccinia graminis* f.sp. *tritici*', 호밀과 보리를 침해하면 '*Puccinia graminis* f.sp. *secalis*' 등으로 명명한단다.

아! '*tritici*', '*secalis*', '*avenae*' 등의 분화형명은 기주식물 학명에서 유래하는군요! 이제 이해가 되네요! 감사합니다!

분화형에서도 기주식물의 특정 품종만을 침해하고, 다른 품종들은 침해하지 못하는 개체군을 레이스(race)라고 해.

분화형은 기주식물의 종에 따른 병원성의 차이, 레이스는 품종에 따른 병원성의 차이로 세분하네요!

그렇단다!

레이스를 다른 용어로도 표현하나요?

그래! 연구자에 따라서는 병원성을 위주로 하기에 병원품종(pathogenic form, pathogenic race), 병원형(pathotype), 생태종(biologic form), 균형(race)이라고도 하지만 레이스란 용어가 가장 보편적으로 사용돼.

레이스는 다시 세분할 수도 있나요?

가끔 특정 레이스의 다음 세대 개체가 이전에는 침해할 수 없었던 품종을 갑자기 침해해 병을 일으키거나, 새로운 품종을 침해하는 변이주(variant)에 의해 무성적으로 형성되는 똑같은 개체군을 생물형(biotype)이라고 해. 각 레이스는 하나 이상의 생물형으로 구성되어 있단다.

생물형은 유전적으로 균일한 최종적인 생물 단위로군요!

그렇단다! 이같이 분화형, 레이스, 생물형을 총칭해 생리적 품종(physiologic race)이라고도 한단다.

레이스는 어떻게 판별하나요?

병원체의 개개 레이스에 대해 저항성 반응이 뚜렷하게 다른 여러 가지 품종으로 된 기주식물의 판별품종(differential variety)에 대한 병원성에 따라 레이스를 유별한단다.

교수님! 레이스의 수는 병원균에 따라 일정하나요?

판별 가능한 레이스는 사용하는 판별품종 수와 유전적 다양성에 따라 달라지지. 이론상 판별품종 n개의 저항성 유전자가 있다면, 저항성과 감수성 두 가지 표현형을 가지지. 그러므로 2^n개의 레이스를 유별할 수 있어.

와! 판별품종이 많으면 많을수록 엄청난 수의 레이스가 유별되겠네요!

'감자 역병균(*Phytophthora infestans*)'의 레이스는 국제적 명명법을 채택하는데, R1, R2, R3, R4의 4개 저항성 유전자 조합으로 16개의 유전자형을 이용해 16개의 레이스로 유별할 수 있단다.

그러면 다른 병원균에서도 레이스를 유별하나요?

'밀 줄기녹병균(*Puccinia graminis* f.sp. *tritici*)'의 레이스는 12개 판별품종에 따라 약 300개의 레이스가 알려졌어.

벼 도열병'에서도 레이스를 유별하나요?

벼 도열병균(*Pyricularia oryzae*)' 레이스는 14개 일본 판별품종으로 T, C, N군으로 분류하고, 그밖에 국제 판별품종, 한국 판별품종, 필리핀 판별품종 등으로 각각 유별하고 있지.

교수님! 세균병에서도 레이스를 유별하죠?

'벼 흰잎마름병균(*Xanthomonas campestris* pv. *oryzae*)'에는 I~V군까지 4개의 병원형이 보고되었단다.

식물병원세균에서 병원형은 곰팡이에서 레이스와 같은 개념이죠?

그렇단다!

병원균의 기주범위가 변하는 새로운 생물형이 출현하면 어떻게 되죠?

새로운 생물형이 널리 재배되는 품종을 침해할 능력을 잃은 균주라면 그 존재가 알려지기도 전에 스스로 소멸되겠지.

만약에 새로운 생물형이 저항성인 품종에서 생존할 수 있는 유일한 계통이라면 어떻게 되죠?

새로운 생물형이 저항성 품종에서 경쟁 없이 증식하면서 널리 전반돼 저항성을 파괴하는 저항성 역전(broken-down)을 초래하게 돼.

교수님! 저항성 역전이 뭐예요?

인간이 새로운 저항성 품종을 육성할 때마다 작물에 비해 유전체의 크기가 작아서 쉽게 변이를 일으키는 병원체는 새로운 레이스를 출현시켜. 그렇게 병을 일으켜 저항성을 무너뜨리는 현상을 저항성 역전이라 일컫는단다.

저항성 역전 현상은 왜 발생하나요?

병원체는 특정 병에 저항성을 지닌 새 품종을 육성해 나가는 인간에 대항하는데, 저항성 역전 현상은 병원체가 그 저항성을 무너뜨릴 강한 병원성을 가진 레이스를 출현시켜 진화를 거듭해 생기는 현상이야.

 결국 인간이 새로운 저항성 품종을 육성하기 때문에 병원체는 살아남기 위해 진화를 하는군요?

 그럼! 그래서, 이러한 진화 현상을 인간이 유도하는 진화(man-guided evolution)라고 해.

 저항성 역전 현상이 발생한 사례가 있나요?

 1978년 '벼 도열병균'에 의해 통일벼 품종에서 저항성 역전 현상이 발생한 적 있어. '벼 도열병균'의 새로운 레이스가 출현해 수직저항성이 무너지면, 감수성 품종보다 더 피해를 보는 현상, 즉 '버티폴리아 효과(Vertifolia effect)'가 드러난 대표 사례야.

 허문회 교수님이 육성한 통일벼에서 버티폴리아 효과가 나타났군요?

 그래! 1966년 허문회 교수님이 육성한 통일벼는 1999년 과학자들 설문 조사에서 '우리나라 과학의 10대 성취'로 선정되기도 했지. 어쨌든 통일벼는 '벼 도열병'에 저항성이고 다수확품종이어서 전국적으로 단기에 급속도로 재배가 확대되었어. 그러나 유전적 균일성 때문에 1978년 저항성 역전에 의한 '벼도열병' 에피데믹(epidemic)으로 완전히 몰락해 버렸단다.

 외국에서도 저항성 역전 현상이 발생한 사례가 있나요?

 1970년 미국에서 텍사스 웅성불임 세포질을 가진 잡종 옥수수에서 '옥수수 깨씨무늬병균 레이스 T'에 의한 '옥수수 깨씨무늬병'이 대발생했어. 미국에서 생산되는 옥수수의 15%가 감소했는데, 수량 손실액이 약 10억 달러로 추산됐지.

 이러한 저항성 역전 현상은 앞으로도 계속 발생하겠네요?

그렇고말고! 인간은 병에 걸리지 않게 작물을 육성하고, 병원체는 저항성을 무너뜨리려고 돌연변이를 일으키는 줄다리기가 끊임없이 일어나겠지.

5. 병원성의 유전

 교수님! 병원체의 병원성은 어떻게 유전되죠?

 병원체의 병원성은 단일, 소수, 다수 유전자에 의하거나 세포질적으로 유전된단다.

 병원체에서 병원성 유전자는 우성이죠?

 아니란다! 병원체에서 병원성은 열성으로 유전된단다.

 병원체의 병원성은 독립적으로 유전되죠?

 그래! 보통 병원성 유전자는 연관되어 있지 않고, 독립적으로 유전된단다.

 병원체 변이는 작물에서 많이 발생하죠?

 그래! 병원체의 높은 증식률 때문에 인간이 조정해 유지하는 작물보다 자연에서 유전적 변이가 훨씬 높단다.

 그러면, 병원체 변이는 어떻게 발생하죠?

 돌연변이를 비롯해 유성생식과 준유성생식을 통해 새 병원성을 보일 수 있는 새로운 유전자형이 나타난단다.

 교수님! 비병원성 유전자가 무엇이죠?

병원균에서 병원성을 나타내지 않는 유전자를 비병원성(avirulence, avr) 유전자라고 해.

 비병원성 유전자의 기능은 무엇이죠?

 비병원성(avr) 유전자가 기주식물의 특정 품종에 발병을 결정하기 때문에 병원균의 기주범위를 결정한단다.

 비병원성 유전자는 작동하죠?

 비병원성 유전자가 만드는 Avr단백질은 과민반응 병원성(hypersensitive response and pathogenicity, hrp) 유전자에 의해 만들어지는 단백질, 즉 Hrp단백질(harpins)을 형성하는 세포막 구멍을 통해 분비되면 유도인자 역할을 하지. Avr단백질이 병원균의 세포질에 위치하면, 효소적으로 작용해 생성된 유도인자가 병원균 세포막을 자유롭게 통과해. 따라서 식물 저항성 유전자 산물과 직접 또는 간접적으로 반응하게 된단다.

 비병원성 유전자가 분리된 사례가 있죠?

 '콩 세균점무늬병균'에서 avrD유전자, '토마토 잎곰팡이병균'에서 avr9, avr4 유전자가 분리되었지.
'TMV'에서는 저항성 유전자를 가진 'Nicotiana sylvestris'의 과민성 반응을 일으키는 비병원성 기능이 'TMV'의 외피단백질의 아미노산에 있단다.

 교수님! hrp 유전자가 무엇인가요?

 세균이 기주식물에 병을 일으키고, 저항성 식물에 과민성 반응을 일으키며, 감수성 식물에서 증식하는데 필요한 hrp 유전자는 그람음성 세균에서만 알려져 있단다.

 hrp 유전자 전사는 어떻게 조절되나요?

hrp 유전자 전사는 특정 영양소, 다른 세균 조절유전자 또는 식물유래 신호 물질에 의해 조절된단다.

 hrp 유전자 산물은 어떤 역할을 하나요?

 hrp 유전자 산물은 세균 세포막에 위치하는 harpin이라고 부르는데, 세포막에서 식물세포 구성요소와 상호작용하는 세균 *Avr* 또는 *Pth*(병원성) 단백질의 세포 밖 이동에 관여하는 분비기관을 만드는 역할을 해.

 hrp 유전자와 avr 유전자 발현은 어떻게 조절되나요?

 'Pseudomonas syringae' 등의 세균에서 *hrp* 유전자와 *avr* 유전자 발현을 한 개의 촉진자(promoter) 유전자가 조절해 식물-세균 상호작용의 최종 결과를 결정하지.

 병원체는 병원성 관련 유전자를 가지고 있나요?

 당연하지! *avr* 유전자나 *hrp* 유전자를 가지는 것과 관계없이 병을 일으키는데 필수적인 병원성 요소나 병원력을 높이는데 필요한 병원력 요소를 생성케 하는 부수적 유전자를 가지고 있단다.

 교수님! 병원성 요소가 병발생에 관여하죠?

 그럼! 병발생 결정적 단계에서 병원성(*pat*) 유전자와 병특이적 유전자(*dsp*)에 의해 생성되는 병원성 요소가 관여해.

 병원성 요소는 어떤 것이 있죠?

 식물-병원체 상호작용에서 병원체가 생성하는 식물 세포벽 분해효소(cutinase), 독소, 생장조절물질, 다당류, 사이드로포어(siderophore), 멜라닌(melanin) 등이 식물병을 일으키는데 필수적인 병원성 요소인 경우가 있단다.

병원성 요소가 발병에 필수적이죠?

 반드시 그렇지는 않아! 식물-병원체 시스템에서 이 병원체 물질은 발병에 도움이 돼. 그러나 필수가 아닌 경우에는 병원력 요소 역할을 하며 병원체 표면에 존재하거나, 외부로 분비되어 병원체 생장에 영향을 준단다.

6. 병저항성의 유전

 교수님! 병저항성은 어떻게 유전되나요?

 작물 종의 개개 품종의 유전체(genome)에 강도가 다른 병저항성 유전자는 대립유전자 (allele) 이외의 유전자 작용에 의해 피복되거나, 부가적으로 상호작용하면서 유전되지.

 병저항성에는 다수 유전자가 관여하나요?

 하나의 저항성에 하나 이상의 유전자가 관여할 수 있어.

 먼저, 소수 유전자에 의해 조정되는 소수 유전자 저항성(monogenic, oligogenic resistance)은 어떤 특징을 가지나요?

 소수 유전자 저항성은 비교적 큰 효과를 지닌 단일 우성유전자(single dominant gene)에 의해 결정된단다.

 그러면 레이스에 대해 소수 유전자 저항성은 어떤 반응을 나타내나요?

 소수 유전자 저항성은 대부분 레이스에 의존적으로 반응을 하는 특성을 나타낸단다.

 그럼, 다수 유전자에 의해 조정되는 다수 유전자 저항성(polygenic resistance)은 어떤 특징을 가지나요?

다수 유전자 저항성은 작은 효과를 지닌 많은 유전자가 공동효과를 통해 저항성을 나타낸단다.

 그렇다면 레이스에 대해 다수 유전자 저항성은 소수 유전자 저항성과는 다른 반응을 나타내나요?

 그렇지! 다수 유전자 저항성은 병원체의 다수 레이스에 대해 효과적이란다.

 병저항성이 단일 우성인자로 지배되는 식물병이 있나요?

 그래! 병저항성이 단일 우성인자로 지배되는 식물병으로 '벼 도열병'은 물론 '상추 노균병', '오이 검은별무늬병', 레드클로바 흰가루병', '완두 시들음병', '토마토 시들음병' 등을 꼽을 수 있어.

 병저항성이 단일 열성인자로 지배되는 식물병도 있나요?

 그럼! '밀 줄녹병', '완두 흰가루병', '콩 세균점무늬병' 등이 단일 열성인자로 지배되는 식물병이지.

 기주식물체에서 병저항성을 발현시키는 신호는 어떻게 전달되나요?

 비병원성(avr) 유전자가 생성하는 유도인자 분자를 저항성 유전자의 특이적 식물 수용체가 인식하면, 다음과 같이 기주식물체에서는 신호전달체계가 작동한단다.
① 유도인자 분자 인식 → ② 하나 이상의 kinase 효소 활성화 → ③ 인산화 과정으로 에너지 공급 → ④ 신호 물질 증폭 → ⑤ 다른 kinase 효소 활성화 → ⑥ 과민성 반응 → ⑦ 저항성 발현

 기주식물체에서 병저항성은 국부적으로만 발현되나요?

 아나! 과민성 반응 후 병원체 공격 부위에서 멀리 떨어진 식물체 및 근접 부위에 다양한 전신획득저항성(Systemic Acquired Resistance, SAR)이 나타나기도 한단다.

교수님! 병저항성은 어떤 종류가 있죠?

 1968년 반 데르 플랭크(Van der Plank)는 역학적으로 식물체에 존재하는 병저항성을 수직저항성(vertical resistance), 수평저항성(horizontal resistance)으로 분류했단다.

 수직저항성은 어떤 개념이죠?

 수직저항성은 특정 레이스에 효과가 크기에 레이스 특이적 저항성(race-specific resistance), 소수 유전자에 의해 지배되는 경우가 많으므로 소수 유전자 저항성 (oligogenic resistance)이라고도 한단다.

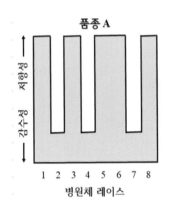

 수직저항성을 일컫는 다른 이름도 있죠?

 그렇고말고! 주동유전자 저항성(major-gene resistance)과 판별적 저항성(differential resistance), 그리고 질적 저항성(qualitative resistance)이라고도 해.

 수직저항성은 어떤 특징을 가지고 있죠?

 수직저항성은 질적으로 효과가 있어 병원체의 특정한 레이스에 대해 완전하게 보호해주지. 그러나 다른 레이스에는 작용하지 않는단다.

 수직저항성의 장점은 무엇이죠?

 수직저항성은 유전양식이 비교적 간단해. 외부환경에 대해 안정하고, 그 병징도 뚜렷하지. 그래서 육종가들이 즐겨 선택해 왔어.

수직저항성은 언제 소실되죠?

 수직저항성을 붕괴할 새로운 레이스가 출현하면 수직저항성 효과가 소실돼. 수직저항성 효과가 크면 클수록, 저항성 품종의 재배면적이 넓으면 넓을수록, 저항성 품종의 재배지역이 더 격리될수록 새로운 레이스에 대한 선발압이 커져 수직저항성 효과를 더 빨리 소실하게 된단다.

 새로운 레이스 출현으로 수직저항성이 무너지면 감수성 품종보다 더 피해를 많이 보는 버티폴리아 효과가 생기겠군요!

 그렇다마다! 혜지 학생답게 기특하게도 저항성 역전 현상이 초래하는 버티폴리아 효과를 기억하고 있구나!

 그럼요! 수평저항성은 어떤 개념이죠?

 수평저항성은 모든 레이스에 대해서 어느 정도 작용하기 때문에 레이스 비특이적 저항성(race-nonspecific resistance), 대체로 다수 유전자로 지배되는 경우가 많아. 그래서 다수 유전자 저항성(polygenic resistance)이라고도 해.

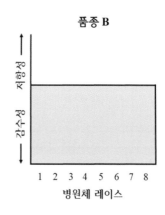

 수평저항성을 일컫는 다른 이름도 있죠?

 그래! 미동유전자 저항성(minor-gene resistance), 일반적 저항성(generalized resistance), 양적 저항성(quantitative resistance)이라고도 하지.

 수평저항성과 유사한 또 다른 이름도 있죠?

 수평저항성 식물에서는 병원균의 포자형성, 감염 시간을 지연해 식물을 재배하는 포장에서 수확기까지 병이 서서히 진전돼, 그래서 포장저항성(field resistance)이라고도 해.

성체식물 저항성도 수평저항성이죠?

 식물체의 성숙에 따라 저항성 효과가 증대되는 성체식물 저항성(adult-plant resistance)도 수평저항성의 일종이야.

 수평저항성은 어떤 특징을 가지고 있죠?

 수평저항성은 모든 레이스에 대해서 어느 정도 작용해. 그러나 수직저항성처럼 효과가 크지 않고, 발병에 알맞은 환경에서 저항성이 무너지기 쉬운 단점이 있어.
수평저항성 식물에서는 병원균의 포자형성, 감염, 병 진전이 늦단다.

 그러면 수평저항성의 장점은 무엇이죠?

 수평저항성은 복잡해서 육종에 어려움이 많아. 그러나 모든 레이스에 대해 작용하므로 새로운 레이스 선발 위험이 제지되지. 충분히 고도 수준의 지속적 저항성(durable resistance)과 안정한 저항성(stable resistance)을 제공해 줘 최적수량을 가져올 수 있단다.

 교수님! 그러면 이론적으로 수직저항성과 수평저항성을 함께 도입해 장단점을 보완하면 저항성 품종 지속 효과를 높일 수 있겠네요?

 그렇고말고! 역시 혜지 학생답게 지혜로운 생각이구나!
그런 아이디어에서 다계품종(multiline cultivar)을 도입해 육성하기도 한단다.

 교수님! 다계품종은 어떤 개념이죠?

 다계품종은 재배학적 특성이 비슷하지만 상이한 수직저항성 유전자를 지닌 다수의 isogenic line 혼합체야.
다계품종을 재배하면 새로운 레이스 출현 가능성이 줄어들기 때문에 여러 레이스의 침해를 저지할 수 있어 저항성 품종의 지속 효과를 높일 수 있단다.

내병성과 병회피

 교수님! 내병성(disease tolerance)은 어떤 개념인가요?

 내병성은 감수성 식물체가 병에 걸렸지만 이를 극복하고 양호한 수확량을 생산할 수 있는 식물체 능력을 일컫지.

 내병성은 어떻게 발현되나요?

 내병성은 기주식물의 특이적 유전 특성에 의해 나타나. 내병성 식물에서 병원체가 생장하고 증식하지만, 병원체 작용을 불활성화해 생산성을 유지하지.

 내병성 식물은 외관상 감수성을 나타내나요?

 그래! 내병성 식물은 병원체에 대해 감수성이지. 그러나 병원체에 의해 죽지 않고 피해를 보이지 않아.

 그렇군요! 내병성 식물은 흔한 현상인가요?

 대부분의 기주-기생체 조합에서 내병성 식물이 있으며, 식물-바이러스 감염에서 내병성이 가장 흔하지.

 교수님! 병회피(disease escaping)는 어떤 개념인가요?

 병회피는 발병에 필요한 세 가지 전제조건이야. 감수성인 기주식물, 병원력이 강한 병원체 및 적합한 환경조건이 적절한 시기에 마련되지 않아 감수성 식물이지만 감염되지 않는 현상을 일컫는단다.

 병회피는 어떤 조건에서 발생하나요?

병회피는 병원체 생육보다 식물체 생육에 훨씬 적합한 기온 범위 또는 강우량이나 낮은 습도로 수분이 부족할 때 가장 쉽게 일어나지.

 토양병에서 병회피는 어떤 조건에서 발생하나요?

 종자가 빨리 발아하거나, 유묘가 조기에 경화되거나, 발병에 적절한 온도나 습도가 조성되지 않으면, 토양병을 회피할 수 있지.

 병회피가 일어나는 사례는 어떤 것이 있나요?

 '무/배추 무사마귀병'은 알칼리 토양과 건조한 토양, '감자 더뎅이병'은 산성 토양, 관수하거나 다습한 토양에서 회피돼. 또한 '맥류 붉은곰팡이병'은 출수기 전후해서 날씨가 건조하면 회피된단다.

 그렇다면 병회피도 병방제에 이용될 수 있을까요?

 그렇다마다! 병회피는 기주식물과 병원체의 유전 특성과 환경조건에 따라 결정되지. 환경에 의해 완전히 조절되기 때문에, 재배자는 여러 방법으로 병회피를 높여서 병방제를 꾀할 수 있단다.

기주-병원체 상호작용의 유전

 교수님! 유전자 대 유전자설(Gene for gene theory)이란 어떤 개념이죠?

 유전자 대 유전자설은 기주식물의 저항성이나 감수성을 결정해 주는 개개 유전자에 대응해서 기생체에는 비병원성이나 병원성을 결정해 주는 상응하는 특이적 유전자가 있다는 개념이란다. 그래서 기주저항성을 결정하는 유전자 수와 병원균 병원성을 지배하는 유전자 수가 같다는 학설이란다.

유전자 대 유전자설을 일컫는 다른 이름도 있죠?

 그럼! 유전자 대 유전자 가설(Gene for gene hypothesis) 또는 유전자 대 유전자 개념(Gene for gene concept)이라고도 한단다.

 유전자 대 유전자설은 누가 처음 증명했죠?

 1956년 플로어(Flor)가 '아마(*Linum usitatissimum*)'와 '녹병균(*Melampsora lini*)'의 상호관계에서 유전자 대 유전자설을 처음으로 증명했단다.

 유전자 대 유전자설은 어떤 기주-기생체 상호작용에서 밝혀졌죠?

 '아마-녹병균'을 비롯해 '밀-줄기녹병균', '밀-붉은녹병균', '밀-겉깜부기병균', '보리-속깜부기병', '귀리-깜부기병균', '보리-흰가루병균', '밀-흰가루병균', '사과나무-검은별무늬병균', '감자-역병균', '감자-암종병균' 등에서 밝혀졌어. 바이러스, 세균, 기생식물, 선충에 의한 식물병에서도 이러한 현상이 존재함이 밝혀졌지.

 그렇군요! '아마 녹병'에서 기주-기생체 상호작용은 어떻게 유전되죠?

 '아마 녹병'에서 병원균의 비병원성과 기주의 저항성은 우성으로 유전된단다.

 아마의 저항성 유전자는 몇 개가 알려졌죠?

 '녹병균'에 대한 아마의 저항성 유전자는 K, L, M, N, P 등 5개가 알려졌어.

 교수님! 아마에서 L 유전자좌의 기주-병원균 상호작용에 대해 자세하게 설명해주세요!

 그러자꾸나! 아마의 L 유전자좌(locus)에서 대문자 L은 저항성을 지배하는 우성 유전자, 소문자 l은 감수성을 지배하는 열성 유전자를 나타내지.

 그러면 '녹병균'에도 아마의 저항성 유전자에 대응하는 병원성 유전자가 있겠네요?

그렇지! 아마의 저항성 유전자 L에 대응하는 '녹병균'의 병원성 유전자는 A인데, L 유전자좌에 '녹병균'의 비병원성에 대한 우성 유전자를 나타낸단다.

 비병원성에 대한 우성 유전자가 무슨 의미죠?

 아마에서 감수성 유전자 l을 가진다는 것은 저항성 유전자를 가지지 않는다고, '녹병균'에서 비병원성 유전자 A를 가진다는 것은 병원성 유전자를 가지지 않는다고 해석해도 좋아.

 그렇다면 a는 L 유전자좌에 병원성을 지배하는 열성 유전자겠네요?

 그렇지! 기주-병원균 상호작용의 결과로 아마의 저항성 유전자가 동형접합(LL)일 때, 병원균의 비병원성 유전자가 동형접합(AA) 또는 이형접합(Aa)이면 기주는 저항성이야.

 그러네요! 아마의 L 유전자좌에 저항성 유전자가 없는 동형접합(ll)이거나 병원균의 병원성 유전자가 있는 동형접합(aa)일 때는 감수성이 되겠네요?

 그렇고말고! 기주식물의 저항성과 병원체의 병원성의 유전이 서로 쌍을 이루는 유전자들에 의해 제어되고, 기주식물에 있는 저항성 유전자(R)와 병원체에 있는 비병원성 유전자(Avr)는 각각 우성으로 유전되지 않니?
그렇기에 기주식물 저항성을 결정하는 하나의 유전자좌(locus)가 있고, 또 병원체 병원성을 결정하는 하나의 유전자좌에 2개의 대립유전자(allele)가 있어. 따라서 다음표처럼 4개의 상호작용이 가능한 것이지!

기주-기생체간 유전자 조합과 병반응

병원체의 비병원성(A), 병원성(a) 유전자	기주식물의 저항성(R), 감수성(r) 유전자	
	R(저항성) 우성	r(감수성) 열성
A(비병원성) 우성	AR(-)	Ar(+)
a(병원성) 열성	aR(+)	ar(+)

 기주식물의 저항성 유전자(R)와 병원체의 비병원성 유전자(A)의 한 조합에서만 저항성을 나타내고, 나머지 3개 조합에서는 감수성을 나타내네요?

그렇단다! 저항성 유전자(R)는 기주식물이 병원체의 비병원성 유전자(A)를 인식하는데, R을 가지는 조합(AR)에서는 병원체가 생성하는 유도인자를 기주식물의 수용체가 인식하고 방어반응을 자극하니까 저항성이지.

 기주식물이 병원체의 비병원성 유전자를 인식하는 저항성 유전자를 가지지 않은 조합(Ar)에서는 감수성이죠?

 그렇지! 기주식물에는 병원체가 생성하는 유도인자를 인식하는 수용체가 없어. 그래서 방어반응을 자극하지 않기 때문에 감수성이야.

 기주식물이 병원체의 비병원성 유전자를 인식하는 저항성 유전자를 가지지만, 병원체의 비병원성 유전자가 없는 조합(aR)에서도 감수성이죠?

 그럼! 병원체가 유도인자를 생성하지 않아 기주식물의 수용체가 유도인자를 찾지 못하지. 그러면 방어반응을 자극하지 않기 때문에 감수성이지.

 마지막으로 기주식물이 병원체의 비병원성 유전자를 인식하는 저항성 유전자를 가지지 않고, 병원체의 비병원성 유전자가 없는 조합(aa)에서도 감수성이죠?

 그래! 병원체가 유도인자를 생성하지 않고, 기주식물에도 수용체가 없어 방어반응을 자극하지 않기 때문에 감수성이야.

 '벼 도열병'에서는 유전자 대 유전자설이 적용되지 않죠?

 '벼 도열병균' 레이스에 대한 벼 품종의 저항성에 관해서도 유전자 대 유전자설을 연구해 왔어. 그러나 '벼 도열병균'은 '아마 녹병균'과는 달리 한 개의 레이스가 벼 잎에 저항성, 감수성, 중도형 병반을 형성하기도 하고, '벼 도열병균' 자체가 변이 폭이 넓어 유전자 대 유전자설을 적용하기에는 상당히 무리가 있어 보인단다.

 과연 유전자 대 유전자설이 모든 기주-기생체 관계에서 존재할까요?

유전자 대 유전자설이 모든 기주-기생체 관계에 필연적으로 존재함이 분명하지만, 몇 가지 경우에만 논증돼. 대부분의 경우 실험적 어려움으로 밝혀지지 못하고 있단다.

 인간의 능력으로서 아직 감지하지 못하는 특이적인 기주-기생체 관계가 성립된 것일까요?

 아마 그럴지도 모르겠다! 언젠가는 밝혀지겠지!

뿌리혹선충

병원체는 식물체의 광합성을 감소시키고,
호흡을 증가시키고,
물과 양분의 이동을 방해하고,
세포막의 투과성을 변화시키고,
전사와 번역에 영향을 미치고,
비정상적인 생장과 증식을 일으킨단다

매실 검은별무늬병

1. 식물체에 미치는 병원체의 영향

 교수님! 식물체에서 광합성(photosynthesis)은 중요한가요?

 광합성은 광 에너지를 화학 에너지로 바꾸는 과정으로, 살아있는 식물세포에서 광합성을 제외한 모든 활동이 광합성이 제공하는 에너지를 소비하지. 그러기 때문에 광합성은 에너지 근원이 된단다.

 병원체가 식물체를 감염하면 광합성에 영향을 미치나요?

 그럼! 대개 식물체가 병원체에 감염되었을 때, 엽록소 분해와 변질, 광합성 과정 저해 등으로 광합성이 감소해.

 병원체가 광합성을 방해하면 식물체는 병드나요?

 잎 조직을 파괴하는 곰팡이와 세균에 의한 '점무늬병', '마름병', '녹병', '흰가루병', '모자이크병', '시들음병', '오갈병', '그을음병' 등에 감염되면, 식물체의 엽록체나 엽록소 함량이 줄어. 그러면 황화현상을 유발해 광합성이 감소하게 되지.
결과적으로 병원체가 광합성을 방해하면, 식물 생육이 저해되고, 수량이 감소하게 된단다.

 순활물기생균에 감염되면 광합성은 어떻게 변하나요?

 순활물기생균의 침해에 의한 광합성 증가가 감염 초기나 미소한 감염일 때 많이 나타나. 병이 진행되어 병든 잎 전체가 황화되더라도 포자퇴나 균총 주위 조직이 녹색을 나타내는 녹색부위(green island)에서는 광합성 능력이 유지된단다.

호흡

 교수님! 식물체에서 호흡(respiration)도 중요하죠?

 호흡은 효소로 조절되는 산화를 통해 에너지가 풍부한 탄수화물과 지방산을 세포가 기능을 수행하는 과정에서 '이용 가능한 형태의 에너지'로 방출하는 과정이란다.

 병원체가 식물체를 감염시키면 호흡도 영향을 받겠죠?

 그럼! 병원체에 감염되었을 때 호흡률은 증가하지.
병원체에 의해 피해받은 조직이 건전한 조직보다 저장된 탄수화물을 더 빨리 소모해. 그러기 때문에, 감염 직후 병징이 나타날 때 호흡이 증가하지. 병원체 증식이나 포자형성을 하는 동안에 호흡은 계속 증가해.

 그런데 병든 식물체에서 호흡은 왜 증가하죠?

 해당과정을 경유한 포도당 산화가 에너지를 얻는 일반적 방법임에도 불구하고, 병든 식물체에서 생명을 유지하기 위해서 세포가 요구하는 에너지는 5탄당 경로와 발효 같은 덜 효율적 방법을 통해 생성된단다.
결국 감염된 식물은 건전한 식물보다 비효율적으로 APT 에너지를 이용하지. 그러기 때문에, 에너지가 낭비되어 호흡 증가가 유도되고, 이에 따라 식물세포는 더 많은 양의 에너지를 필요로 하지.

 저항성 식물이 감염되면 호흡은 어떻게 변하죠?

 순활물기생균과 비순활물기생균에 의해 감수성 식물이 감염되었을 때에는 포자가 형성될 때까지 호흡이 천천히 올라가. 그러나 저항성 식물이 감염되었을 때 방어기작을 빨리 생성하거나 발휘하기 위해 많은 양의 에너지를 소모하지. 그러기 때문에 호흡이 급하게 상승하고 신속히 평상치로 돌아간단다.

교수님! 식물체에서 물과 양분이 필요한가요?

 식물세포는 생리 기능을 수행해. 살기 위해 많은 양의 물과 적절한 양의 유기 및 무기양분을 필요로 하지.

 식물체에서 물과 무기양분이 어떻게 이동하나요?

 식물체에서 뿌리를 통해 토양에서 흡수한 물과 무기양분은 줄기의 물관을 통해 위쪽으로 이동해. 그리고 엽병과 엽맥의 유관속으로 이동해 잎 세포로 들어가지.
무기양분과 물의 일부는 여러 식물체 성분의 합성을 위해 잎이나 다른 세포에 이용돼. 그러나 대부분은 잎 세포로부터 세포 사이로 증발하고 기공을 통해 대기 속으로 확산이 된단다.

 식물체에서 유기물질은 어떻게 이동하나요?

 식물체의 거의 모든 유기물질은 광합성의 결과로 잎 세포에서 생성되어 아래쪽 체관부를 통해 이동해 모든 살아있는 식물세포로 분배되지.

 병원체가 식물체를 감염시켜 물과 양분 이동을 방해하면 식물체는 병들겠죠?

 당연하지! 무기양분과 물이 위쪽으로 이동하는 것이나, 유기물질이 아래쪽으로 이동하는 것을 병원체가 방해할 때, 식물체에서 이 물질이 결핍되어 병들게 된단다.
잎으로 물 이동이 저해되면 광합성을 할 수 없고, 뿌리로 양분 이동이 저해되면 양분이 고갈되어 죽게 되지.

 토양 전염성 병원체나 '유관속병'과 '혹병'을 일으키는 병원체가 식물체를 감염하면, 물과 양분 이동에 어떤 영향을 미치나요?

'모잘록병균', '뿌리썩음병균', '선충' 등에 의해 뿌리가 파괴되거나, 'Ceratocystis', 'Fusarium', 'Verticillium' 등의 곰팡이와 'Pseudomonas', 'Erwinia' 등의 세균에 의한 '유관속시들음병'과 '궤양병'에 의해 물관이 파괴 또는 폐색되거나, '뿌리혹병균', '무사마귀병균', '뿌리혹선충' 등에 의해 줄기나 뿌리에 혹이 형성되면, 물을 이동시키는 물관부 기능장애가 일어나겠지.

잎을 감염하는 병원체가 식물체를 감염시키면, 물과 양분 이동에 어떤 영향을 미치나요?

'녹병균', '흰가루병균', '사과나무 검은별무늬병균' 등은 잎의 큐티클과 표피를 파괴해 수분을 과다하게 손실시키지. 그리하여 잎의 팽압이 손실되고, 수분 증산이 높아지며, 뿌리에서 수분 흡수량이 증산량보다 적어져 시들게 된단다.
또한, 체관부로 유기양분 이동과 체관부를 통한 양분 수송을 방해해서 양분 균형이 깨져. 그러면 생장이 감소하고, 수확량이 떨어지게 되지.

세포막 투과성

교수님! 식물체에서 세포막(cell membrane)이 중요하죠?

세포막은 다양한 단백질 분자가 박힌 두 겹의 지질분자로 구성되는데, 단백질 분자 일부는 지질 2중층의 한 면 또는 양면에 돌출되어 있어.
투과성 장벽으로서 세포막 기능은 세포가 필요한 물질만 세포 속으로 통과시켜. 세포가 필요한 물질은 세포 밖으로 배출되는 것을 저지하지.
지질 2중층은 생물적 분자를 통과시키지 않고, 이온, 당류, 아미노산 같은 작은 수용성 분자는 단백질로 된 특별한 세포막 통로를 통해 흐르거나 능동 수송된단다.

병원체가 식물체를 감염시켜 세포막 투과성에 영향을 미치면 어떤 변화가 일어나죠?

병원체 감염을 비롯해 독소, 효소, 대기오염물질 같은 유독 물질이 세포막 투과성을 변화시키면, 세포로부터 전해질이 손실된단다.

기주가 감수성이고 병징이 넓게 전개될 때보다 기주-병원체 상호작용이 비친화적일 때, 훨씬 빠르고 높은 비율로 전해질 손실이 발생한단다.

전사와 번역

식물체의 전사와 번역에도 병원체가 영향을 미치나요?

그래! 여러 가지 병원체, 특히 바이러스와 절대 기생체는 감염된 식물세포에서 DNA 와 관련된 염색질 조성, 구조, 기능을 방해함으로써 전사에 영향을 미친단다.
바이러스는 자신의 효소 또는 기주세포의 RNA 중합효소를 변화시켜 자신의 RNA 를 만들어. 이때 기주세포에 있는 뉴클레오타이드를 이용하기에 감염된 저항성 식물 체가 건전한 식물체보다, 또한 감염 초기에 더 많은 양의 RNA를 함유하지.

식물세포에서 RNA 양과 전사 증가는 식물세포 방어기작에 관련된 물질의 합성을 높이나요?

감염된 식물조직은 여러 효소, 특히 에너지 생성에 관련된 효소나 감염에 방어반응 을 일으키는 다양한 페놀화합물의 생성, 산화에 관련된 효소 활성을 높이곤 해.
병원체에 저항성인 식물체의 감염 초기 단계에서 식물체 방어기작에 관련된 효소와 단백질 합성 증가가 가장 높게 관찰된단다.

병원체의 감염에 의해 RNA 합성과 단백질 합성이 높아지는 사례도 있나요?

'밀 줄기녹병균'에 감염된 밀에서는 핵이 커지고, RNA 합성이 왕성하게 이루어지지.
'고구마 검은무늬병균(*Ceratocystis fimbriata*)'의 침해를 받은 고구마의 저항성 품종 에서는 단백질 합성이 활발해져. 병든 조직 또는 세포에서 과산화효소(peroxidase) 및 폴리페놀 산화효소(polyphenoloxidase) 단백질 합성에 ATP가 소비돼 결과적으 로 호흡이 증대된단다.

생장과 증식

교수님! 식물체 생장과 증식에도 병원체가 영향을 미치죠?

그렇고말고! 병원체는 식물체의 광합성 부위를 파괴해 광합성양을 현저히 떨어트리거나, 식물 뿌리를 파괴하거나, 물관부 또는 체관부를 막아 물과 무기물, 유기물 이동을 저해해. 이로 인해 식물체의 비대나 왜소 등 생장 변화를 일으켜. 꽃을 덜 피우며, 과실과 종자를 덜 맺게 하고, 심지어 식물체 전체가 죽음에 이르도록 하지.

병원체가 식물체 생장과 증식에 영향을 미치는 사례는 많죠?

그래! 기주식물의 기관과 조직에서 비정상적 생장을 일으키는 병으로는 '무/배추 무사마귀병', '감자 가루더뎅이병', '복숭아나무 잎오갈병', '자두나무 보자기열매병', '소나무 혹병', '옥수수 깜부기병', '아잘레아 떡병', '과수 뿌리혹병' 등이 있단다.
꽃을 감염시켜 죽게 하는 병으로는 '핵과류 잿빛무늬병', '토마토 잿빛곰팡이병', '키위나무 세균꽃썩음병', '과수 화상병' 등이 있단다.
종자를 만드는 배(胚)를 죽게 하고 종자 내용물을 번식체 또는 포자로 바꾸어 기주식물 증식을 직접 저해하는 병으로는 '맥각병', '깜부기병' 등이 있지.

파이토플라스마나 바이러스도 식물체에 비정상적인 생장을 일으키죠?

그럼! 파이토플라스마는 감염된 기주식물체에 연노랑 짧은 가지를 총생시키는 '빗자루병'과 잎에 초록색 꽃받침을 만드는 '엽상화'처럼 비정상적 생장을 일으킨단다. 바이러스와 바이로이드도 감염된 기주식물체에 위축, 왜화, 잎오갈, 기형과 등의 비정상적 생장을 일으키지.

병원체를 분리, 배양하고 다시 접종 시험을 거쳐
병원체의 정확한 종명을 결정하는 것을
동정이라고 하는데, 코흐의 원칙은
병든 식물 조직으로부터 분리한 미생물이
특정 병의 원인으로 증명되기 위해서
반드시 만족시켜야 하는 원칙이란다

딸기 흰가루병

1. 식물병의 진단절차

 교수님! 식물병은 어떻게 진단하나요?

 어디가 아프니? 어떻게 아프니? 병원에 가면 이렇게 의사가 문진하지만, 불행하게도 식물은 아파도 말을 할 수가 없어. 그러므로 문진을 할 수 없단다.

 그러면 식물병은 어떻게 진단하나요?

 의사와는 달리 식물의사는 전적으로 식물체에 나타난 병증상을 보고 진단 (diagnosis)해야 한단다.

 진단을 어떻게 정의하나요?

 병든 식물을 정밀 검사해 비슷한 병과 구별하고, 정확한 병명을 결정하는 것을 진단이라고 해.

 식물병 진단 방법도 아주 다양한가요?

 그렇고말고! 병든 식물체를 눈으로 보고 진단하는 것이 가장 보편적인 육안진단법이란다.

 육안진단은 어떻게 하나요?

 주로 식물병 도감을 비롯한 참고 자료와 경험을 토대로 육안진단이 이루어지지.

 육안진단을 할 때 오진 가능성도 있겠어요?

그러게 말야! 육안진단만으로 우리 몸에 발생하는 질병을 진단할 때도 오진 사례가 있듯이 식물에 발생하는 병을 진단할 때도 오진 가능성이 있고말고.

또한, 다른 병원체가 비슷한 병징을 나타내기도 하지. 같은 병원체라도 식물 품종, 발병 부위, 생육 시기나 환경조건에 따라 다른 병징을 나타내기도 하므로 세심한 주의가 필요하단다.

교수님! 감염성병은 어떤 진단 절차를 밟죠?

식물병을 정확하게 진단하기 위해서는 포장이나 온실에서 우선 병증상이 나타난 식물체의 분포와 특징을 조사해야 하겠지.

그래서 그 식물병이 다른 식물체로 전염되는 감염성병(전염성병)인지, 비감염성병(비전염성병)인지를 결정해야 한단다.

그러면 감염성병의 특징은 무엇인가요?

감염성병은 같은 종류 식물이라도 특정한 식물체에만 발생해서 병든 식물체와 건전한 식물체가 섞여 있어. 같은 식물체에서도 부위에 따라서 발병 정도가 다르단다.

또한, 병든 식물체 간에도 발병 정도가 다를 뿐만 아니라, 병증상이 옮겨 가는 흔적을 볼 수 있지.

감염성병이라고 판단되면, 우선 표징을 자세하게 살펴보고 진단해야겠죠?

바람직한 생각이야! 표징은 식물병이 어느 정도 진행된 후 나타나므로, 조기 진단에는 큰 도움이 되지 않아. 그러나 표징은 병원체 모습 그 자체이기에, 표징을 보고서 병원체를 동정하고 손쉽게 식물병을 진단할 수 있단다.

표징이 없으면 병징으로 진단하죠?

당연하지! 병징은 병원체 종류에 따라 다르기에 병징을 보고 병원체와 식물병을 진단할 수 있어. 그러나 일단 병징만으로 감염성병이라고 진단하더라도 오진하지 않으려면 정밀진단을 해야 해.

비감염성병은 감염성병과 어떤 차이가 있죠?

 비감염성병은 부적합한 기상 및 토양 조건에 의해 발생하는데, 같은 포장이나 온실에 있는 식물체에서 동시에 같은 병증상이 나타나. 또한 같은 포장이나 온실에 있는 다른 종류 식물에서도 비슷한 병증상이 나타난단다.

 교수님! 비감염성병은 표징이 없나요?

 그렇고말고! 비감염성병은 외과적 원인, 생리적 장해, 공해, 스트레스 등이 식물체의 생리적 반응을 교란해 다양한 병징을 나타내. 그러나 감염성병과 달리 병원체가 관여하지 않기에 표징을 나타내지 않아.

 비감염성병은 어떤 것들이 있나요?

 비감염성병은 태풍, 우박, 폭설, 벼락 등 자연재해를 비롯해 식물이 자라는 토양에서 물, 산소, 양분 등이 부적합할 때 발생해.
또한, 식물 삶을 지탱해주는 온도, 습도, 햇빛, 산소, 이산화탄소 등이 부적합할 때 발생해. 매연과 공장폐수 등 공업 부산물뿐만 아니라, 농기구 사용이나 농약 살포 등 농사 작업과 식물체 내에 축적된 해로운 식물대사산물에 의해서도 발생하지.

 비감염성병은 진단하기 쉽나요?

 자연재해를 비롯해 부적합한 기상 조건이나 공해는 기상 요인의 변화를 관찰해서 쉽게 진단할 수 있어.
또한, 영양 결핍 증상처럼 몇 가지 생리적 장해도 식물체에 특정한 병징을 일으키지. 그러기에 비교적 쉽게 진단할 수 있단다.
그러나 대부분의 비감염성병은 식물의사라 할지라도 환경조건에 대한 역사적 고찰이나 경험 없이 병징만으로 진단하기는 어려운 게 사실이란다.

 전문가 상담이 반드시 필요하겠군요!

2. 곰팡이병의 병증상

 교수님! 곰팡이병의 병징은 어떻게 생기죠?

 곰팡이가 일으키는 병징은 다음과 같은 3가지 기본형 조합에 의해 만들어진단다.
① 식물체 세포나 조직이 썩거나 죽는 괴사
② 식물체 발육이 불충분한 감생
③ 발육이 지나친 비대

곰팡이에 의해 발생하는 대표 병징 및 증상

원인		구분	증상	예
식물체 외형의 이상	전신병징	모잘록	어린 모의 지제부가 괴사하면서 잘록해져 넘어지고 나중에 말라죽음	각종식물 모잘록병
		시들음	뿌리 및 줄기의 물관부가 침해되어 물이 올라가지 못해 식물체가 시들고 죽음	토마토 시들음병
		웃자람	지상부가 비정상적으로 생장	벼 키다리병
식물체 색깔의 이상		잎오갈	잎이 오그라들거나 말림	복숭아나무 잎오갈병
		점무늬	세포 또는 조직 일부가 괴사해 뚜렷한 빛깔의 작은 점 모양을 함	벼 깨씨무늬병
		검은무늬	죽은 조직이 검은색 무늬를 이룸	배나무 검은무늬병
		갈색무늬	죽은 조직이 갈색 무늬를 이룸	사과나무 갈색무늬병
		줄무늬	잎 또는 줄기에 세로로 줄무늬를 이룸	보리 줄무늬병
식물체 외형 또는 색깔의 이상	국부병징	탄저	식물체 위에 어두운 빛깔로 움푹 패어 썩어들어감 - 나중에 병반 위에 검은색 분생자층 또는 분홍색 분생포자괴를 표징으로 나타냄	고추 탄저병
		역병	병환부가 갈색으로 변하면서 급속히 확대되고 썩어들어감 - 나중에 병반 위에 회백색 분생포자경과 분생포자를 표징으로 나타냄	토마토 역병
		잎마름	갈색 또는 흑색 병반이 급속하게 퍼져나가면서 잎이 마름	참깨 잎마름병
		가지마름	가지가 끝으로부터 아래쪽으로 갈색 또는 흑색으로 말라 내려감	뽕나무 가지마름병
		줄기마름	줄기 또는 가지의 겉껍질이 죽어서 거칠어지고 코르크층이 솟아오르며 식물 전체가 쇠약해져서 말라죽음	밤나무 줄기마름병
		뿌리썩음	뿌리가 검게 썩음	인삼 뿌리썩음병
		무름	열매, 뿌리, 덩이줄기, 다육질조직이 붕괴되면서 무르고 썩음	고구마 무름병
		미라	열매나 다른 기관이 마르고 축소	복숭아 잿빛무늬병
		뿌리혹	뿌리가 방추형 또는 곤봉형으로 확대	무/배추 무사마귀병
		혹	줄기, 가지, 잎 등에 혹이 생김	소나무 혹병
		빗자루	잔가지가 무성하게 총생	벚나무 빗자루병

그렇다면 결과적으로 곰팡이병의 병징은 식물체 외형과 색깔 이상을 초래하겠네요?

 그래! 혜지 학생이 정확하게 요약했구나! 곰팡이병의 병징은 '모잘록병', '시들음병' 처럼 외형 이상으로, '점무늬병', '줄무늬병'처럼 색깔 이상으로, 또는 '탄저병', '무름 병'처럼 외형과 색깔 두 가지 모두 이상으로 생기기도 해.

 곰팡이병의 병징은 대부분 국부적으로 생기죠?

 그래! 곰팡이병은 대부분 식물체의 특정 부위에 나타나는 국부병징이지만, 일부 '모 잘록병', '시들음병', '키다리병'처럼 식물체 전체에 나타나는 전신병징도 있단다.

 곰팡이는 어떤 표징을 일으키죠?

 곰팡이병에서 나타나는 표징은 다음과 같이 3가지 형태로 요약할 수 있지.
① 균사체 ② 포자 ③ 균사체와 포자

곰팡이에 의해 발생하는 대표 표징 및 증상

원인	표징	증상	예
균사체	흰비단	줄기의 지제부에 흰 비단결 같은 모양으로 균사체가 무성하게 자람	고추 흰비단병
	자주날개무늬	뿌리나 줄기의 지제부가 썩고 그 위에 자주색 그물 모양의 균사체가 자람	뽕나무 자주날개무늬병
	흰날개무늬	뿌리가 푸석하게 썩으면서 그 표면에 회백색 깃털 모양의 균사체가 자람	배나무 흰날개무늬병
	균핵	병들어 죽은 조직 속 또는 표면에 갈색 또는 검은색 쥐똥 같은 균핵 덩어리가 생김	유채 균핵병
포자	잿빛곰팡이	잿빛의 분생포자경과 분생포자가 무성하게 생김 - 나중에 꽃, 열매, 잎이 무르면서 썩는 병징을 나타냄	딸기 잿빛곰팡이병
	노균	잎의 뒷면에 흰 서리 모양의 분생포자경과 분생포자가 생김 - 나중에 갈색 다각형 모무늬 병징을 나타냄	포도 노균병
	흰가루	잎, 어린 가지 등에 흰 가루 모양의 분생포자경과 분생포자가 생김	장미 흰가루병
	녹	잎, 줄기, 열매에 쇠가 녹스는 듯한 모양의 포자 덩어리가 생김	밀 줄기녹병
	흰녹가루	잎의 뒷면의 표피가 터지면서 흰 가루 모양의 포자 덩어리가 나옴	배추 흰녹가루병
포자와 균사체	그을음	잎 표면에 까만 숯검정처럼 균사와 포자가 생김	낙엽송 그을음병
	잎곰팡이	잎의 뒷면에 주로 갈색의 균사와 포자가 생김	토마토 잎곰팡이병

곰팡이가 나타내는 대표 표징은 어떤 거죠?

 균사체 또는 균사조직이 식물체 표면에 자라는 표징을 나타내는 식물병은 '균핵병', '흰비단병', '흰날개무늬병', '자주날개무늬병' 등이지.
포자 또는 자실체가 식물체 표면에 형성되는 표징을 나타내는 식물병은 '잿빛곰팡이병', '노균병', '흰가루병', '녹병' 등이고, '버섯'도 대표적 표징이란다.
포자와 균사체가 동시에 식물체 표면에 형성되는 표징을 나타내는 식물병은 '그을음병', '잎곰팡이병' 등이지.

 곰팡이병의 표징은 병징이 나타난 후에 생기죠?

 '탄저병', '역병' 등 많은 식물병이 식물체에 형성된 병징 위에 표징이 드러나. '잿빛곰팡이병', '노균병' 등은 식물체 위에 표징이 번성한 후 그 아래에 병징이 나타난단다.

하등균류에 의한 병증상

 교수님! 하등균류인 끈적균은 어떤 병증상을 일으키나요?

 절대부생체인 끈적균은 식물체로부터 영양을 섭취하지 않고 낮게 자라는 식물체의 표면을 덮고 자라지. 그러기에 끈적균의 변형체와 번식체가 표징을 나타낸단다.

 '무사마귀병균'은 어떤 병증상을 일으키나요?

 절대기생체인 '무사마귀병균'은 식물체 내부에 기생해서 표징은 드러나지 않고, 뿌리혹과 더뎅이 병징을 나타내지.

 병꼴균은 어떤 병증상을 일으키나요?

 병꼴균이 일으키는 식물병은 많지 않은데, 표징은 나타내지 않고, 암종 같은 병징을 나타낸단다.

난균은 어떤 병증상을 일으키나요?

 난균은 '역병'을 비롯해서 '종자썩음병', '모잘록병', '뿌리썩음병', '줄기썩음병', '괴경썩음병' 등 아주 다양한 병징을 일으킨단다.

 난균 중에서 절대기생체인 '흰녹가루병균'과 '노균병균'은 어떤 병증상을 일으키나요?

 식물체 표면에 하얗게 또는 이슬처럼 생긴 분생포자경과 분생포자가 표징으로 나타나고, 나중에는 영양이 고갈된 세포들이 서서히 괴사하는 병징도 일으킨단다.

 접합균은 어떤 병증상을 일으키나요?

 부생성이 강한 접합균은 주로 '무름병'과 '열매썩음병'을 일으키는데, 무름 병징 위에 균사와 포자가 무성하게 자라는 표징을 나타내지.

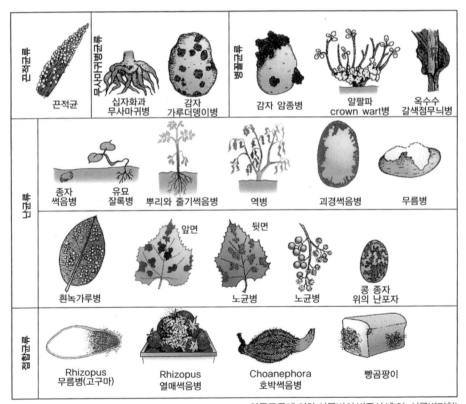

하등균류에 의한 식물병의 병증상(출처: 식물병리학)

하등균류에 의해 발생하는 병증상

하등균류	병증상
끈적균	끈적균병
무사마귀병균	뿌리혹병, 더뎅이병
병꼴균	암종병
난균	종자썩음병, 모잘록병, 뿌리썩음병, 줄기썩음병, 역병, 괴경썩음병, 흰녹가루병, 노균병
접합균	무름병, 열매썩음병

자낭균에 의한 병증상

 교수님! 고등균류인 자낭균은 다양한 병증상을 일으키죠?

 자낭균은 가장 중요한 식물병원곰팡이 집단이야. 수많은 식물에 다양한 병징과 표징을 일으킨단다.

 자낭균은 주로 어떤 병징을 일으키죠?

 자낭균은 '잎오갈병', '보자기열매병', '줄기궤양병', '점무늬병', '탄저병', '줄기썩음병', '시들음병' 등 아주 다양한 병징을 일으키지.

 자낭균은 어떤 표징을 나타내죠?

 자낭균은 '줄기궤양병', '점무늬병', '탄저병' 등 조직이 괴사하는 병징 위에 포자나 포자과가 드러나는 표징도 나타낸단다.

 '흰가루병균'은 어떤 병증상을 일으키죠?

 절대기생체인 '흰가루병균'은 포자와 균사체가 식물체 표면을 하얀 밀가루처럼 뒤덮는 표징을 나타낸단다.

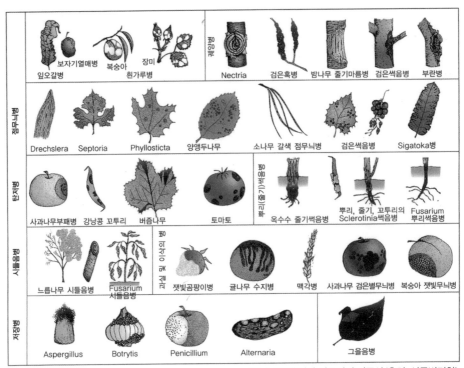

자낭균류에 의한 식물병의 병증상(출처: 식물병리학)

 교수님! '그을음병균'도 표징을 나타내죠?

 절대부생체인 '그을음병균'은 '흰가루병균'과는 달리 포자와 균사체가 까맣게 식물체 표면을 뒤덮는 표징을 나타내지.

 '잿빛곰팡이병균'과 '잿빛무늬병균'은 비슷한 표징을 나타내죠?

 '잿빛곰팡이병균'과 '잿빛무늬병균'은 식물체 표면에 잿빛 포자와 균사체가 무성하게 자라는 표징을 나타낸단다.

 '맥각병균'도 독특한 표징을 나타내죠?

 '맥각병균'은 이삭에 있는 낟알이 균사덩어리인 균핵으로 변해 뿔 모양을 하는 특징적 표징을 나타낸단다.

'저장병'은 어떤 병증상을 일으키죠?

 자낭균은 대부분의 '저장병'을 일으키는데, 주로 다육질 과일과 채소 등에 무름 병징과 균사체와 포자가 무성하게 자라는 표징을 나타낸단다.

 와! 자낭균은 종류가 많은 만큼 식물체에 일으키는 병징과 표징도 매우 다양하네요!

담자균에 의한 병증상

 교수님! 고등균류인 담자균은 어떤 병증상을 일으키나요?

 자낭균에 비해 담자균이 일으키는 병증상은 다양하지 않아!

 그런가요? '녹병균'은 어떤 병증상을 일으키나요?
절대기생체인 '녹병균'은 식물체 표면에 붉게 녹슨 듯한 표징과 더불어 여러 가지 병징을 나타낸단다.

 '깜부기병균'은 어떤 병증상을 일으키나요?

 '깜부기병균'도 주로 곡류 이삭에 있는 낟알이 새까만 포자와 균사로 가득 차는 표징을 나타내지.

 식물체의 뿌리 부분을 주로 침해하는 곰팡이들은 어떤 병증상을 일으키나요?

 '뿌리썩음병균', '줄기썩음병균', '목재부후균' 등은 썩음 병징 위에 버섯이 표징으로 자라는 경우가 대부분이란다.

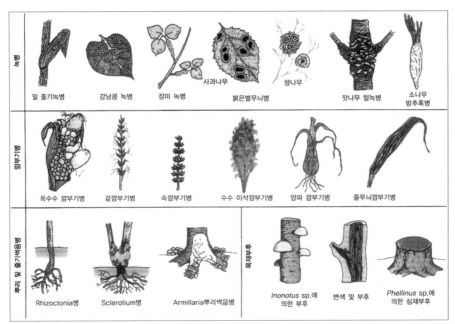

담자균에 의한 식물병의 병증상(출처: 식물병리학)

 담자균은 표징으로 '녹병', '깜부기병', '버섯' 등 3개만 기억하면 되겠네요!

 그래도 몇 가지 예외는 있단다!

 그런가요? 주로 토양전염병인가요?

 그렇지! 'Rhizoctonia'는 각종 식물에 '모잘록병' 뿐만 아니라, '벼 잎집무늬마름병', '잔디 마름병' 등을 일으키지. 그리고 'Sclerotium'과 채소류에 '흰비단병'을 일으킨단다.

 '흰비단병'을 일으키는 'Sclerotium'과 '균핵병'을 일으키는 'Sclerotinia'의 병원균 학명이 비슷하네요?

 기용 학생이 아주 잘 지적했구나! 두 병원균은 학명뿐만 아니라 균핵을 형성하는 특징도 같기에 혼동하기 쉽단다. 그런데, 'Sclerotium'은 담자균이고, 'Sclerotinia'는 자낭균이어서 족보가 다른 셈이지.

 그러네요! 요렇게 아리송한 건 시험에 잘 나오겠는걸!

3. 세균에 의한 병증상

 교수님! 세균이 일으키는 병증상의 특징은 무엇이죠?

 세균은 주로 '무름병', '점무늬병', '기관고사', '시들음병', '혹병'을 일으킨단다.

 그렇군요! '무름병'은 어떻게 발생하죠?

 세균이 상처를 통해서 침입해 분비한 효소로 기주 세포의 중엽이 분해됨과 동시에 삼투압에 변화가 생겨 세포가 원형질분리를 일으켜 죽으면서 '무름병'이 발생하지.

 '점무늬병'은 곰팡이에 의해서도 가장 흔하게 발생하는 병증상이죠?

 그렇고말고! '점무늬병'은 기공을 통해 침입한 세균이 기공하공에서 증식해 유조직 세포를 파괴해 발생한단다.

 '기관고사'는 어떻게 발생하죠?

 '기관고사'는 점무늬 형성과정과 비슷해. 세균 종류에 따라 진전 속도가 빠르므로 식물체의 기관의 일부 또는 전체가 고사하면서 발생하지.

 '시들음병'은 어떻게 발생하죠?

 '시들음병'은 기공, 수공, 상처를 통해 침입하지. 물관에 이르러 세균이 급격하게 증식해 수분 상승을 저해할 때 발생한단다.

 '시들음병'은 토양전염성 곰팡이에 의해서도 발생하죠?

 혜지 학생이 기억하고 있구나! 'Fusarium'에 의해 발생하는 '시들음병'은 주로 뿌리 상처를 통해 침입한 곰팡이 포자와 균사 또는 검 물질 등이 물관을 폐쇄해 수분 상승을 가로막기 때문에 발생한단다.

 교수님! 이렇게 세균과 곰팡이가 일으키는 '시들음병'을 구분하는 방법이 있죠?

 곰팡이가 일으키는 '시들음병'은 서서히 물관이 폐쇄되기 때문에 증산작용이 왕성한 한낮에는 시들고 밤 중에 회복되기를 반복해. 그러면서 서서히 식물체가 시들다가 결국 식물체가 갈색으로 말라 죽지.

 그러면 '세균시들음병'은요?

 '세균시들음병'은 세균이 기하급수적으로 워낙 빠르게 증식해 갑작스럽게 식물체가 푸른빛을 띤 채 말라 죽는 병이지.

 그래서, '세균시들음병'을 '풋마름병'이라고 하는군요!

 그렇단다! 예전에는 한자어로 '청고병(靑枯病)'이라 했는데, 지금은 사용하지 않지.

 교수님! 세균과 곰팡이가 일으키는 '시들음병'을 구분하는 다른 방법도 있죠?

 그렇고말고! 아주 흥미로운 방법이 있단다!

 어떤 방법인가요?

 깨끗한 물이 들어있는 투명한 컵 속에 병든 식물체 줄기를 잘라 넣었을 때, 곰팡이가 일으키는 '시들음병'에 감염된 줄기 절단부에서는 아무런 변화가 없어. 그러나 세균이 일으키는 '풋마름병'에 감염된 줄기 절단부에서는 우윳빛 액체가 흘러나오는 것을 볼 수 있지.

 우와! '풋마름병'에 감염된 줄기에서 세균 유출액이 흘러나오는 것이겠네요?

 바로 그거야! '풋마름병'에 감염된 줄기 물관에서 급격하게 증식한 우윳빛 세균 유출액이 줄기 절단부에서 흘러나오는 거지.

 그러면 곰팡이에 의한 '시들음병'에 감염된 줄기를 담근 컵에서는 아무런 변화가 없겠군요?

 당연하지 않겠니? '시들음병'에 감염된 줄기에서는 포자와 균사 또는 검 물질 등이 줄기 물관을 꽉 채울 뿐, 절단부에서 밖으로 빠져나오지 않기 때문이야.

 '혹병'은 어떻게 발생하죠?

 세균이 기주를 자극해 세포분열을 촉진함으로써 병환부가 비후해지는 이상증식 (hyperplasia)과 세포가 비대해지는 이상비대(hypertrophy)에 의해 '혹병'이 생기지.

 그렇군요! 세균병에서도 표징이 나타나죠?

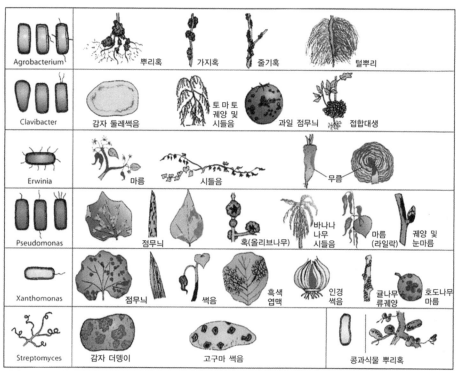

세균에 의한 식물병의 병징(출처: 식물병리학)

일반적으로 세균병에서 표징은 거의 드러나지 않지. 그러나 간혹 세균 유출액이 병징에서 드러나기도 한단다.

 세균병의 병증상은 세균 종류에 따라 다르죠?

 그렇고말고! '*Agrobacterium*'은 주로 '혹병'을, '*Clavibacter*'는 '둘레썩음병', '궤양병' 등을 일으켜. '*Erwinia*'는 '무름병', '화상병'을 비롯해 '마름병'과 '시들음병'을, '*Pseudomonas*'는 '점무늬병', '혹병', '시들음병', '마름병', '궤양병' 등을 일으키고. '*Xanthomonas*'는 '점무늬병', '썩음병', '궤양병', '마름병' 등을, '*Streptomyces*'는 '더뎅이병'을 일으킨단다.

세균의 종류별 발생하는 대표적 식물병

세균 종류	세균에 의한 대표적 식물병
Agrobacterium	혹병(근두암종병)
Clavibacter	둘레썩음병, 궤양병
Erwinia	무름병, 화상병
Pseudomonas	점무늬병, 혹병, 시들음병, 마름병, 궤양병
Xanthomonas	점무늬병, 썩음병, 궤양병, 마름병
Streptomyces	더뎅이병

4. 몰리큐트에 의한 병증상

 교수님! 몰리큐트는 어떤 병증상을 일으키나요?

 몰리큐트는 식물 위축, 잎 누렁, 잎 붉어짐, 줄기 무성, 뿌리 무성, 비정상적 꽃, 식물 쇠락 등의 병증상을 일으켜. 결국에는 식물체의 죽음을 초래하지.

 몰리큐트가 일으키는 대표적 병징은 뭐예요?

 몰리큐트에 감염된 식물체 잎은 주로 초기에 연한 위황(잎 누렁) 증상을 나타내. 병 진전에 따라 생육이 억제되고, 가지의 마디 사이가 짧아지며, 잎이 말리면서 오그라 드는 '누른 오갈 병징'을 나타낸단다.

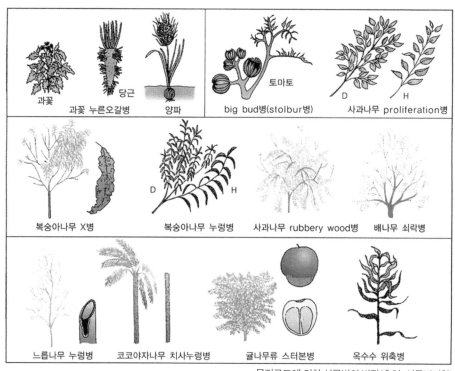

몰리큐트에 의한 식물병의 병징(출처: 식물병리학)

 몰리큐트는 누른 오갈 병징 외에 어떤 병증상을 일으키나요?

 새로 나온 가지나 줄기에서 곁눈이 터져 새순을 계속 형성해서 연약한 잔가지가 많이 돋아나고, 담갈색 내지 황록색 아주 작은 잎이 밀생해 마치 빗자루나 새집 둥지 같은 총생 병징을 일으킨단다.

 몰리큐트는 어떤 표징을 일으키나요?

 몰리큐트는 표징을 전혀 나타내지 않는단다.

 몰리큐트 병징은 누른 오갈 및 총생 두 가지만 기억하면 되겠네요!

몰리큐트에 의해 발생하는 대표적 식물병

병증상	몰리큐트에 의한 대표적 식물병
누른 오갈	뽕나무 오갈병, 느릅나무 누렁병, 코코야자나무 치사누렁병
총생	대추나무 빗자루병, 오동나무 빗자루병

239

5. 바이러스와 바이로이드에 의한 병증상

 바이러스와 바이로이드는 어떤 병증상을 일으키죠?

 바이러스에 감염된 식물체에서 외부에 나타나는 병징을 외부병징(external symptom)이라고 해. 조직이나 세포 변성, 괴사, 세포 내 봉입체 등 현미경으로만 관찰할 수 있는 병징을 내부병징(internal symptom)이라고 한단다.

 외부병징에는 어떤 증상들이 있죠?

 외부병징은 '모자이크', '황화', '잎맥투명', '꽃얼룩무늬', '퇴록둥근무늬' 등 엽록소 결핍으로 나타나는 색깔 변화가 가장 흔해.

 색깔 변화 외에 어떤 외부병징이 있죠?

 '위축' 등 생육 이상, '잎말림' 등 조직변형, '괴저병반' 등 조직괴사 등의 외부병징이 있어.

 대표적 내부병징은 무엇이죠?

 내부병징은 바이러스에 감염된 식물체 내부에 광학현미경이나, 전자현미경으로 관찰할 수 있는 이상 구조체로 흔히 봉입체(inclusion body, X-body)라고도 하지.

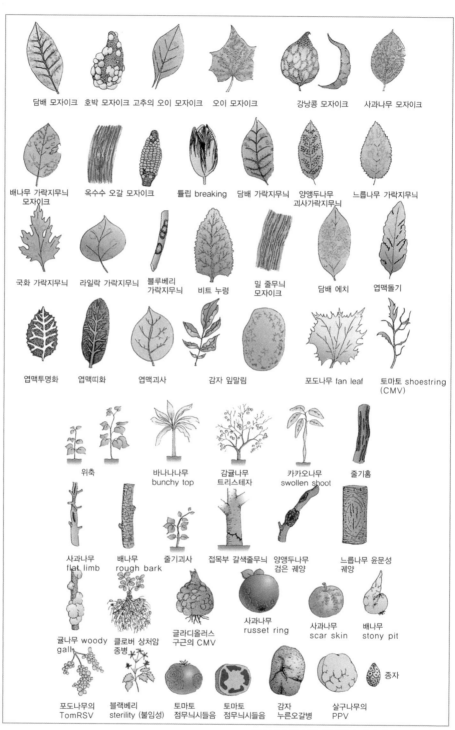

담배 모자이크　호박 모자이크　고추의 오이 모자이크　오이 모자이크　강낭콩 모자이크　사과나무 모자이크

배나무 가락지무늬 모자이크　옥수수 오갈 모자이크　튤립 breaking　담배 가락지무늬　양앵두나무 괴사가락지무늬　느릅나무 가락지무늬

국화 가락지무늬　라일락 가락지무늬　블루베리 가락지무늬　비트 누렁　밀 줄무늬 모자이크　담배 에치　엽맥돌기

엽맥투명화　엽맥띠화　엽맥괴사　감자 잎말림　포도나무 fan leaf　토마토 shoestring (CMV)

위축　바나나무 bunchy top　감귤나무 트리스테자　카카오나무 swollen shoot　줄기홈

사과나무 flat limb　배나무 rough bark　줄기괴사　접목부 갈색줄무늬　양앵두나무 검은 궤양　느릅나무 윤문성 궤양

귤나무 woody gall　클로버 상처암 종병　글라디올러스 구근의 CMV　사과나무 russet ring　사과나무 scar skin　배나무 stony pit

포도나무의 TomRSV　블랙베리 sterility (불임성)　토마토 점무늬시들음　토마토 점무늬시들음　감자 누른오갈병　살구나무의 PPV　종자

바이러스에 의한 식물병의 병징(출처: 식물병리학)

교수님! 바이러스에 감염된 모든 식물체에서 내부병징이 나타나죠?

 그렇지 않아! 바이러스에 감염된 모든 식물체 세포에 봉입체가 형성되지는 않아. 그렇지만, 외부병징으로 보아 바이러스 감염이 의심되는 식물체 세포에서 봉입체가 관찰되면 바이러스에 감염되었다는 지표가 된단다.

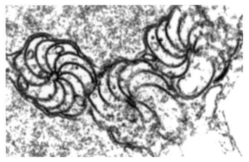
바람개비 모양 봉입체(출처: *Springer Protocols Handbooks*)

 교수님! 바이로이드의 특징적 병징은 무엇이죠?

 '감자 걀쭉병'이 바이로이드에 의해 생기는 대표적 식물병이야. 감자 모양이 길쭉해지면서 껍질과 살이 부드럽고 매끄러워져 상품성을 잃게 되는 식물병이지.

 바이러스와 바이로이드도 표징을 나타내지 않죠?

 그렇단다. 크기가 너무 작아서 눈에 보이지도 않지 않니?

바이러스와 바이로이드에 의해 발생하는 대표적 병징

구분	바이러스와 바이로이드에 의한 대표적 병징	
	외부병징	내부병징
바이러스	모자이크, 잎맥투명, 꽃얼룩무늬, 퇴록, 둥근무늬, 황화위축, 왜화, 잎말림, 괴저	봉입체(inclusion body, X-body)
바이로이드	감자 걀쭉병	

6. 선충에 의한 병증상

 교수님! 선충은 어떤 병증상을 일으키나요?

 선충병에 감염된 지상부는 뿌리 손상에 의한 '성장 저해', '위축', '황화', '시들음', '쇠락' 등과 더불어 '종자혹' 등의 병징을 나타내지.

선충은 지하부에 어떤 병증상을 일으키나요?

 선충은 지하부에 주로 '뿌리혹', '뿌리괴사' 등의 병징을 일으킨단다.

 그러면 선충의 대표적 병징은 '혹'과 '생육저해'라고 보면 되겠네요!

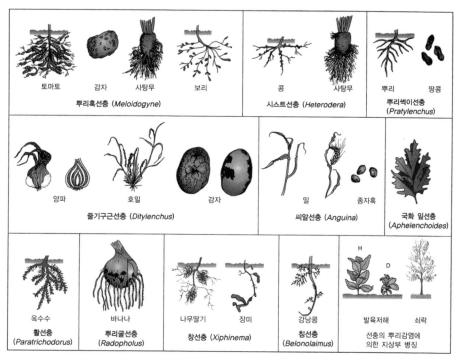

선충에 의한 식물병의 병징(출처: 식물병리학)

선충에 의해 발생하는 대표적 병징

구분	선충에 의한 대표적 병징
식물체 지상부	성장저해, 위축, 황화, 시들음, 쇠락, 종자혹
식물체 지하부	뿌리혹, 뿌리괴사

7. 코흐의 원칙

 교수님! 식물병을 일으키는 병원체를 어떻게 확인하죠?

 식물병의 진단 결과로는 병원체를 추정할 뿐이고 정확한 동정(identification)이 뒤따라야 해.

 동정이란 어떤 개념이죠?

 병원체를 분리, 배양하고 다시 접종 시험을 거쳐 병원체의 정확한 종명을 결정하는 것을 동정이라고 해. 진단의 한 과정이라고 할 수 있지.

 코흐의 원칙(Koch's postulate)이란 어떤 개념이죠?

 코흐의 원칙은 병든 식물 조직으로부터 분리한 미생물이 특정 병의 원인으로 증명되기 위해서 반드시 만족시켜야 하는 원칙이야.

 인체병이나 동물병에 적용하는 원칙이죠?

 그래! 독일 의학자인 코흐가 인체병을 연구하면서 세운 원칙이지. 동물병 뿐만 아니라 식물병 연구에도 적용돼.

 교수님! 식물병원체로 입증하기 위해서 완수돼야만 하는 코흐의 원칙은 어떤 절차죠?

 어떤 미생물이 식물병원체로 입증하기 위해서 만족시켜야 하는 코흐의 원칙은 다음과 같단다.
① 1단계: 병원체로 의심되는 미생물은 반드시 병든 식물체에 존재해야 한다.

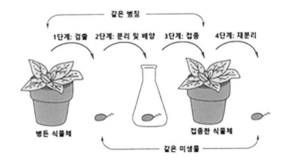

② 2단계: 그 미생물은 병든 식물체로부터 분리돼 인공배지에서 순수배양 돼야 한다.

③ 3단계: 순수배양된 미생물을 분리된 식물과 같은 종 또는 품종의 건전하고 감수성인 식물체에 접종했을 때 똑같은 병증상을 일으켜야 한다.

④ 4단계: 접종한 식물체로부터 같은 미생물이 재분리되고, 그 특성이 2단계에서 관찰한 것과 동일해야 한다.

모든 미생물이 인공배지에서 배양된다는 생각이 코흐의 원칙의 전제 조건이죠?

당연하지! 당시에 코흐는 모든 미생물이 인공배지에서 배양된다고 생각했지.
그래서 대부분의 곰팡이나 세균처럼 식물체로부터 순수분리하고 배양할 수 있는 미생물들은 코흐의 원칙을 만족시키며 병원체로 판명되었지.

그런데 병원체 중에는 인공 배양되지 않는 미생물들도 있죠?

그렇지! 바이러스, 바이로이드, 파이토플라스마, 원생동물, 유관속국재성세균을 비롯해 무사마귀병균, 흰녹가루병균, 흰가루병균, 노균병균, 녹병균 등의 곰팡이처럼 인공배양이 불가능한 미생물들이 발견되고 있단다.

그러면 순수배양돼야 하는 2단계와 4단계를 만족시키지 못하잖아요?

그렇단다! 이렇게 코흐가 예상하지 못했던 인공배양이 불가능한 미생물들은 코흐의 원칙을 완수할 수 없도록 무력화하지. 그 주변 증거들이 확실한 경우에는 잠정적으로 병원체로 인정하고 있단다.
앞으로 미생물의 분리, 배양, 접종 등의 기술이 개선되면 이러한 가정이 진실인 것으로 판명되지 않겠니?

"그래도 논란의 여지가 있겠는데요?"

"그래서 혜지 학생처럼 식물병학을 공부하는 미래 세대가 밝혀내야 할 숙제가 많단다!"

8. 감염성병의 정밀 진단

 교수님! 식물체에 발생한 감염성병을 진단하려면 먼저 발병포장부터 살펴봐야 하나요?

 그럼! 식물병이 발생한 곳의 발병실태를 자세히 파악하는 것을 포장진단(field diagnosis)이라고 한단다.

 포장진단은 왜 필요한가요?

 포장에서 병징을 관찰하면서 피해 상황과 발병이력 등의 정보를 수집하고, 재배관리 방법, 주위 환경 등을 철저히 조사하며, 얻어진 자료를 중심으로 발병요인을 해석하고, 유효한 방제 수단을 강구하기 위해 필요하단다.

 무엇을 조사하나요?

 정확한 진단을 위해 병징, 발병 부위, 발병 분포, 포장의 환경조건 등을 주변 포장 상황과 비교하고, 재배자로부터 작물의 품종명, 재배관리, 최초 발생 시기, 병 진전 상황, 처치 내용 등을 청취하며, 기상 조건과 토양 상태 등도 조사한다.

 의사가 병원에서 여러 가지 방법으로 검사를 거쳐 병을 정밀 진단하듯이 감염성 식물병 진단에도 여러 방법을 활용하나요?

 그렇고말고! 감염성 식물병에 흔히 사용하는 해부학적 진단은 병든 식물체 조직을 해부해서 현미경으로 조직 속 이상 현상이나 병원체 존재를 밝혀내는 진단법이야.

 실용화된 해부학적 진단 사례가 있나요?

 있고말고! 병든 토마토, 오이, 참깨의 줄기나 뿌리 조직의 물관부에 갈변 현상을 나타내면 '세균시들음병' 또는 '풋마름병'으로 진단할 수 있어. 물관부가 폐쇄되면

'*Fusarium*'으로 진단할 수 있단다.

또한, 병든 감자 조직의 체관부에 괴사를 나타내면 '잎말림병'으로 진단할 수 있지.

내부병징을 이용해 바이러스병을 진단할 수 있나요?

그럼! 식물세포에서 봉입체가 광학현미경으로 관찰되면 바이러스병이라고 진단할 수 있어.

그람염색은 세균병 진단에 활용할 수 있나요?

그래! 감자에서 분리한 세균이 그람염색에 의해 양성으로 판별되면 '감자 둘레썩음 병균'으로 식별할 수 있단다.

해부학적 진단 사례

해부학적 증상	진단
물관부 갈변	토마토, 오이, 참깨 등의 세균시들음병
물관부 폐쇄	토마토, 오이, 참깨 등의 *Fusarium* 시들음병
체관부 괴사	감자 잎말림병
봉입체 관찰	바이러스병
그람양성 반응	감자 둘레썩음병

교수님! 병원학적 진단은 어떤 진단법이죠?

식물병을 정밀 진단하기 위한 병원학적 진단은 표징에서 병원체를 분리하거나, 병징으로부터 병원체를 순수배양해 형성된 균총과 자실체 등을 현미경으로 진단하는 방법이지.

우리가 병원에 갔을 때 채혈이나 채변 검사를 하듯이 현미경을 이용해 진단하는 방법이군요?

그렇지! 곰팡이는 대부분 100~400배 광학현미경 관찰로 확인할 수 있어. 그런데 발병 초기 관찰이 어려우면 병든 조직을 20~25℃의 습실에서 2~3일 동안 보존해 병원균을 증식한 후 관찰하기도 해.

세균은 광학현미경으로 관찰하기가 쉽지 않죠?

 그래! 일반적으로 세균은 작고 무색투명해 광학현미경으로 관찰할 수 없지만, 1,000~1,500배 광학현미경을 통해서 병환부에서 세균 유출을 관찰하거나, '*Streptomyces*속'의 균사 모양을 관찰할 수 있어.

 세균을 보다 정확하게 동정하려면 전자현미경으로 관찰해야겠군요?

 그렇지! 식물체 병반부 내 세균 존재 여부, 세균 형태, 편모 형태를 정확하게 관찰하기 위해서 전자현미경을 사용해야 하지.

 형광현미경도 진단에 도움이 되죠?

 세균에 의해 괴사한 체관부 형광이나 파이토플라스마 DNA를 염색하고 형광현미경으로 관찰해 동정하기도 해.

 바이러스는 전자현미경으로만 관찰할 수 있죠?

 그렇고말고! 광학현미경으로 봉입체를 찾아 바이러스병을 진단하기도 해. 그러나 바이러스 입자나 감염조직을 전자현미경을 통해 관찰하고 진단하지.

 토양전염병을 진단하기 위해 토양에 존재하는 병원체를 조사하는 토양검진(soil assessment)도 병원학적 진단이죠?

 그래! 토양희석평판법이나 포착법이 토양에서 병원체를 검출하기 위해 많이 사용된단다.

 토양희석평판법은 어떤 방법이죠?

 시료 토양을 미세주걱을 사용해 페트리접시에 넣어 용융한 후, 45℃로 냉각한 한천배지 일정량을 추가해 빠르게 토양입자를 배지에 분산시켜 평판을 만들어. 그리고 나서 일정 시간과 소정 온도를 유지한 후에 형성되는 균총에서 토양미생물을 분리 또는 정량하는 방법이지.

포착법은 어떤 방법이죠?

건조한 줄기나 식물 조직 절편을 토양에 메워 일정 기간 후 착생하는 병원균을 분리하거나, 그 빈도로 토양 내 병원균 활성과 수량을 상대적으로 평가하는 방법이야. 기생성이 미분화된 토양서식균을 포착하기 위해 주로 사용한단다.

조직 절편으로 무엇을 사용하죠?

메밀, 아마 등의 줄기, 목편 등을 프로필렌산화물로 가스 소독을 하거나, 그대로 공시해도 토양에서 빠르게 분해되지 않는 것이면 돼.

교수님! 이화학적 진단은 어떤 진단법인가요?

이화학적 진단은 병환부를 물리적 또는 화학적으로 처리해 나타나는 이화학적 변화를 조사해서 진단하는 방법이야.

이화학적 진단법으로 어떤 식물병을 진단할 수 있나요?

감자 절단부에 자외선을 처리했을 때 관다발 부위에 둥글게 생기는 형광 반응으로 '감자 둘레썩음병'을 진단할 수 있어. 전분 축적량을 요오드 및 요오드칼륨으로 염색하거나, 바이러스 자체의 분획을 정상 단백질에서 분리해 바이러스병을 진단할 수 있단다.

교수님! 혈청학적 진단은 어떤 진단법인가요?

혈청학적 진단은 항원-항체 반응 특이성을 이용해서 병원체를 진단하는 방법이지.

어떻게 진단하죠?

식물에서 이미 알려진 병원체를 항원으로 사용해 토끼나 쥐 등에 주사해 항혈청을 만들어. 항혈청 또는 이를 정제해 얻은 항체를 진단하려는 병든 식물 즙액이나 분리된 병원체와 반응시켜 침강반응 등 특이적 반응을 확인해서 정확하게 병원체 감염 여부를 진단할 수 있어.

 혈청학적 진단법은 어떤 것이 있죠?

 면역확산법, 형광항체법, 효소결합항체법 등 여러 방법이 개발되었는데, 효소결합항체법이 검출감도가 높고 단시간에 검증할 수 있는 장점으로 인해 폭넓게 사용되고 있단다.

 혈액형을 판별하는 것도 혈청학적 진단법이죠?

 그렇지! 혈구형 ABO 혈액형 검사법은 혈청학적 진단법의 대표 사례지.

 혈청학적 진단법으로 어떤 식물병을 진단하죠?

 혈청학적 진단법은 식물병 중에서 '감자 X모자이크병'을 비롯해 여러 바이러스병의 간이진단법으로 활용되어왔어. '벼 줄무늬마름 바이러스'의 보독충 검정에도 활용되고 있지.

 교수님! 생물적 진단은 어떤 진단법인가요?

 생물적 진단은 어떤 병에만 침해받기 쉽거나, 특이한 병징을 나타내는 지표식물을 이용해 식물병을 진단하는 방법이란다.

 생물적 진단은 실용적인 진단법인가요?

 그럼! '야생담배(*Nicotiana glutinosa*)'에 접종해 국부괴사 병반을 나타내면 'TMV'로 진단하고, 전신병징을 나타내면 'CMV'로 진단할 수 있어.

생물적 진단법으로 다른 식물병도 진단할 수 있나요?

 '감자 X virus'는 천일홍에 접종한 후 생기는 국부병반으로 진단해. '뿌리혹선충'은 토마토와 봉선화를, '과수 자주날개무늬병'은 고구마를, '과수 뿌리혹병'은 밤나무, 감나무, 벚나무, 사과나무를 심어 특이적 병징이 나타나면 그 토양에 병원체가 있다는 것을 알 수 있어.

 대기오염물질도 지표식물을 이용해 진단할 수 있나요?

 그렇고말고! 질산산화물은 토마토, 해바라기, 상추를 심고, 아황산가스는 담배와 나팔꽃을 심어 확인하지.

지표식물을 이용한 생물적 진단 사례

병원	지표식물	진단
담배 모자이크 바이러스	야생담배	국부괴사병반 형성
오이 모자이크 바이러스	(*Nicotiana glutinosa*)	전신병반 형성
감자 X 바이러스	천일홍	국부병반 형성
뿌리혹선충	토마토, 봉선화	병징 발현
과수 자주날개무늬병	고구마	병징 발현
과수 뿌리혹병	밤나무, 감나무, 벚나무, 사과나무	병징 발현
대기오염에 의한 질산산화물	토마토, 해바라기, 상추	병징 발현
아황산가스	담배와 나팔꽃	병징 발현

 최아법도 생물적 진단법인가요?

 그렇고말고! 따뜻한 곳에서 발아시킨 감자의 눈을 길러 '감자 바이러스병'의 발병 유무를 검정하는 최아법 또는 괴경지표법도 생물적 진단법이란다.

 박테리오파지를 이용하는 것도 생물적 진단법인가요?

 그래! 논에 있는 '벼 흰잎마름병균'의 계통에 대해 특이성이 있는 박테리오파지를 이용해 월동 장소, 병든 식물에서 존재 부위 등을 진단할 수 있단다.

 교수님! 분자생물적 진단은 어떤 진단법이죠?

분자 지표를 이용해서 병원체를 동정하고, 식물병을 진단하는 방법이지.

 분자생물적 진단에는 어떤 기법이 사용되고 있죠?

 최근 분자생물학의 발달로 병원체에서 분리한 RNA나 DNA의 교잡, PCR을 이용해 증폭된 염기서열 분석 등에 의해 병원체를 동정하고 식물병을 진단하는 방법이 개발 되어 널리 활용되고 있단다.

 하이브리드형성법(hybridization assay)은 어떤 방법이죠?

 병원체에서 분리한 RNA에 상보 DNA(cDNA)의 표지 프로브(probe)를 유전자 조환 기술로 만들어 병든 식물 즙액과 반응시켜 결합 유무로 병원체를 진단하는 방법이지.

 핵산증폭방법(Polymerase Chain Reaction, PCR)은요?

 PCR에서 프라이머(primer)를 이용해 핵산 부위를 증폭시킨 후 핵산의 크기와 숫자 를 분석해 병원체를 동정하는데, 유전자 일부 염기서열에 특이적으로 반응하는 종 특이적 염기서열군을 밝혀내고, 이를 이용한 진단용 프라이머를 만들어 병원체를 확 인한단다.

 RFLP(Restriction Fragment Length Polymorphism)는 어떤 분석법이죠?

 병원체에서 특이적 반응을 나타내는 유전자 부위를 프로브로 사용해 전기영동 결과 다른 미생물과는 구별되는 병원체 특유의 핵산 밴드 형성 유무 및 크기에 따라 병을 진단하는 방법이지.

 최근에 코로나19 확진자를 가려내는 방법도 분자생물적 진단이죠?

 그렇단다! 코로나19 오미크론 변이 바이러스 확산이 문제구나!

9. 식물병원체의 동정

 식물병원곰팡이

 교수님! 식물병원곰팡이는 어떻게 동정하죠?

 병든 식물체의 감염 조직에 미생물이 존재한다면 실제로 병을 일으킨 병원균이거나 다른 원인으로 죽은 식물체 조직 표면에 사는 부생균일 가능성이 있지. 그러므로 그 미생물이 병원균인지 부생균인지를 동정해야 한단다.

 먼저 균사, 자실체 구조, 포자 등의 형태를 현미경으로 관찰해야겠죠?

 그렇지! 그리고 나서 병원균으로 보고되었는지 알아보기 위해 여러 자료를 검토해야 해.

 만약에 식물체의 병징이 그 곰팡이에 의한 식물병으로 기록된 증상과 맞아떨어진다면 진단은 끝나죠?

 그렇단다! 그 곰팡이가 그 식물병을 일으키는 병원균이라고 진단할 수 있지.

 그렇지만 곰팡이가 아직 알려지지 않았다면 어떡하죠?

 부생균일 가능성이 매우 높지만, 그 곰팡이가 지금까지 보고되지 않은 새로운 식물병원균일 가능성도 있어. 그러므로 식물병의 원인임을 증명하는 동정 작업을 계속해야 해.

 그런데 병든 식물체에 자실체나 포자가 존재하지 않으면, 곰팡이를 동정하는 것이 불가능하지 않나요?

병든 식물체를 페트리접시나 습윤상에 처리하면 곰팡이는 대부분 자실체와 포자를 형성해.

곰팡이가 포자를 형성하지 않으면 어떻게 하죠?

 곰팡이를 선택적으로 분리하거나 동정 또는 포자형성을 촉진하기 위해 특별한 영양배지를 사용해. 포자형성을 촉진하기 위해 특정 온도와 환기 또는 빛 조건에서 배양하지.

 포자가 형성되면 무엇을 관찰하죠?

 동정할 때 가장 중요한 곰팡이의 특징은 포자와 자실체이고, 어느 정도까지는 균사체의 특징도 참고해야지.

 병든 식물체 조직으로부터 곰팡이가 순수하게 분리되면 어떤 절차를 밟죠?

 코흐의 원칙을 만족시키는지를 확인해야 해.

 곰팡이 동정의 최종 단계는 코흐의 원칙 검증이군요!

식물병원세균

 교수님! 식물병원세균은 어떻게 동정하나요?

 병든 식물체 조직에서 분리된 세균은 현미경으로 볼 수 있다고 해도 매우 작아. 그래서 동정에 이용할 수 있는 형태적 특징은 가지고 있지 않지. 2차 부생균일 가능성을 배제하기 위해 세심한 주의를 기울여 동정해야 해.

 세균이 병원균임을 증명할 수 있는 가장 쉽고도 확실한 방법은 무엇인가요?

 세균 속을 비롯해 몇 가지 종까지도 동정하기 위해 흔한 부생균을 배제하고, 식물병원세균을 선택적으로 배양할 수 있는 선택배지에서 순수하게 분리 배양하지. 코흐의 원칙에 따라 단일균총을 이용해 감수성 기주식물에 재접종해 병증상을 재현하고, 이미 알려진 세균에 의한 증상과 비교한단다.

그런데 식물병원세균을 보다 정확하고 신속하게 동정하는 방법은 무엇인가요?

 응집, 침강, 형광항체염색, 효소결합항체법 등의 면역진단기법이나 세균이 영양분으로 사용하는 물질 중 지방산 자동분석 등 새로운 기술들을 이용하지.
특정 제한효소에 의한 DNA 조각의 수 비교, 동정하려는 세균 DNA가 알고 있는 세균 DNA와 교잡하는 비율(%) 등을 조사하는 방법도 있단다.

 곰팡이 동정보다도 세균 동정은 훨씬 복잡하고 정밀한 방법을 동원하는군요!

 세균이 곰팡이보다 훨씬 더 작고 원시적인 미생물이어서 그렇단다.

 몰리큐트

 몰리큐트는 세균보다 더 작으니까 동정도 더 어렵죠?

 그렇지! 몰리큐트는 크기가 작고 생김새가 일정치 않지. 세포벽을 가지고 있지 않은 원핵미생물로서 기주식물체의 어린 체관에 살기 때문에 동정이 쉽지 않단다.

 몰리큐트는 관찰하기도 어렵죠?

 그렇단다! 몰리큐트는 광학현미경으로는 관찰할 수 없지. 전자현미경이나 형광현미경을 통해서만 관찰할 수 있어.

 몰리큐트는 인공배양을 할 수 없지 않나요?

 그래! *Spiroplasma*속을 제외하고는 인공배지에서는 자라지 않는단다.

 그러면 몰리큐트에 의한 식물병은 어떻게 동정하죠?

 몰리큐트에 의한 식물병을 진단할 때는 병징, 접목전염성, 매개충 전염성, 전자현미경 관찰, 테트라사이클린 항생제 감수성, 페니실린 저항성, 온도(32-35.8℃) 감수성, 혈청학적 기법 등을 이용하고 있단다.

몰리큐트는 배양이 되지 않기 때문에 세균보다 까다로운 방법을 동원해서 동정해야 하는군요!

바이러스와 바이로이드

교수님! 바이러스는 어떻게 동정하나요?

많은 바이러스와 바이로이드들이 기주에 뚜렷한 병징을 일으키지. 그러기에 병징에 의해 빨리 동정할 수도 있단다.

식물병 원인이 바이러스로 추정되면 어떻게 동정하나요?

바이러스를 동정하기 위한 모든 방법과 장비를 사용한 일련의 실험을 통해 병징을 일으키는 기주와 병징 종류에 따라 다른 바이러스와 구별할 수 있지.

전염실험으로도 바이러스를 동정하나요?

그래! 전염실험을 통해 기계적 전염 여부, 기주범위, 곤충 전염 여부, 매개충 종류 등을 밝혀내면 바이러스 식별에 도움이 된단다.

바이러스가 기계적으로 전염할 때 필요한 온도, 시간, 농도 등을 조사하나요?

식물체의 순수한 조즙액 속에 있는 바이러스가 10분 만에 불활성화하는 온도, 감염력 지속성을 나타내는 시간, 감염할 수 있는 가장 낮은 농도 등을 조사해 바이러스 동정에 이용해 왔어. 그런데 이는 의존할 만한 특징이 아니야.

혈청학적 방법도 바이러스 동정에 이용할 수 있나요?

그럼! 바이러스 종류가 대략 짐작돼 특이적 항혈청이 개발된 경우에는 효소결합항체법, 한천확산법, 미세침강법, 형광항체염색법 등의 혈청학적 진단법을 이용해 진단하지.

 생물적 진단법도 바이러스 동정에 이용하나요?

 그렇고말고! 특징적 병징을 나타내는 지표식물에 아직까지 확인되지 않은 바이러스에 감염된 목본식물을 접목 접종하는 검정을 통해 동정할 수 있지.
그 역으로 지표식물에 특유의 병징이 나타나면 지표식물에 접종한 바이러스에 의한 것으로 판단할 수 있어.

 바이러스 동정에 이용하는 생물적 진단 사례가 있나요?

 '야생담배(*Nicotiana glutinosa*)'에 접종한 후 국부괴사병반을 나타내면 'TMV', 전신병징을 나타내면 'CMV'로 진단할 수 있어. 천일홍에 국부병반이 생기면 '감자 X virus'로 진단할 수 있고.

 기타 동정방법으로 어떤 것들이 있나요?

 바이러스는 광학현미경으로 관찰할 수 없을 만큼 작아서 기주식물체에 나타나는 병징에 따라 바이러스 존재를 알 수 있어. 광학현미경에 의한 봉입체 관찰, 잎 즙액 속의 바이러스 또는 순화한 바이러스 입자의 음성염색법에 의한 전자현미경 기법, 또는 면역특이적 전자현미경기법(혈청학적 진단법과 전자현미경기법의 결합), PCR을 이용해 증폭된 염기서열 분석 등으로도 바이러스를 관찰하고 동정할 수 있단다.

 바이러스나 바이로이드는 입자가 워낙 작아서 정밀 방법을 동원해야만 동정할 수 있겠네요!

 "아무렴 그렇고말고!"

10. 식물병의 명명법

교수님! 식물병에도 이름이 있죠?

사람에게 생기는 질병에도 각각 병명이 있듯이 식물병에도 병명이 있어.
식물병의 병명은 식물체에 나타나는 병증상에서 대부분 유래하므로, 실용적인 이해
를 위해 주요 병증상 특징을 아는 것이 유익해.

식물병은 어떻게 명명하죠?

보리에 발생하는 '흰가루병'은 '보리 흰가루병'이라고 명명하듯이 '기주명 + 병증상 +
병'이라고 표기한단다.

문헌이나 교재마다 식물병명 표기가 조금씩 다르던데요?

과거에 '보리흰가루병'처럼 병증상을 기주명에 붙여 표기하거나, '보리·흰가루병'처
럼 기주명과 병증상 사이에 점을 첨가해서 표기했었지. 지금은 '보리 흰가루병'처럼
기주명과 병증상 사이에 한 칸 띄어쓰기로 통일했단다.

식물병명은 한글로 표기해야죠?

한자로 표기하던 식물병명을 지금은 한글로 순화시켰어.
'보리 백분병(白粉病)'은 '보리 흰가루병', '배나무 흑성병(黑星病)'은 '배나무 검은별
무늬병', '벼 묘입고병(苗立枯病)'은 '벼 모잘록병', '감나무 근두암종병(根頭癌腫病)'
은 '감나무 뿌리혹병'처럼 한자로 쓰던 병명을 한글로 순화했단다.

아직 한자로 표기하는 병명도 있던데요?

그래! '감자 역병(疫病)', '고추 탄저병(炭疽病)', '감귤나무 궤양병(潰瘍病)'처럼 한글
로 순화시키기 마땅하지 않은 한자병명은 '감자 역병', '고추 탄저병', '감귤나무 궤양

병'처럼 한자를 한글로만 바꿔서 표기한단다.

식물병 명명 원칙에 어긋나는 병명도 있죠?

그래! '벼 도열병(*Pyricularia oryzae*)'에 의해 발생하는 '벼 도열병' 병명에는 기주식물명 '벼' 다음에 벼의 한자인 '도(稻)'가 다시 들어가 '도열병(稻熱病)'이라고 표기하고 있지. 벼의 의미가 중복 사용된 이상한 형태의 병명으로 돼 있어.
앞서 설명한 식물병명 표기 방식대로 해서 벼가 불에 타는 듯한 증상을 나타내는 식물병명이지. 그러기 때문에 '벼 열병'이 바른 병명이고, '벼 도열병'은 잘못된 표기인 셈이야!

교수님! 그러면, 고쳐야 하지 않나요?

그래! 아주 오래전에 식물병명을 우리말 표기로 바꿀 때 '벼 도열병'을 '벼 열병'으로 변경하자고 제안을 했었지. 그런데 워낙 굳어진 병명이라 바꾸지 말자는 결론이 내려졌었단다. 원칙이 중요하니 지금이라도 변경하는 것이 바람직하지!

'소나무재선충병'은 올바른 병명 표기가 아니죠?

그렇고말고! '소나무재선충(*Burrsaphenchus xylophilus*)'이 수분과 양분 이동을 막아 소나무를 시들고 죽게 만드는 '소나무재선충병'은 '시들음병'이지. 그러기 때문에 '소나무 시들음병'이 올바른 병명이고, 영어권에서도 'Pine wilt'이라고 부른단다.
'조류 독감'은 닭이나 오리 같은 조류(鳥類)가 걸리는 병인 것처럼 '소나무재선충병'은 '소나무재선충'이 걸리는 병으로 혼동될 수 있기에 잘못된 표기인 셈이지.

'시들음병'과 '시듦병' 중 어느 것이 옳은 병명이죠?

'*Fusarium oxysporum*'에 감염돼 토마토가 시들어 죽는 '토마토 위조병(萎凋病)'을 한글로 '토마토 시들음병'이라고 순화해 표기해오고 있지.
그런데 한글맞춤법에서 용언(동사와 형용사)을 명사형으로 만드는 법칙에 따르면,

'시듦'이 옳고 '시들음'은 잘못된 표기야. 그러기 때문에 '토마토 시듦병'이 올바른 병명이지. '토마토 시들음병'은 잘못된 표기인 셈이야.

그렇다면 한글맞춤법에 맞지 않는 식물병명을 사용하고 있군요?

그렇단다! 일부 기관이나 자료집을 보면 '시들음병' 대신 '시듦병'으로 표기해. 하루 빨리 한글맞춤법에 맞게 '시듦병'으로 수정 변경되어야 하겠지!

흥미로운 식물병명

교수님! 식물병명이 병증상에서 유래하지 않고 의성어에서 유래하는 경우도 있나요?

그렇단다! 아주 흥미로운 병명이 있단다! 세상에서 가장 작은 식물병원체인 '코코야자나무 카당카당 바이로이드(*Coconut cadang-cadang viroid*)'에 의해 발생하는 '코코야자나무 카당카당병'이야. 이 병의 이름은 30m가 넘는 거대한 코코야자나무가 병에 감염되어 죽고 '콰당콰당' 넘어지는 소리를 나타내는 의성어에서 유래해.

서양에서 우리처럼 식물병을 명명하나요?

그럼! 식물병명은 대부분 먼저 연구가 이루어진 서양에서 명명한 병명을 한글로 번역해 명명하고 있단다.

동양과 서양에서는 같은 식물병명을 달리 표기하는 경우도 있나요?

병든 식물에 나타나는 병증상으로 병징과 표징이 동시에 나타날 때 동·서양에서 병명을 달리 표기하기도 해.
사과 열매 표면에 갈색 점무늬가 생겨 커지면서 무르는 병징을 나타내고, 그 위에 표징으로 잿빛 포자 덩어리가 둥글게 겹무늬를 만들면서 썩어가는 병의 병명을 서양에서는 병징에 초점을 맞춰 'Apple brown rot'이라고 해. 동양에서는 표징에 초점을 맞취 '사과나무 잿빛무늬병(灰星病)'이라고 하지.

동·서양에서 병명을 다른 기준으로 명명하는 경우도 있나요?

있고말고! 동양에서는 병증상에 초점을 맞춰 명명해. 서양에서는 발병시기에 초점을 맞춰 병명을 달리 표기하는 경우가 있단다.

'*Phytophthora infestans*'에 의해 토마토 생육 중에 저온 다습할 때 주로 발생하는 병을 '역병'이라고 하고 서양에서는 주로 생육 후기에 발병하기 때문에 'late blight'라고 하지.

그런데 이와 비슷하게 '*Alternaria slolani*'에 의해 토마토 잎에 나이테 모양의 겹둥근무늬 형태로 병증상이 발생해 말라 죽는 식물병을 '겹둥근무늬병'이라고 하고 서양에서는 '역병'보다 일찍 발병하기에 'early blight'라고 하지.

병원균 종류에 따라 증식과 발병 속도가 다르면 병명을 달리 표기하기도 하나요?

토양전염성 곰팡이 '*Fusarium oxysporum*'이 토마토에 감염 후 서서히 증식하면서 물관을 폐쇄하지. 이에 따라 증산작용이 활발한 낮에는 시들어 가다가 밤에는 회복되는 증상을 되풀이하지. 마침내 식물체가 갈색으로 말라 죽는 병을 '시들음병'이라 해. 토양전염성 세균 '*Ralstonia solanacearum*'이 토마토에 감염 후 아주 빠르게 증식해 물관을 갑자기 폐쇄시킴으로써 식물체가 푸른빛을 띤 채 말라 죽는 병을 '풋마름병'이라고 해.

영어로는 동일한 병명을 한글로는 달리 표기하는 경우도 있나요?

'*Elsinoe fawcettii*'에 의해 감귤나무의 잎, 줄기, 열매 등에 딱지가 생기는 '더뎅이병', '*Gibberella zeae*'에 의해 밀과 보리 이삭에 분홍색 곰팡이가 생기는 '붉은 곰팡이병', '*Venturia nashicola*'에 의해 배나무 잎, 잎자루, 열매, 열매꼭지 등에 검은 부정형의 그을음 병반이 생기는 '검은별무늬병'의 영어 병명은 모두 'scab'으로 같지.

이와 비슷한 사례가 더 있나요?

그럼! 강낭콩, 잔디, 커피나무, 포플라나무 등에 적갈색으로 녹이 슨 듯한 병반이 생기는 '녹병'과 배나무, 사과나무, 모과나무 등에 생기는 '붉은별무늬병'의 영어 병명도 'rust'로 모두 같단다.

한글로 동일한 병명을 영어로 다르게 표기한 경우도 있나요?

'*Colletotrichum* spp.'에 의해 감귤, 강낭콩, 고추, 수박, 딸기, 토마토의 잎과 열매 등에 갈색 내지 검은색으로 움푹 패여 썩어가는 병반이 생기는 흔한 '탄저병'을 'anthracnose'이라고 하고, '양파 탄저병'처럼 식물체 표면에 그을린 듯한 검은색 병반이 생기는 '탄저병'은 'smudge'라고 하는데, '사과나무 탄저병'은 과육에서 쓴맛이 나기 때문에 'bitter rot'이라고 한단다.
'포도나무 탄저병'은 열매가 거의 성숙할 무렵에 발생하기 때문에 'ripe rot'이라고 해. 한자어 '탄저병(炭疽病)'과 더불어 생육 후기에 늦게 썩는다는 의미로 '만부병(晩腐病)'이라고도 부르기도 해.

과수 종에 따라 병명을 다르게 명명한 경우도 있나요?

그럼! '*Botryosphaeria dothidea*'에 의해 겹둥근무늬 형태로 열매가 썩는 병을 배나무에서는 '겹무늬병'이라고 하고 사과나무에서는 '겹무늬썩음병'이라고 부르지.

동일한 기주에 발생하는 다른 병의 병명이 너무 비슷해서 혼동할 가능성이 있는 병명도 있나요?

그렇고말고! '*Alternaria kikuchiana*'에 의한 '배나무 검은무늬병'과 '*Venturia nashicola*'에 의한 '배나무 검은별무늬병'은 병징도 병명도 비슷하지.
'검은무늬병'은 가장자리가 비교적 둥글고 뚜렷한 부정형 검은색 병반을, '검은별무늬병'은 검은색 부정형 그을음 병반을 형성한단다.
또한, 녹병균의 일종인 '*Gymnosporangium asiaticum*'에 의해 발생하는 '배나무 붉은별무늬병'도 '배나무 검은별무늬병'과 병명이 비슷하지만, 붉게 녹슨 듯한 병반을 형성한단다.

기주명과 병징에 비슷한 글자가 겹쳐 어색한 병명도 있나요?

 'Plasmodiophora brassicae'에 의해 배추 뿌리에 곤봉모양 혹이 생기는 '배추 무사마귀병'은 '배추 뿌리혹병'이라고도 하는데, 무에 발생하면 병명이 '무 무사마귀병'이 된단다.

 교수님! 복잡해 보이지만 알고 보니 병명도 참 흥미롭네요!

식물병 방제원리는
식물체를 건강하게 키우거나, 병원체 밀도를 낮추거나,
식물체 생육에는 적합하고 병원체 생장·증식에는
부적합하게 재배환경을 제어하거나,
병 발생 예찰에 의해 식물병을 예방함으로써
식물병 발병량을 최소화하는 것이란다

09 | 식물병의 방제

차나무 떡병

1. 식물병의 방제원리

 교수님! 식물병은 어떻게 방제하죠?

 식물병을 효율적으로 방제하기 위해서는 식물 개체보다는 식물 집단에 중점을 두고 관리해 나가는 것이 바람직해.

 동물과는 달리 식물에는 순환계가 없기에 면역혈청을 치료에 이용할 수도 없죠?

 식물병은 치료가 어렵기에 예방하는 것이 최선책이지.

 그런데 식물병을 예방할 수 없을 때 어떻게 해야 하죠?

 일단 식물병이 성립되면, 병원체 종류, 기주식물, 병환 등을 고려해서 발병을 최소화하는 것이 바람직하단다.
혜지 학생! 병삼각형을 기억하고 있니?

 당연하죠! 식물병 성립에 필수인 식물체, 병원체, 환경 등 3가지 구성요소의 상호관계를 삼각형으로 가시화한 것을 식물병삼각형이라고 합니다.

 잘 기억하고 있구나! 식물병삼각형에서 식물체가 저항성일수록 식물체를 나타내는 변은 짧아지게 되지.

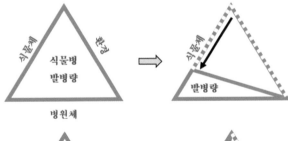

 그와 비례해서 식물병 발병량도 적어지겠네요!

 그렇고말고! 또한, 병원체

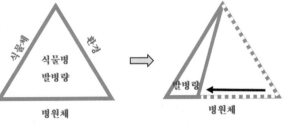

의 병원력이 약하거나 병원체 밀도가 낮을수록 병원체를 타내는 변은 짧아지겠지.

마찬가지로 식물병 발병량도 적어지겠네요!

그렇고말고! 기온, 습도 등 환경조건이 병원체의 생장과 증식에는 부적합하고 식물체의 생육에는 적합할수록 환경을 나타내는 변은 짧아진단다.

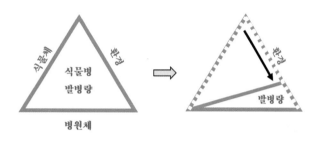

그러면 당연히 식물병 발병량도 적어지겠죠!

그렇고말고! 병삼각형 면적은 해당 식물체 또는 식물집단 발병량을 나타내. 그러기 때문에 3가지 구성요소 중 어느 하나라도 0이 되면 식물병은 발생할 수 없지 않겠니?

당연하죠!

식물체나 병원체가 없다면 식물병을 상상할 수조차 없는 게 당연해. 감수성 식물체와 병원력이 강한 병원체가 접촉해도 기온이나 습도와 같은 환경조건이 식물병의 발생에 적당하지 않으면, 병원체가 식물체를 침입하지 못하거나 감염을 일으키지 못해서 식물병이 발생하지 않는단다.

그러면 식물병 방제는 병삼각형 면적을 최소화하는 것이네요?

바로 그거야! 식물체 저항성을 증대시키거나, 병원체 밀도를 낮추거나, 환경을 식물병 발생에 부적당하게 만들면 식물병 발병량은 0에 가깝게 최소화된단다.

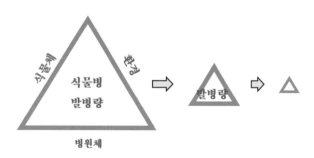

결국 식물병 방제는 병사 면체 체적을 최소화하는 것이군요? 식물병의 3가지 구성요소와 더불어 발병 시간이 짧으면 짧을수록 식물병 발병량도 급감하잖아요?

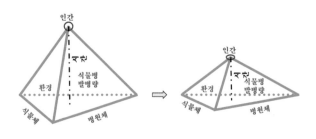

 그렇지! 따라서, 식물병으로부터 식물을 보호하는 식물병 방제원리는 다음과 같단다.

① 각종 재배 방법에 의해 기주식물체를 건강하게 키우거나 육종에 의해 식물체 저항성을 증대시켜주거나,

② 위생 관리, 약제 살포 등에 의해 병원체 밀도를 낮추거나,

③ 식물체 생육에는 적합하고 병원체 생장·증식에는 부적합하게 재배환경을 제어하거나,

④ 병 발생 예찰에 의해 식물병을 예방하거나, 일찍 방제를 함으로써 식물병 지속 시간을 줄여 식물병 발병량을 최소화하는 것이란다.

 교수님! 알고 보니 식물병 방제원리는 간단하네요!

 혜지 학생! 그렇게 보이지만 실제로는 쉽지 않단다!

 결국 식물병 방제는 재배자인 인간의 몫이네요!

 그렇다고 봐야지!

 "식물병을 효과적으로 방제하려면 무엇보다도 조기진단이 중요하겠군요!"

 아무렴 그렇고말고!"

2. 식물병의 방제방법

 교수님! 식물병 방제방법은 어떤 것이 있나요!

 식물병 방제방법에는 법적 방제, 재배적 방제, 생물적 방제, 물리적 방제, 화학적 방제 등으로 나눌 수 있단다.

 법적 방제방법은 식물방역법에 따라 식물검역을 시행하는 것인가요?

 그래! 식물 병·해충이 국경을 넘어 전파되거나 유입되는 것을 방지할 목적으로 수입되는 식물과 생산물의 병·해충을 검사해서 유해 병·해충 유입을 차단하는 방제법이란다.

 재배적 방제는 식물체를 건전하게 재배함으로써 식물병 발생을 억제하는 방제법인가요?

 그렇지! 같은 땅에 동일한 작물을 연이어 재배하지 않고 다른 작물을 순차적으로 재배해서 병원체 밀도를 낮추는 돌려짓기, 파종 시기 조절, 1차 전염원 또는 중간기주를 제거하는 포장 위생, 유기물 시용, 석회 시용, 객토, 심경 등을 통한 토양 물리성 개선 등 다양한 재배 기술을 이용하는 방제법이야.

 생물적 방제는 생물이나 바이러스를 이용해 식물병 발생을 감소시키는 방제법인가요?

 그렇단다! 생물적 방제는 병원성이 약화된 바이러스를 이용하는 교차보호와 길항미생물로 병원균을 제어하는 미생물적 방제, 저항성 품종 재배 등을 포함한단다.

 '*Agrobacterium radiobacter* K84'를 이용한 '과수 뿌리혹병' 방제도 생물적 방제 사례인가요?

 그렇고말고!

물리적 방제 사례는 어떤 것이 있나요?

 물리적 방제는 낙엽이나 식물 잔재물을 소각해서 병원체와 매개충을 제거하거나, 봉지나 방충망으로 기주식물체에 접근하지 못하도록 차단하는 기계적 방법과 고온이나 태양열을 이하는 방법 등을 포함해.

 볍씨 소독에 사용하는 냉수온탕침법도 열처리를 이용한 물리적 방제 사례인가요?

 아무렴 그렇고말고!

 화학적 방제는 병원균에 유해한 화학 약제인 농약을 사용하는 방제법인가요?

 그럼! 작물 재배에서 화학적 방제는 농업인들이 선택하는 간편한 방제법이긴 해. 그러나 빈번한 농약 사용은 생태계 파괴, 약제 저항성균 발생, 잔류독성 피해 등 많은 문제점을 발생하지.

 그러면 앞으로 어떻게 식물병을 방제하는 게 바람직한가요?

 경제 피해 수준을 고려해 다양한 방제법을 병행함으로써 화학적 방제의 비중을 낮춰 농약을 가능한 적게 사용하는 종합 관리가 바람직한 식물병 방제 방향이란다.

3. 식물병의 예방

식물검역

교수님! 식물검역(plant quarantine)은 어떻게 시행하죠?

수입되는 식물이나 농산물에 대해 항구나 공항, 그리고 국경에서 엄중한 검사로 식물병원체, 해충, 잡초 유입을 차단하는 식물검역이 엄격하게 시행된단다.

식물검역은 왜 시행하죠?

국외여행과 국가 간 무역이 빈번해지고 농산물시장이 개방됨에 따라 수입농산물 종류와 수입량 증가 및 수입국가 다변화가 일어났지. 이에 따라 식물병·해충과 잡초가 새로운 지역에 들어와서 큰 피해를 일으키는 사례가 많기 때문이야.

식물검역이 실패하면 어떻게 되죠?

새로운 병원체가 유입되면 새로운 기주가 되는 토착 재래식물은 이 병원체에 대한 저항성 유전자가 선발될 기회를 가지지 못한 채 진화되어 왔어. 그러기 때문에 유전적으로 매우 취약해서 새로운 식물병 대발생 가능성이 매우 높단다.

식물검역은 어느 기관에서 주관하죠?

우리나라에서는 1962년 제정 공포된 식물방역법에 근거를 두어 시행되어왔으며, 현재 농림축산검역본부에서 주관하고 있지.

새로운 병원체 유입 차단이 식물검역의 목적이군요?

그렇고말고! 각국 식물검역제도 기본 원칙은 외래 식물병·해충의 유입을 차단해서 농산업 보호와 농산물 품질 보증으로 국제 경쟁력을 확보하는 데 있단다.

우리나라에 유입되어 정착한 식물병과 병원체

식물병	병원체	유입년도
감자 더뎅이병	*Streptomyces scabies*	1913년
목화 탄저병	*Glemerella gossypii*	1914년
복숭아나무 탄저병	*Gloeosporium laeticola*	1914년경
사과나무 뿌리혹병	*Agrobacterium tumefaciens*	1915년경
포도나무 노균병	*Plasmopara viticola*	1915년경
감자 역병	*Phytophthora infestans*	1919년경
벼 흰잎마름병	*Xanthomonas oryzae* pv. *oryzae*	1930년
감귤나무 궤양병	*Xanthomonas axonopodis* pv. *citri*	1935년경
고구마 검은무늬병	*Ceratocystis fimbriata*	1942년
감자 탄저병	*Colletotrichum atramentarium*	1970년
사과나무 검은별무늬병	*Venturia inaequalis*	1972경
벼 검은줄무늬오갈병	*Rice black-straeked dwarf virus*	1973년
토마토 궤양병	*Clavibacter michiganenesis* pv. *michiganenesis*	1975년
소나무재선충병	*Bursaphelenchus xylophilus*	1988년
배나무/사과나무 화상병	*Erwinia amylovora*	2015년

식물검역에서 병해충은 어떻게 분류하나요?

1995년 전면 개정된 식물방역법에 따라 병·해충을 규제병·해충, 잠정규제병·해충, 비검역병·해충으로, 규제병·해충은 위험정도에 따라 검역병·해충과 규제비검역병·해충으로, 검역병·해충은 금지병·해충과 관리병·해충으로 나누어 관리한단다.

식물방역법상 금지병·해충 중에서 금지병원체

식물병	병원체	유입년도
벼 이삭마름병	*Balansia oryzae-sativa*	곰팡이
감자 암종병	*Synchitrium endobioticum*	
소나무 종유석병	*Cronartium coleaoporioides*	
참나무 역병	*Phytophthora ramorum*	난균
담배 노균병	*Peronospora tabacina*	
과수 화상병	*Erwinia amylovora*	세균
감귤 그린병	*Citrus greeening*	
포도나무 피어슨병	*Xylella fastidiosa*	
가지과 제브라칩병	*Candidatus Liberibacter solanacearum*	
사과나무 빗자루병	Apple proliferation phytoplasma	파이토플라스마
포도나무 황화병	Grapevine flavescene Doree	
자두 곰보병	Plum pox virus	바이러스
감자 걀쭉병	Potato spindle tuber viroid	바이로이드

국내방역은 어느 기관에서 주관하나요?

 국내방역은 농촌진흥청 재해대응과에서 주관하고 있단다.

 국내방역 사례는 어떤 것이 있었나요?

 국내방역 행정조치 사례로 1974년 '배나무 붉은별무늬병' 발생을 저지하기 위해 배나무 재배단지를 중심으로 일정한 지역 내에서 향나무 재배를 금지하였고, 이미 조성된 포장에는 약제 방제를 의무화했단다.

 배나무 과원 근처에 향나무를 심으면 위법인가요?

 그렇단다!

 또 다른 사례도 있나요?

 2014년 9월 11일 신종 '키위나무 궤양병균' Psa3에 감염된 전라남도 고흥군의 키위 과원이 '키위나무 궤양병' 확산을 저지하기 위해 공적 방제에 의해 폐원된 사례가 있어.

 교수님! '과수 화상병'은 검역병·해충이죠?

 2015년 경기도 안성의 배나무 과원에서 검역병·해충 중 금지병·해충으로 지정된 '과수 화상병'이 발생해서 반경 100m 내에 있는 배나무를 매립하는 등 확산 방지 노력을 하고 있어. 그런데도 계속 급격하게 확산하고 있단다.

 그러면 '과수 화상병'에 대한 국내방역이 문제네요?

 '과수 화상병'이 국내로 유입된 2015년까지는 국경검역이 문제였지만, 지금은 국내방역이 문제지.
2015년에는 지자체 3곳, 농가 43곳, 42.9ha 면적의 배나무 과원에만 발생했지. 2018년부터는 사과나무 과원에도 발생하기 시작해 2020년 1,092 농가에서 발생했고, 피해 면적은 655.1ha로 증가했단다.

'과수 화상병' 발생 지역은 경기도, 강원도, 충청남·북도에 이어 2020년에는 전라북도 익산, 2021년에는 경상북도 안동까지 점차 전국 사과와 배 재배지로 확산해 국내 방역이 심각한 문제란다.

 '과수 화상병'이 발생하면 매몰처분을 해야죠?

 '과수화상병·과수가지검은마름병 예찰·방제사업' 지침에 따라 '과수 화상병' 발생 지역의 재식 주수가 100그루 이상인 과원에서 발병주가 5그루를 초과한 경우에는 전체 과원을 폐원해야 해. 발병주가 5그루 이하인 경우에는 사과나무는 발병주와 접촉주를 제거하고, 배나무는 발병주만 제거해.

 사과나무와 배나무를 구분하는 이유는 뭐죠?

 사과나무 과원이 배나무 과원보다 밀식 재배하기에 '과수 화상병' 전염 위험이 더 높기 때문이야.

 '과수 화상병'이 소규모 과원에 발생해도 같은 룰이 적용되죠?

 그렇지는 않아! '과수 화상병' 발생 지역의 재식 주수가 100그루 미만의 규모가 작은 과원에서는 '과수 화상병' 발생률이 5% 이상 되면 과원 전체를 매몰 처분해야 한단다. 또한, 동일 과원에서 추가로 '과수 화상병'이 발생하면 발병주수를 누적 계산해 폐원 기준으로 삼고, 이미 확산세가 급격한 지역에서는 발병주가 5그루 미만이어도 현장 방제관의 판단에 따라 폐원할 수 있단다.

 '과수 화상병'의 발병주를 폐기하지 않으면 처벌받죠?

 그럼! '과수 화상병' 발병주를 폐기하지 않는다면, 식물방역법 제47조에 의거해서 3년 이하의 징역 또는 3천만 원 이하의 벌금형에 처한단다.

'과수 화상병'으로 폐원된 과원에는 3년간 사과와 배 등 기주식물을 재배할 수 없지. 허가 없는 매몰지 발굴은 금지돼 있단다.

공적 방제에 의해 폐원되면 보상을 받을 수 있죠?

 '과수 화상병'으로 폐원된 과원에는 정해진 보상기준에 따라 보상을 해주고 있지. 그런데 실보상금은 과수 보상액과 1년 농작물과 2년 영농손실 보상액을 산출해 지급한단다.

 '과수 화상병'을 박멸해야 하는데 걱정이네요.

 '소나무재선충병'도 그렇고, '키위나무 궤양병'도 그렇고, 검역에 실패하면 막대한 손실을 가져 온단다.

병발생예찰

 교수님! 병발생예찰(disease forecasting)이란 무엇인가요?

 병발생예찰이란 언제, 어디에서, 어떤 병이 얼마만큼 발생해 피해가 얼마나 될 것인가를 추정하는 것이란다.

 병발생예찰을 위해서는 무엇을 고려해야 하나요?

 식물병은 병원체 밀도와 병원력, 기주감수성, 환경 특히 기상요인과 상호작용으로 성립되므로 병발생예찰은 특정 병원체, 기주 그리고 환경의 여러 가지 특성을 종합적으로 고려해야 하지.

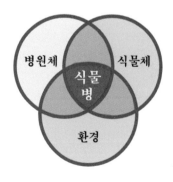

 병발생예찰 방법은 병 종류에 따라 다르겠네요?

 그럼! 병발생예찰은 기상, 병원체 채집, 작물 생육, 체질 검정 등을 통해 시도되고 있어.

기상과 병원체 채집으로 예찰하는 대표적 사례

식물병	병원체	예찰 조건
벼 도열병	*Pyricularia oryzae*	기상(여름철 이상저온, 잦은 비, 일조 부족)
		병원균(공기 중 분생포자 비산 수)
벼 잎집무늬마름병	*Thanatephorus cucumeris*	기상(여름철 이상고온)
맥류 붉은곰팡이병	*Gibberella zeae*	기상(출수기 잦은 비와 강우량)
감자 역병	*Phytophthora infestans*	기상(기온, 강우, 습기, 구름 양)
벼 흰잎마름병	*Xanthomonas oryzae* pv. *oryzae*	병원균(박테리오파지 수)
벼 줄무늬잎마름병	Rice stripe virus	매개충(월동 전후 애멸구 밀도와 보독충 수)

 작물의 생육상을 조사해 병발생예찰도 가능한가요?

 그래! 작물에서의 발병은 기상, 재배법 특히 시비법과 밀접한 관계가 있단다.
'보리 줄녹병'은 따뜻한 겨울을 지낸 보리 키가 큰 해에 대발생하므로 춘분 때 보리 키를 평년과 비교해 발병을 예찰할 수 있어.

 예찰포를 만들어 예찰하기도 하나요?

 '벼 잎도열병'은 예찰포를 만들어 고도로 감수성 품종을 심고, 질소질 비료를 많이 줘서 벼를 허약하게 키워 잎에 일찍 짙은 회색의 급성형 도열병의 병반을 유발시켜 예찰하는 방법이 실용화되고 있지.

 병발생예찰시스템이 개발되어 있나요?

 '과수 화상병'은 초기전염원의 양에 기초해서 예찰할 수 있단다.
'과수 화상병균'은 17℃ 이상의 온도보다 15℃ 이하에서 훨씬 느리게 증식하기에, 매일 평균 기온이 3월 1일의 16.5℃로부터 5월 1일의 14.4℃까지 선을 그어 만든 발병예보선을 초과하면 과원에서 격발할 것이라 예상할 수 있어. 그러므로 개화기에 살균제를 살포하도록 예찰하고 있단다.

 '감자 역병'도 많이 연구된 식물병이니까 예찰시스템이 개발되지 않았을까요?

 그렇지! 초기전염원의 양이 적을지라도 '감자 역병균'의 2차 전염원의 진전에 유리한 기상 조건에 기초해서 예찰하고 있단다.

10~24℃ 기온이 꾸준히 지속되고, 상대습도가 75% 이상 되는 조건이 48시간 이상 계속되거나, 매일 10시간 이상 상대습도가 적어도 90% 이상 되는 날이 8일간 연속될 때 감염이 일어나. 2~3주 후 '감자 역병'의 격발을 예상할 수 있단다.

만약 그 기간이나 그 후에 강우, 이슬 또는 포화에 가까운 상대습도가 여러 시간 지속되면 '감자 역병'이 더욱 증가해 대발생 가능성을 예고해 주지.

 기온과 습기 지속 시간이 발병에 영향을 미치나요?

 '사과나무 검은별무늬병'은 6~28℃ 범위에서 젖은 잎이나 열매 표면에 감염을 일으키지. 잎과 열매가 습해지는 데 걸리는 시간은 최저온도인 6℃에서 28시간, 최고온도인 28℃에서 28시간, 최적온도인 18~24℃ 범위에서 9시간이지.

 기온과 습기 지속 시간에 기초한 예찰시스템도 있나요?

 그럼! '사과나무 검은별무늬병'은 기온과 습기 지속 시간 데이터를 결합해 감염 시기뿐만 아니라, 감염 기간 중 발생하는 발병 정도까지 예측할 수 있지. 기상 감지 마이크로컴퓨터에 의해 수집되고 분석된 정보는 살균제 살포 시기와 살균제 종류도 처방해 준단다.

4. 재배적 방제

윤작

 교수님! 연작장해는 왜 발생하죠?

 같은 장소에 같은 작물을 계속 재배하는 것을 연작(이어짓기)이라고 해. 여러 작물을 번갈아 재배하는 것을 윤작(돌려짓기)이라고 하고.

연작은 토양전염성 병원체 밀도를 증가시켜 발병과 피해가 심해지는 연작장해를 일으키지.

연작장해 때문에 인삼을 재배했던 곳에 다시 인삼을 재배하지 않는 거죠?

그렇단다! 인삼을 5~6년 재배하면 토양전염성병 때문에 같은 경작지에 인삼을 재배하지 못하는 기지(忌地) 현상이 나타나. 연작장해의 대표 사례지.

그러면 연작장해를 회피하기 위한 윤작 기간은 몇 년이 적정하죠?

'강낭콩 탄저병균', '배추 검은썩음병균'처럼 기주식물체의 잔재물이 있는 동안 부생생활을 하는 토양침입균에 의한 식물병은 비기주식물을 2~3년 윤작함으로써 전염원을 제거할 수 있지.

토양서식균에 의한 식물병도 토양침입균에 의한 식물병처럼 윤작하면 되죠?

아냐! '무사마귀병균', '시들음병균', '모잘록병균'처럼 기주식물이 없더라도 토양에서 5년 이상 오래 살 수 있는 토양서식균에 의한 식물병은 일단 발생하면, 윤작으로 방제하기 위해 너무 긴 시간이 필요하므로 실용적이지 않단다.

윤작을 하려면 어떤 작물을 선택해야 하죠?

'무/배추 무사마귀병균', '감자 더뎅이병균'처럼 기주범위가 좁은 병원균들은 윤작을 위한 작물 선택 범위가 넓지만, '흰비단병균', '풋마름병균', '무름병균'처럼 기주범위가 너무 넓은 병원균들은 비기주작물인 벼과작물로 바꿔 재배하는 것이 바람직해.

윤작으로 병방제 효과를 극대화하려면 토양병원균의 생존방식과 기주범위를 먼저 파악해야겠네요!

교수님! 전염원은 어떤 방법으로 제거하나요?

재배지에서 전염원이 되는 병든 식물이나 병원체를 직접 제거하는 것은 매우 실용적인 방제법이란다.
'뿌리혹병'에 감염된 묘목과 '자주날개무늬병'에 감염된 뽕나무 묘목 등은 육안으로 식별해 제거할 수 있지.

감염 유무를 알 수 없는 병든 종자는 어떻게 선별하나요?

병든 종자는 비중을 이용해 물에 의한 수선, 소금물에 의한 염수선, 바람에 의한 풍선 등으로 선별해 제거할 수 있어.

병든 식물체 잔재물, 전정 가지, 낙엽 등도 전염원이 될 수 있으니 포장에서 제거해야 하나요?

그래! 병든 식물체 잔재물, 낙엽, 볏짚을 퇴비로 만들 때는 '옥수수 깜부기병균', '무/배추 무사마귀병균'처럼 동물의 소화관을 통과해도 생존하는 것이 있기 때문에 퇴비를 충분히 발효시켜 사용해야 한단다.
'벼 도열병균'은 볏짚, 왕겨 등의 병반에서 균사로 월동해서 이듬해에 분생포자를 형성하고 병을 일으키므로 논 가까이 방치해서는 안 되겠지.

그러면, 토양전염성 병원체는 어떻게 제거하나요?

토양에 비닐멀칭, 고압증기나 열수처리 등을 이용해 토양전염성 병원체를 소독할 수도 있어.
선충과 일부 난균 등은 50℃ 정도에서 죽지만, 대부분의 곰팡이와 세균은 60~72℃에서 죽지.

바이러스도 열처리 효과가 있나요?

 그렇단다! 식물체 잔재물에 있는 바이러스는 약 82℃에서 불활성화되고, '담배 모자이크 바이러스(TMV)'는 95~100℃에서 불활성화된단다.

 열을 이용한 종자소독도 가능한가요?

 그럼! 1888년 젠센(Jensen)이 개발한 온탕침법은 밀 종자를 52℃ 온탕에 11분 동안 침지해서 '밀 깜부기병균'을 불활성화시키는 방법이야.

 우리나라 전통적인 냉수온탕침법도 여전히 유용하나요?

 그래! 볍씨를 15℃ 냉수에서 1~2시간 동안 담근 후 58℃ 온탕에 15분 담가 소독하는 냉수온탕침법도 오래전부터 사용해 온 전염원 제거법인 셈이지.

 그러면, 작물을 재배하지 않는 농한기에 전염원을 제거하면 효과적이겠네요!
교수님! 중간기주 제거도 효과적인 전염원 방법인가요?

 그렇단다! '녹병균'처럼 이종기생균의 생활사를 차단하고, 전염원을 줄일 수도 있는 실용적인 방제법이 중간기주를 제거하는 것이란다.

 중간기주 제거는 어떤 병에 효과적인가요?

 '밀 줄기녹병', '배나무/사과나무 붉은별무늬병', '잣나무 털녹병', '소나무 혹병' 등 이종기생균에 의해 발생하는 '녹병'은 중간기주 제거로 효과적으로 방제할 수 있단다.

 "중간기주 제거가 완벽한 방제법은 아니잖아요?"

 "그렇기는 하지!"

이종기생균이 일으키는 식물병과 중간기주

녹병균	식물병	기주식물	
		녹병정자 · 녹포자 세대	여름포자 · 겨울포자 세대
Puccinia graminis	밀 줄기녹병	매자나무	밀
Puccinia recondita	밀 붉은녹병	좀꿩의다리	밀
Gymnosporangium asiaticum	배나무 붉은별무늬병	배나무/모과나무	향나무
Gymnosporangium yamadae	사과나무 붉은별무늬병	사과나무	향나무
Cronartium ribicola	잣나무 털녹병	잣나무	까치밥나무/송이풀
Cronartium quercuum	소나무 혹병	소나무속식물	졸참나무/신갈나무
Coleosporium asterum	소나무 잎녹병	소나무속식물	참취
Melampsora larci-populina	포플라 잎녹병	낙엽송	포플라

중간기주가 식물이 아닌 경우도 있나요?

그렇고말고! 중간기주를 넓게 생각하면 '벼 오갈 바이러스' 등이 월동, 증식하는 보독충과 '벼 흰잎마름병균' 등이 월동하는 잡초 등을 포함할 수 있어. 그러기에 보독충과 잡초 제거도 병방제에 중요하단다.

그렇군요! 중간기주에 식물뿐만 아니라 보독충과 잡초를 포함하는 것은 아주 적극적 발상이네요!

재배환경 조절

교수님! 작물 재배지의 환경이 병방제에 중요하죠?

그럼! 같은 작물이라도 재배지에 따라 발병정도가 다를 수 있으므로 재배지 선택이 중요하지.

예를 들면요?

'벼 흰잎마름병', '벼 잎집무늬마름병' 등 고온성 식물병은 따뜻한 남부지방에 발생이 심해. 저온성 식물병인 '벼 도열병', '벼 모썩음병' 등은 서늘한 북부 또는 산간지방에 많이 발생한단다.

비와 바람 차단도 병방제 효과가 있죠?

 많은 병원균들이 비와 바람에 의해 주로 전반되지. 그러기 때문에 비가림시설이나 방풍림 조성이 병방제에 효과적이야.

 비바람이 발병을 조장하죠?

 당연하지! '감귤 궤양병', '벼 흰잎마름병' 등은 태풍이나 비바람이 센 곳에 발병이 심해. '배나무 검은별무늬병', '사과나무 탄저병'은 비가 잦은 곳에 발병이 심하고.

 바람을 차단하면 오히려 발병이 심해지는 경우도 있죠?

 그러게! 온실과 비닐하우스는 고온과 통풍 불량이 겹쳐 늘 다습하기에 '잿빛곰팡이병', '노균병', '역병', '균핵병'이 대발생하기 쉽지.
시설재배에서는 통풍이 잘 되도록 환기창이나 환기팬을 설치해 실내환경을 조절해야 한단다.

 노지재배에서도 그렇죠?

 그래! '보리 흰가루병'도 통풍이 나쁜 곳에 주로 발생해.

 시설재배에서 색깔이 있는 필름을 왜 사용하죠?

 '토마토 잿빛곰팡이병균'이 분생포자를 형성하기 위해서는 근자외선(330~380nm)이 있어야 한단다.
그래서, 자외선 제거 필름(UVA film)을 사용한 비닐하우스에서 토마토를 재배하면 분생포자가 형성되지 않아. 그러기 때문에 '토마토 잿빛곰팡이병'을 경감시킬 수 있지.

 강원도에서 씨감자를 생산하는 이유는 뭐죠?

 강원도 고랭지에는 '바이러스병'을 매개하는 진딧물이 적어. 그러기 때문에 '바이러스병'을 회피할 수 있어서 씨감자 생산지로 적합하지.

그러면 평지에 있는 씨감자 생산지에 진딧물이 접근하지 못하도록 하면 되겠네요?

혜지 학생다운 아주 지혜로운 발상이야! 실제로 평지에서 씨감자를 생산할 때 진딧물의 접근을 차단할 수 있도록 방충망을 설치한 하우스에서 재배한단다.

병원체나 매개충이 식물체에 접촉하는 것을 사전에 차단하는 물리적 방법이 또 있죠?

그렇고말고! 병원체 또는 해충 피해 예방용 봉지씌우기는 여러 가지 과수 재배에서 실용화되고 있어.
또한, '오이 노균병균'과 '토마토 역병균'이 빗물로 튀어 오르는 것을 방지하기 위해 지표면에 짚을 깔기도 해.
'균핵병균'의 균핵에서 포자가 비산되지 않도록 지표면에 비닐멀칭을 하기도 하지.

작물 재배시 병방제 효과를 얻을 수 있는 환경 조절 방법이 아주 다양하네요!

저장환경 조절

교수님! 저장환경 조절도 '저장병' 방제에 효과적인가요?

물론이야! 곡류, 채소, 과일은 저장하거나 수송하는 동안에 '저장병'에 의한 피해를 예방하기 위해서는 포장에서부터 철저한 방제로 전염원을 없애야지.

상처 없이 저장하는 게 중요한가요?

당연하지! 우선 맑게 갠 날을 택해 수확하고, 상처가 발생하지 않도록 병든 것과 건전한 것을 선별해서 저장해야 한단다.

저장고는 어떻게 관리하는 게 좋은가요?

통기 불량, 온도 변화, 습도 상승 등 '저장병'을 조장하는 환경이 마련되지 않도록 저장환경을 잘 조절해야 해.

대체로 저온에서 '저장병'이 억제되지만, '고구마 무름병'은 -2~9℃에 저장하면 오히려 발생하기 쉬워.

그러면 고구마를 오래 저장할 수 있는 방법은 없나요?

보통 수확할 때 상처가 잘 생기는 고구마는 상처부위에 코르크층을 형성시킨 후 15℃에 저장할 경우에 '고구마 무름병'과 '고구마 검은무늬병'을 예방할 수 있단다.

어떻게 코르크층을 형성시키나요?

고구마를 30~33℃, 상대습도 90~95%에서 5일간 처리해서 상처 부위에 코르크층을 형성시켜 상처를 아물게 하는 것이 '큐어링(curing)'이란다.

그렇군요! 큐어링을 다른 작물에 적용할 수 있나요?

감자는 15℃, 90% 상대습도에서 1~2주일 동안 큐어링해 4℃에서 저장하면 '역병'과 '무름병'을 예방할 수 있지.

곡류를 오래 저장하는 방법은 없나요?

곡류는 수확 후 잘 말려 저장하는 것이 '저장병'을 예방하는 최선책이야.

그러고 보니, 벼, 보리, 콩, 고추 등을 수확 후 햇볕에 말리는 것이 '저장병'을 예방하는 방법이었네요?

선조들의 지혜를 엿볼 수 있는 대목이지. 수분 함량이 높으면 '저장병균'이 번성해 곡류 변질을 가져오지. 그뿐만 아니라 '저장병균'이 균독소를 생성해 곡류를 소비하는 사람이나 가축에게 치명적 피해를 줘. 그러기 때문에 곡류 저장 관리가 중요해.

채소나 과일을 오래 저장하는 방법은 무엇인가요?

 신선 농산물은 'CA(Controlled Atmosphere) 저장'을 할 경우, 저온저장을 하는 것
보다 장기저장이 가능해진단다.

 CA 저장의 원리는 무엇인가요?

 CA 저장은 공기의 조성(N_2 79%, O_2 21%, CO_2 0.03%)을 조절한 조건에서 저장하는
방법이지.
저장고 내의 공기 중에서 이산화탄소의 농도를 1~5%까지 높이고, 산소의 농도를
1~5%로 낮추든지, 이산화탄소 또는 질소가스 상태로만 저장하기도 해.
CA 저장은 과실과 채소의 호흡률을 감소시키고, 미생물 생장을 억제해 산화반응을
감소하고, 추숙을 억제하지.

 농산물 저장 시 효율적인 저장병 방제를 위한 환경 조절 방법도 매우 다양하네요!

파종기 조절

 교수님! 파종기를 조절해도 병방제에 효과가 있죠?

 그래! 적절한 파종기 조절로 발병을 회피할 수 있지.

 모내기 시기도 발병에 영향을 미치죠?

 그럼! 벼 파종이나 모내기를 늦추면 '벼 도열병'의 발생이 심하고, 모내기를 일찍 하
면 '잎집무늬마름병'과 '줄무늬마름병'의 발생이 심해진단다.

 벼를 재배할 때 '벼 도열병'이 심한 곳에는 일찍 모내기를 하고, '잎집무늬마름병'과
'줄무늬마름병'이 많이 발생하는 곳에는 늦게 모내기를 해야겠군요!

그렇단다! '무 모자이크병'은 매개충 밀도와 관계가 깊고 파종기가 늦을수록 피해가 적단다.

 매개충이 없는 곳에 늦게 파종을 해야겠네요!

 그렇지! '보리 줄무늬병'은 지온이 10~15℃일 때 감염이 잘 되지. 그러기에 가을보리는 일찍 파종하고, 봄보리는 늦게 파종하면, '보리 줄무늬병'의 발병을 회피할 수 있어.

 파종기도 발병에 영향을 미치죠?

 그래! 저온성 작물인 시금치, 완두 등은 고온에서 '모잘록병'의 피해가 심하고, 멜론 이나 강낭콩은 저온에서 '모잘록병'의 피해가 심하지. 그러기 때문에 파종기를 적절 하게 조절하면 '모잘록병'의 피해를 경감할 수 있단다.

 그렇군요! 작물 재배 시에 파종기도 고려해야겠네요!

토양 조절

 교수님! 토양수분 조절도 병방제에 효과적일까요?

 그럼! 편모를 가지고 있는 '무/배추 무사마귀병균', '모잘록병균', '역병균'과 세균은 토양수분이 많을 때 발병이 심하지. 그러기에 모판이나 재배지에 배수가 잘되도록 관리를 잘해야 피해를 줄일 수 있어.

 토양침수도 병방제 효과가 있나요?

 토양에 있는 '균핵병균'의 균핵과 '바나나 시들음병균'의 포자들은 6~8주 동안 침수 시켜 죽임으로써 방제할 수 있지.

 토양산도(pH)를 적절하게 조절해 회피할 수 있는 식물병도 있나요?

그렇고말고! '감자 더뎅이병균'은 알칼리성 토양에서 잘 번식하므로 유황을 처리해 pH 5.2 이하로 유지하면 방제돼. 재나 석회를 많이 주면 오히려 발병이 심해지지. 반면에 '무/배추 무사마귀병균'은 산성 토양에서 잘 번식하므로 pH 7.0 이상으로 조절하면 발병이 억제된단다.

작물 영양도 발병에 영향을 미치나요?

물론이야! 미량원소의 결핍증상이 나타났을 때 균형시비로 작물의 영양상태를 개선해주면 병저항성을 높일 수 있단다.

질소질 비료가 발병을 증가시키나요?

그래! 질소질 비료를 많이 주면 잎과 줄기 조직이 연약해지고 저항성이 약해져 거의 모든 병이 잘 발생한단다.

교수님! 이와 반대인 경우도 있나요?

'벼 깨씨무늬병', '감자 겹둥근무늬병' 등은 거름기가 부족해지면 발생하기 쉽지.

유기질 비료도 발병에 영향을 미치나요?

그럼! 분해가 쉬운 유기질 비료는 토양구조, 수분경제와 통기를 높이고, 토양미생물 활동을 촉진해 토양전염성병에 의한 피해를 감소시킬 수 있단다.

유기질 비료로 발병을 경감시키는 사례가 있나요?

있다마다! 돼지분변, 게껍질, 소뼈 등 동물성 유기물을 토양에 시용하면, '인삼 뿌리썩음병균'의 밀도를 낮추고, '방선균'의 밀도는 높여 연작장해를 일으키는 '인삼 뿌리썩음병'의 발생을 경감시킬 수 있단다.

그렇군요! 토양에 있는 수분, 산도, 양분 상태 등도 수시로 점검할 필요가 있네요!

교수님! 농사작업 시 위생 관리도 병방제에 필요하죠?

 병원체에 오염된 손으로 농사작업을 할 때 병원체를 전반시킬 수 있단다.
'토마토 풋마름병'은 이식할 때 생긴 뿌리 상처를 통해, '담배 모자이크병'은 담배를
피우는 사람 손을 통해 전염되지.

 작물을 이식하거나 다룰 때 세심한 주의가 필요하겠네요!

 그렇고말고! '과수 화상병', '키위나무 궤양병' 등은 전정가위를 통해, '감자 둘레썩음
병'은 병든 씨감자를 자른 칼을 통해 전염된단다.

 그렇다면, 전정가위나 칼을 소독해야겠군요!

 물론이야! 전정가위, 칼 등 농기구를 70% 에틸알코올이나 0.5% 차아염소산나트륨
으로 수시로 소독하면서 사용해야 한단다.
작업화, 작업복, 농기계 바퀴 등을 통해서도 병원체가 전염되기 때문에 같은 방법으
로 소독해야 해.

 병원에서 의사들이 위생 관리를 철저히 하는 원리랑 비슷하죠!

 그렇다마다! 식물의사도 의사와 다를 바가 없단다.

매개충 방제

 교수님! 매개충 방제도 병방제에 중요한가요?

 그럼! 매개충에 의한 병원체의 전반을 차단하는 것은 병방제의 기본이야.

여러 가지 선충병, 곰팡이병, 파이토플라스마병, 바이러스병 등을 전반하는 매개충을 방제하면, 발병을 효율적으로 차단할 수 있단다.

 매개충 방제 사례는 어떤 것이 있나요?

 '참나무 시들음병'은 '광릉긴나무좀'에 의해서 전파가 돼. 그러기 때문에 '광릉긴나무좀'의 침입공에 페니트로티온 유제를 주입해서 죽이지. 또는 피해 임지에서 피해목을 잘라 훈증제를 처리하거나, 끈끈이롤트랩을 사용해 포획한단다.

 식물병을 매개하지 않더라도 발병을 조장하는 해충이나 선충도 방제하는 게 바람직한가요?

 그럼! '토마토 시들음병균'은 토양선충이 가해한 뿌리 상처를 통해 침입해. 그러므로 토양선충을 방제하면 '토마토 시들음병' 발생을 줄일 수 있단다.

 매개충의 접근을 차단하는 여러 가지 방제법이 활용되나요?

 그래! 낙엽을 소각해서 병원체와 매개충을 제거하거나, 사과, 배, 포도 등의 과일에 봉지를 씌우거나, 시설재배지에 방충망을 설치해서 매개충이 접근하지 못하도록 차단하지. 그러면 식물병을 예방할 수 있지.

 '그을음병'을 방제하기 위해 살균제가 아닌 살충제를 살포하는 이유는 무엇인가요?

 '그을음병균'은 진딧물 분비물을 먹고 자라므로 '그을음병' 발병 후 살균제를 살포하는 것보다 살충제로 '진딧물'을 없애는 것이 더 효과적이기 때문이야.

 살균제가 아니라 살충제를 살포하는 것이 식물병 방제에 효과적이라니 흥미롭네요!

 "역발상이 필요할 때가 있단다."

무병종자의 이용

 교수님! 무병종자도 병방제에 중요하죠?

 물론이야! 무병종자를 파종하면 건전한 작물을 재배할 수 있지. 그러기 때문에 병원체가 없는 지역, 병원체가 생존하기에 부적당한 지역, 매개충이 없는 지역에서 무병종자를 생산하지.

 강원도 고랭지에서 씨감자를 생산하는 것도 마찬가지죠?

 그렇고말고! 강원도 고랭지에는 '바이러스병'을 매개하는 '진딧물'의 밀도가 낮아 '바이러스병'을 회피할 수 있어. 그래서 씨감자 생산지로 적합하단다.

 바이러스에 감염되지 않은 식물을 자연에서 발견하기가 거의 불가능하지 않나요?

 그래서 건전한 정단분열조직을 조직 배양해 바이러스에 감염되지 않은 식물체를 얻는단다. 때로는 바이러스에 감염된 식물을 35~54℃ 온수 처리나 뜨거운 공기 처리해 바이러스를 제거하기도 해.

 바이러스병은 치료약제가 없으니 예방 차원에서 무병종자나 건전한 영양번식체를 이용하는 것이 효과적이겠네요!

5. 생물적 방제

 교수님! 생물농약은 어떤 것인가요?

 자연에서 유래하는 천연물, 천적 및 미생물을 농업용으로 이용할 수 있도록 제품화한 것을 생물농약이라고 해.

생물농약도 종류가 많은가요?

 미생물을 이용해 개발한 미생물방제제를 미생물농약이라고 하지. 자연계에서 생성된 천연화합물을 추출해 이용하거나, 비독성학적 기작에 의한 생물통신물질을 이용한 항생물질 또는 생약방제제를 생화학농약이라고 한단다.

 생물농약은 화학농약을 대체할 만큼 장점이 많은가요?

 화학농약에 비해 생물농약은 독성과 생태계에 영향이 적지. 그 탓에 약제 저항성을 유발하지 않아 생태계 보전과 지속적 농업에 바람직한 방제제야.

 생물농약 외에 다른 생물적 방제 방법은 없나요?

 생물농약은 주로 길항미생물을 이용한 방제제고, 교차방어, 유도저항성, 저항성 품종의 이용도 생물적 방제법에 포함할 수 있단다.

생물농약과 화학농약의 장단점

구분	생물농약	화학농약
인축독성	독성이 적거나 없다	독성이 강하다
작물잔류	거의 없다	잔류 문제 일으킨다
생태계 파괴	영향 적다	생태계를 파괴시킨다
약제 저항성	없다	있다
약효	낮다	높다
약효 발현	느리다	빠르다
약효 지속	오래 지속된다	빠르게 소실된다
가격	고가이다	저가이다
보존 기간	짧다	길다

길항미생물의 이용

 교수님! 길항미생물을 병방제에 어떻게 이용하죠?

 병원체에 대한 길항미생물의 중복기생, 용균(mycolysis), 경합 등의 작용을 병방제에 이용하지.

 길항미생물로 알려진 근권미생물은 어떤 것이 있죠?

 '*Trichodermin*', '*Gliotoxin*', '*Gliovirin*' 등이 대표 근권곰팡이야. '*Bacillus*', '*Pseudomonas*', '*Burkholderia*' 등이 대표 근권세균이란다.

 미생물 상호 간의 길항작용에 의해 발병 억제에 사용하는 길항미생물은 어떤 것이 있죠?

 '*Agrobacterium*', '*Bacillus*', '*Pseudomonas*', '*Sterptomyces*' 등의 세균과 '*Ampelomyces*', '*Candida*', '*Coniothyrium*', '*Glicoladium*', '*Trichoderma*' 등의 곰팡이가 대표 길항미생물이란다.

 중복기생을 하는 길항미생물도 있죠?

 '*Trichoderma*속' 곰팡이는 '모잘록병균', '흰비단병균', '균핵병균'에 중복기생하고, '난균(*Pythium, Phytophthora*)'과 '*Fusarium*속' 병원균의 생장을 억제해서 주로 토양전염성병의 발병을 감소시킨단다.
'*Bacillus*', '*Pseudomonas*', '*Pantoea*속' 세균들도 '역병균', '모잘록병균', '시들음병균', '밀 마름병균' 등에 기생해서 생장을 억제한단다.

 길항미생물이 상품화된 사례도 있죠?

 있다마다! '아그로신84'라는 박테리오신(*bacteriocin*)을 생산하는 '*Agrobacterium*

radiobacter'는 '과수 뿌리혹병'에 대한 생물적 방제제로 실용화되고 있단다.

교수님! 그런데, 박테리오신이 뭐죠?

박테리오신은 유전자 발현 과정을 통해 세균으로부터 생산되는 천연 항균 펩타이드 물질로 다른 세균을 죽이는 기작을 가지고 있는 생물활성 단백질체야.

또 다른 사례도 있죠?

세레나데라는 상품명으로 시판되고 있는 '고초균 (*Bacillus subtilis*)'은 '포도 흰가루병'에 대한 생물 적 방제에 실용화되고 있지.
또한, 사이드로포어(*siderophore*)를 분비하는 세 균 등 식물 생장 촉진 근권세균이 토양병의 생물적 방제에 이용되고 있단다.

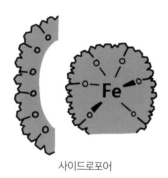
사이드로포어

사이드로포어가 뭐죠?

사이드로포어는 세균, 곰팡이 등의 미생물에 의해 분비되는데, 주로 세포막을 가로 질러 철을 수송하는 역할을 담당하는 화합물이란다.

교차방어의 이용

교수님! 교차방어(cross protection)란 무슨 개념인가요?

식물이 바이러스에 감염되기 전에 바이러스의 근연 계통인 약독 계통을 처리해 바이 러스병의 발생을 억제하는 현상을 교차방어라고 해.

교차방어는 어떻게 이용되나요?

다른 방제법으로 방제하기 어려운 바이러스병을 억제하기 위해 교차방어를 이용한단다.

 교차방어로 방제 효과를 본 사례가 있나요?

 그래! 교차방어는 토마토와 담배의 'TMV', 박과작물의 '오이 녹반모자이크 바이러스', '감귤나무 트리스테자 바이러스' 방제를 위해 상업적으로 이용되고 있어.

 그렇군요! 교차방어의 원리를 설명해주세요!

 돌연변이 유발원을 'TMV'에 처리해 약독 'TMV' 계통을 선발하면, 이 약독 계통은 기주식물체에 병징을 일으키지 않지. 그렇지만 병원성이 강한 정상 'TMV'의 발병을 억제한단다.

 교차방어가 이상적인 식물병 방제법의 하나로 보이는데, 부작용도 있나요?

 물론이지! 약독 바이러스에 돌연변이가 일어나 더욱 더 병원성이 강한 새로운 바이러스로 변이되어 다른 작물로 퍼져나갈 위험도 있단다.

 백신도 교차방어를 이용한 예방법인가요?

 그렇고말고! 백신 조제 원리도 교차방어를 응용한 것이지만, 새로운 변이 바이러스를 출현시킬 수 있어서 양날의 검과 같으니 주의해야 한단다.

유도저항성의 이용

 교수님! 병 방제를 위해 유도저항성(induced resistance)을 어떻게 이용하죠?

 병원성이 있거나 비병원성인 병원균 계통, 죽은 병원균, 엽권에 있는 부생성 세균 및 곰팡이를 식물에 접종해서 유도저항성을 발현시킬 수 있단다.

세균이나 곰팡이의 포자 추출물을 처리하거나 다른 기주 RNA나 바이러스 단백질을 주사하면 식물체에 저항성이 나타나기도 해.

유도저항성은 특이적으로 유도되죠?

그건 아니란다! 유도저항성은 레이스 비특이적일 뿐 아니라 바이러스는 곰팡이에, 곰팡이와 세균은 바이러스에, 세균은 곰팡이에, 곰팡이는 세균이나 선충에 대해 저항성을 유도할 수도 있지.

유도저항성은 식물체 전체에 효과를 나타내죠?

유도저항성은 식물체에 국부적이거나 전신적으로 보호 효과를 나타낸단다.
국부적 보호 효과는 1차 감염에 관련된 조직에만 저항성이 유도되지만, 바이러스와 곰팡이에서 1차 감염이 전혀 없는 잎에서도 유도저항성 효과가 있는 사례가 있어.

유도저항성은 절대적으로 발현되는 저항성이죠?

그렇지 않아! 유도저항성은 절대적 저항성으로 발현되지 않고, 온도, 식물의 생리적 상태, 2차 전염원 농도 등 다른 요인에 의해 좌우된단다.

유도저항성 발현사례는 어떤 것들이 있죠?

담배에서 'TMV'는 같은 종류의 바이러스에 대해 전신적 저항성을 유도할 뿐만 아니라, 관련 없는 바이러스, '담배 역병균' 등의 곰팡이, '담배 들불병균' 같은 세균, 그리고 심지어 '진딧물'에 대한 저항성도 유도한단다.
'배나무 화상병'에 대한 비병원성 세균을 접종해 '배나무 화상병'에 대한 저항성을, 어린 박과식물에 '박과식물 탄저병균'을 접종해 '박과식물 탄저병'에 대한 저항성을 유도할 수 있단다.

화학물질도 유도저항성을 발현시킬 수도 있죠?

DL-β-amino-n-butyric acid(BABA), dichloroisonicotinic acid(INA), benzothiazole, salicylic acid 등의 화학물질을 식물에 처리해서 'TMV' 등의 바이러스, '담배 노균병 균' 등의 곰팡이와 *Pseudomonas syringae* 등의 세균에 대해 전신적 획득저항성을 유도할 수 있단다.

유도저항성을 발현하는 저항성 유도제가 상품화된 사례도 있죠?

그럼! 벤조티아졸(benzothiazole)은 항미생물적 활성이 없지만, 일부 단자엽(외떡잎) 과 쌍자엽(쌍떡잎) 식물에서 여러 병원균에 대해 저항성을 일으킨다고 밝혀져 'Bion' 이라는 상품명으로 실용화되고 있단다.

와! 유도저항성을 발현시키는 저항성 유도제가 실용화되고 있네요!

저항성 품종의 이용

교수님! 저항성 품종 재배는 바람직한 방제법인가요?

그래! 저항성 품종을 육성, 재배하면 식물병에 의한 작물 손실을 줄일 수 있지. 이밖 에 농약 살포 등 방제 비용과 농약 부작용을 줄일 수도 있기 때문에 가장 이상적인 방제법이란다.

저항성 품종을 육성하기 위한 국제 협력도 이루어지고 있지 않나요?

그래! 식량문제를 해결하기 위해 설립된 국제미작연구소(IRRI), 국제감자센터(IPC), 국제옥수수및밀연구소(CYMMIT) 같은 국제기구의 최고 역점사업도 병·해충에 대 한 저항성 품종 육성이지.

그러면, 저항성 품종이 실용화된 사례가 있나요?

물론이지! '벼 도열병'을 비롯해서 '맥류 줄기녹병', '맥류 흰가루병', '옥수수 깨씨무닉병', '감자 역병', '담배 역병', '토마토 시들음병', '담배 들불병' 등 특정 식물병에 대해 저항성 품종 육성에 성공한 사례는 많단다.

병저항성 품종 육성 성과로 노벨평화상을 수상한 사례가 있다던데요?

그렇단다! CYMMIT에서 근무하던 볼로그(Borlaug)는 우리나라 토종 밀로서 기원전 300년부터 재배해온 '앉은뱅이 밀'을 유전자원으로 이용해 '밀 줄기녹병'에 대한 수직저항성을 가진 '소노라 64호' 품종을 육성했어.
'소노라 64호'는 '밀 줄기녹병'에 대한 저항성 효과가 매우 탁월하고 수확량이 뛰어나 전 세계 10억 명이 넘는 사람들을 굶주림에서 구해내는 역할을 했지.
1970년 볼로그는 '녹색혁명의 아버지'라고 불리며, 세계 평화에 기여한 공로로 노벨평화상을 수상했단다.

우와! 식물병리학자로서 첫 노벨평화상 수상자네요!

그렇지! 기용 학생도 커다란 포부를 가지고 공부하렴!

우리나라에도 저항성 품종이 실용화된 사례가 있나요?

있고말고! 1965년 서울대학교 농과대학 허문회 교수님은 필리핀에 있는 IRRI에서 키 작은 다수확 품종으로 '벼 도열병'에 대해 수직저항성을 갖춘 통일벼를 육성했어. 통일벼는 우리나라 농업 발전사에 획기적 업적으로 1960년대까지 우리 농민들이 연례 행사로 겪어야 했던 보릿고개를 벗어나고 식량 자급을 이루어내는 역할을 했지.
통일벼는 1999년 과학자들 설문 조사에서 '우리나라 과학의 10대 성취' 중 하나로 선정되기도 했단다.

허문회 교수님은 우리나라의 녹색혁명의 아버지시네요!

그런 셈이지!

수목이나 과수에 대한 저항성 품종 육성은 어떤가요?

수목이나 과수에 대한 저항성 품종 육성에는 많은 시일이 걸리고, 감수성 품종을 육성한 저항성 품종으로 신속하게 대체하기도 어려운 한계가 있단다.

 교수님! 저항성 품종의 효과는 영구적인가요?

 아냐! 불행하게도 많은 노력 끝에 육성된 저항성 품종이 재배되는 동안에 저항성이 영원히 지속되지는 않는단다.

 왜 그럴까요?

 저항성을 역전하지 못하는 병원체는 감염을 일으킬 수 없어. 도태될 수밖에 없지 않겠니?
그래서, 병원체는 도태되지 않기 위해 끊임없이 생리적 분화를 거듭하면서 저항성 품종을 침해할 수 있는 새로운 레이스를 탄생시키지.

 저항성 품종의 지속 효과를 증가시키는 방법은 없나요?

 수직저항성 품종이 유전적으로 단순하고 저항성 효과가 커. 그래서 육종에서 선호되지만 새로운 레이스 출현에 불안정하다는 문제가 있어.
새로운 레이스의 출현에 의해 붕괴되지 않는 수평저항성 품종이 대안이 될 수 있단다. 그럼에도 불구하고 수평저항성 품종은 감염이 적은 해에도 다른 감수성 품종에 견줄만한 수확량을 내야 하는 한계에 봉착하지.

 그러면 좋은 방법이 없을까요?

 이에 대한 대안 중 하나가 다계품종 육성이야.

 아! 재배학적 특성은 비슷하지만 서로 다른 수직저항성 유전자를 지닌 다수의 동질계(isogenic line)가 섞인 혼합체를 다계품종이라고 하지 않나요?

 기용 학생! 다계품종을 정확하게 기억하다니 대단한데!

교수님! 감사합니다! 다계품종을 어떻게 만드나요?

 저항성 유전자를 지닌 여러 품종을 교배해서 저항성 유전자 복합체를 지닌 계통을 선발해 만들 수 있단다.

 그런데, 다계품종의 장점이 뭔가요?

 다계품종을 재배하면 새로운 레이스 출현 가능성이 줄어들게 되고, 여러 가지 레이스 침해를 저지할 수 있지.

 다계품종 육성 사례가 있나요?

 그럼! 미국에서 '귀리 관녹병'을 방제하는 다계품종 재배 효과가 인정되어왔단다.

 복합품종(cultivar mixture)도 비슷한가요?

 그렇지! 다계품종을 만들 듯이 수직저항성 품종 복합체로 복합품종을 만들면 비슷한 효과를 얻을 수 있단다.

 저항성 품종 육성 시간을 단축시킬 수는 없나요?

 지금까지 사용하는 전통 육종 방법만으로는 새로운 저항성 품종을 육종하는데 시간이 많이 걸리는 한계가 있어.
1990년대 이후 유전공학 기술의 발달로 저항성 식물에서 개개 저항성 유전자를 분리해 감수성 식물에 이전함으로써 저항성을 나타나게 하는 유전공학적 분자육종은 전통 식물육종 기술과 더불어 식물병의 효율적 방제를 위한 가장 유망한 수단으로 자리하게 될 것으로 기대 돼.

 저항성 품종의 육종과 재배가 이론적으로는 가장 이상적인 방제법이네요!

6. 화학적 방제

 교수님! 재배자가 이용하는 쉬운 방제법이 화학적 방제죠?

 농약(작물보호제)을 사용해서 식물병을 방제하는 화학적 방제는 재배자들이 작물병에 대해 등록된 살균제를 구매해서 살포하는 편리한 방법이지.

 살균제는 작용 특성에 따라 어떻게 세분하죠?

 식물병 방제에 사용되는 살균제를 다음과 같이 2종류로 대별한단다.
① 보호살균제 ② 직접살균제 또는 치료살균제.
보통 치료살균제는 침투성 살균제라는 용어로도 쓰인단다.

 보호살균제는 어떤 작용 특성을 가졌죠?

 보호살균제는 병원균의 침입 전에 살포해서 감염으로부터 식물을 보호하는 살균제인데, 곰팡이 포자의 발아 저해 등 감염 전후 곰팡이의 생육을 저해해 예방 효과를 나타낸단다.

 보호살균제는 어떤 화합물이 적합하죠?

 효과 지속 기간이 길어야 해서 빗물에 잘 씻겨 내려가지 않고 가수분해나 광분해에 안정한 화합물이어야 해.

 그렇군요! 어떤 약제들이 보호살균제에 속하죠?

 구리화합물인 보르도액을 비롯해 티람, 마네브 등 디티오카바메이트계 살균제, 디클론과 같은 퀴논계 살균제, 헤테로사이클릭 화합물인 빈클로졸린 등이 대표적 보호살균제란다.

직접살균제는 어떤 작용특성을 가졌죠?

직접살균제는 식물체에 형성된 병반이나 식물체의 내부조직에 침입한 병원균에 대해 살균작용을 나타내 식물병에 대한 치료 효과를 가지지. 식물체 조직에 침투해서 곰팡이 균사의 생장과 포자 형성을 저지해야 하기에, 강한 살균력과 높은 침투성이 있어야 해.

어떤 약제들이 직접살균제에 속하죠?

메타락실 등 아실알라닌계 살균제, 베노밀 등 벤지미다졸계, 포세틸-알루미늄 등 유기인계, 아족시스트로빈 등 스트로빌루린계 살균제와 항생물질계 살균제 등이 직접살균제야.

작용 특성에 따른 살균제 종류

분류	보호살균제	직접살균제/치료살균제/ 침투성 살균제
작용 특성	· 병원균 침입 전에 감염으로부터 식물을 보호하는 살균제 · 곰팡이 포자 발아 저해 등 감염 전후 곰팡이 생육을 저해해 예방효과	· 병반이나 식물체 내부조직에 침입한 병원체에 대해 살균작용으로 식물병을 치료하는 살균제 · 강한 살균력과 높은 침투성으로 식물체 조직 내 곰팡이 균사 생장과 포자 형성 저지 효과
약제	· 구리 화합물인 보르도액 · 티람, 마네브, 지네브와 같은 디티오카바메이트계 살균제 · 디클론과 같은 퀴논계 살균제 · 헤테로사이클릭 화합물인 빈클로졸린	· 메타락 등 아실알라닌계 살균제 · 베노밀, 카벤다짐 등 벤지미다졸계 살균제 · 포세틸-알루미늄 등 유기인계 살균제 · 아족시스트로빈 등 스트로빌루린계 살균제 · 항생 물질계 살균제

살균제를 사용 목적에 따라 분류하기도 하죠?

그래! 사용 목적에 따라 살균제를 다음과 같이 3종류로 분류하지.
① 종자소독제 ② 토양처리제 ③ 경엽처리제

사용 형태에 따라 살균제를 분류할 수도 있죠?

그럼! 사용 형태에 따라 살균제를 다음과 같이 분류할 수 있단다.
① 살포제 ② 훈연제 ③ 훈증제 ④ 도포제 ⑤ 연무제

화학조성 및 구조에 따라 살균제를 분류하기도 하죠?

 그렇지! 화학조성 및 구조에 따라 살균제를 다음과 같이 분류하기도 해.
① 무기화합물 ② 유기화합물 ③ 항생물질
유기화합물은 다시 접촉성 보호살균제와 침투성 살균제로 분류할 수 있단다.

 교수님! 살균제에는 다양한 제형이 있죠?

 액제(Liquid, Lq), 유제(EmulsifiCation, EC), 분제(Dust, D), 입제(Granule, G), 수화제(Wettable powder, Wp), 액상수화제(FLowable, FL), 미립제(MicroGranule, MG) 등이 있단다.

 살균제는 종류만 봐도 복잡하고 다양하네요!

무기 살균제

 교수님! 대표적 무기 살균제는 무엇인가요?

 구리화합물이 가장 잘 알려진 무기 살균제란다.

 구리화합물은 어떤 식물병에 효과가 있나요?

 특히, 난균에 효과적인 구리제는 '노균병'과 '역병'은 물론이거니와 '탄저병', '겹무늬병', '궤양병' 등에도 방제효과가 있단다.

 보르도액(Bordeaux mixture)은 어떤 약제인가요?

 1885년 미야르데(Millardet)가 '포도나무 노균병' 방제용으로 세계 최초로 개발한 살균제라고 할 수 있지.

그런가요? 보로도액 성분은 뭐예요?

황산구리($CuSO_4$)와 생석회(CaO)를 원료로 제조한 청남색 액제란다.

보로도액은 어떻게 살균작용을 하나요?

보르도액의 유효성분은 염기성 황산구리로, 공기 중에 있는 CO_2 또는 병원균 또는 식물이 분비하는 산에 의해 분해되었을 때 나타나는 수용성 구리이온이 병원균에 대해서 살균작용을 나타내지.

보르도액은 여러 가지 명칭으로 부르던데요?

그렇지! 황산구리 또는 생석회 사용량과 물의 양에 따라 다양한 명칭으로 부른단다.

보르도액의 명칭과 조성

명칭	물의 양(ℓ)		황산구리(g)		생석회(g)	
	ℓ식	두식	ℓ식	두식	ℓ식	두식
6-3식(4두식 석회 반량)	1	72(4두)	6	450	3	225
4-4식(6두식 석회 동량)	1	108(6두)	4	450	4	450
3-6식(8두식 석회 배량)	1	144(8두)	3	450	6	900

황화합물도 무기 살균제에 속하나요?

그렇단다! '포도나무 흰가루병' 방제를 위한 석회유황합제(lime sulfur mixture)로 알려진 $CaS \cdot Sx$는 수용성 유황합제란다.

황화합물은 어떻게 살균작용을 하나요?

유황합제는 승화되어 가스체로서 살균작용이 있으나, 황화합물 일부는 유황자체(S)가 곰팡이 세포벽을 투과해서 곰팡이 효소계를 저해하지.

황화합물은 어떤 식물병에 효과가 있나요?

친유성 황은 지질 함량이 많은 '흰가루병균' 등에 투과하기 쉽지. 그래서 방제 효과가 커.

'탄저병', '잿빛무늬병', '사과나무 검은별무늬병' 방제에도 사용되는 황화합물은 과수의 '응애', '깍지벌레'에도 살충효과도 있단다.

 그밖에 어떤 무기 살균제가 있나요?

 암모늄, 포타슘, 리튬의 비카보네이트염에 1% 오일을 첨가한 화합물과 소듐비카보네이트는 '장미 흰가루병균', '장미 검은무늬병균', '채소 흰비단병균', '채소 잿빛곰팡이병균' 등에 살균효과를 나타내지.

그리고 인산1가칼륨(KH_2PO_4)과 인산2가칼륨(K_2HPO_4)는 '오이 흰가루병'과 '포도나무 흰가루병'에 대해 방제효과가 있단다.

유기 살균제

 교수님! 유기 살균제로 사용되는 화합물은 종류가 많죠?

 그렇지! 무기화합물에 비해 유기화합물이 훨씬 다양하게 살균제로 사용되고 있단다.

 유기 살균제에는 어떤 종류가 있죠?

 식물병 방제에 가장 흔하게 사용되고 있는 유기 살균제를 요약하면 다음과 같단다.
① 유기 주석제: TPTA(TriPhenyl Tin Acetate) 등
② 유기 비소제: Ferric methanearsonate(Neoasozin)
③ 유기 수은제
④ 유기 황화합물: 티람, 마네브, 마네브에 아연을 첨가한 만코지, 지네브, 퍼밤 등
⑤ 방향족 화합물: PCNB(PentaChloroNitroBenzene), 클로로탈로닐, 디클로란, 바이페닐 등
⑥ 헤테로사이클릭 화합물: 캡탄, 캡타폴, 폴펫 등
⑦ 이소사이클릭 화합물: 디노캅, 디클로플우아니드 등

⑧ 퀴논계 화합물: 디치아논

⑨ 벤지미다졸계 화합물: 베노밀, 베노밀과 티람 혼합제인 벤레이트티, 카벤다짐, 티아벤다졸, 티오파네이트 메틸 등

⑩ 옥산틴계 화합물: 카복신, 옥시카복신 등

⑪ 피리미딘계 화합물: 에티리몰, 누아리몰, 페나리몰

⑫ 모르폴린계 화합물: 트리데모르프

⑬ 피페라진계 화합물: 트리포린

⑭ 트리아졸계 화합물: 트리아디메폰, 트리아다메놀, 비터타놀, 디페노코나졸, 펜코나졸, 테부코나졸, 펜부코나졸 등

⑮ 티아졸계 화합물: 에트리디아졸, 트리사이클라졸 등

⑯ 이미다졸계 화합물: 이마잘릴, 프로클로라츠 등

⑰ 디카복시미드계 화합물: 빈클로졸린, 이프로디온, 프로사이미돈 등

⑱ 아실알라닌계 화합물: 메타락실, 옥사딕실 등

⑲ 유기인계 화합물: 피라조포스, 이프로벤포스, 에디펜포스, 포세틸알루미늄, 톨클로포스 메틸

⑳ 스트로빌루린계 화합물: 아족시스트로빈, 트리플록시스트로빈, 크레속심 메틸, 피라클로스트로빈 등

㉑ 기타 유기 살균제: 헥사코나졸, 이소프로치올레인

㉒ 항생제: 스트렙토마이신, 테트라사이클린, 사이클로헥사마이드, 블라스티시딘

"교수님! 유기 수은제는 사용이 금지되었죠?"

"그렇단다! PMA(phenyl mercury acetate)가 주성분인 세레산은 '벼 도열병' 방제에 기여했지만 독성 문제 때문에 지금은 사용하지 않고 있단다."

항생제의 기원, 작용기작 및 적용 병해

분류	보호살균제	직접살균제/치료살균제/침투성 살균제	
스트렙토마이신 (Streptomycin)	*Streptomyces griseus*	세포막 기능과 단백질 합성 저해	세균, 난균
			감귤나무 궤양병
			복숭아 세균 구멍병
			채소 세균무름병
테트라사이클린 (Tetracycline)	*Streptomyces* spp.	단백질 합성 저해	세균, 몰리큐트
			대추나무 빗자루병
			오동나무 빗자루병
			뽕나무 오갈병
사이클로헥사미드 (Cyclohexamide)	*Streptomyces griseus*	단백질과 DNA 합성 저해	곰팡이, 난균
블라스티시딘 에스 (Blasticidin S)	*Streptomyces grieseo-chromogenes*	단백질 합성 저해	곰팡이
			벼 도열병
			벼 잎집무늬마름병
			토마토 잎곰팡이병
발리다마이신 에이 (Validamycin A)	*Streptomyces hygroscopicus* var *limoneus*	균사 생장 저해	곰팡이
			벼 잎집무늬마름병
			벼 도열병
			벼 깨씨무늬병
폴리옥신 (Polyoxin)	*Streptomyces cacaoi* var *asoensis*	키틴 합성 저해	곰팡이
			사과나무 점무늬병
			배나무 검은무늬병
			오이 잿빛곰팡이병
			벼 잎집무늬마름병
			벼 깨씨무늬병

교수님! 항생물질은 어떤 물질이죠?

미생물에 의해 생성되어 매우 낮은 농도에서 다른 미생물 생장과 대사작용을 저해키는 물질을 항생물질이라고 해.
식물에 흡수된 후 전신적으로 분산되며 식물병에 대한 예방 효과와 치료 효과를 나타낸단다.

항생물질로 만든 약제가 항생제죠?

물론이야!

교수님! 화학적 방제의 문제점은 무엇인가요?

 농약(작물보호제) 사용이 증가함에 따라 다음과 같은 심각한 부작용이 발생하고 있단다.
① 자연 생태계 파괴 ② 약제 저항성 발생 ③ 식료품과 환경에 약제 잔류 문제

 농약의 부작용이 최초로 제기된 것은 언제인가요?

 1962년 카슨(Carson)의 저서 『Silent Spring(침묵의 봄)』은 먹이사슬의 결과로 축적되고 농축된 농약 때문에 새와 물고기가 죽어간 사례들을 소개하면서 과다한 농약 오염의 잠재적 위험에 처해 있음을 생생하게 묘사했단다.

 농약이 자연 생태계에 어떤 영향을 미치나요?

 자연 생태계에서 병·해충 집단의 밀도는 여러 가지 다양한 요인에 의해 일정 범위 내에서 조정되지. 그러나 농약을 사용해서 천적을 강하게 손상하거나, 완전히 저지해서 자연 생태계가 파괴되면, 이제까지 경제적 피해 수준 아래에 있었던 잠재적 생물이 새로운 병·해충으로 등장하게 돼. 새로운 문제가 된단다.

 교수님! 약제 저항성이 왜 중요한 문제인가요?

 약제 저항성은 농약에 대해 감수성인 집단 내에 농약에 민감하지 않은 개체의 발생을 뜻해.
이러한 약제 저항성은 유전적으로 안정하거나, 농약이 없는 상태에서는 급격하게 소멸되지.
약제 저항성 발현은 농약을 무력화시키지. 그러기 때문에 식물병 대발생으로 큰 피해를 초래할 수 있단다.

 그렇군요! 약제 잔류는 왜 문제인가요?

농산물에 농약의 잔류는 곡류, 과일, 채소 등의 식품 위생상 문제가 되지.
농약 살포 후 수확물, 식품, 사료에 독성을 일으킬 정도의 양이 잔류되지 않아야 해.

 그러면 약제 잔류는 어떻게 측정하나요?

 급성독성은 쥐, 모르모토 등에게 농약을 먹여 실험동물의 50%를 죽게 할 수 있는 약량인 반수체치사량(LD$_{50}$)으로 표시해. 만성독성은 매일 식품에서 적은 독성이라도 섭취가 우려되는 농약 잔류량으로 표시하고.

 농약이 식품에 잔류해도 무방한 기준농도는 어떻게 설정하나요?

 인체 허용 1일 섭취량(mg/kg/day)은 인간이 매일 아무런 해 없이 하루 동안 섭취할 수 있는 약량으로 표시하지. 농약으로 오염된 식품을 섭취해도 인체 허용 1일 섭취량에 도달하지 않으려면, 각 식품에 잔류해도 무방한 기준농도, 즉 잔류 허용량이 설정되어야 한단다.

약제 저항성

 교수님! 살균제 저항성은 언제부터 생겼죠?

 구리제, 디티오카바메이트제 등의 비선택성 무기 살균제가 많이 사용되었던 1970년대까지는 살균제 저항성 발생이 실제로 문제가 되지 않았었지.
그러나 침투성 살균제 등 선택성 유기 살균제가 새로 개발되어 일반 포장에서 실용화되었어. 이에 따라 사용 후 수년이 지나지 않아서 여러 나라에서 살균제 저항성 발생 보고가 늘어났지. 살균제 개발자와 살균제 사용자들에게 큰 피해를 주고 있단다.

 살균제 저항성은 어떤 농약에서 많이 발생하죠?

 침투성 살균제로서 작용점이 적은 다음 4종류의 살균제에서 저항성균의 출현 빈도가 높단다.

① 스트렙토마이신 등의 항생제
② 베노밀 등의 벤지미다졸계
③ 이프로벤포스(IBP) 등의 유기인계
④ 아족시스트로빈 등의 스트로빌루린계 살균제

살균제 저항성은 어떤 병원균들에서 많이 발생하죠?

살균제 저항성 유전자가 플라스미드에 있는 세균과 곰팡이 중에서 증식 속도가 빠른 '잿빛곰팡이병균', '사과나무 점무늬낙엽병균', '벼 도열병균', '감귤 푸른곰팡이병균' 등에서 살균제 저항성균이 많이 발생해.

살균제 저항성은 어떤 경우에 발생하죠?

살균제 저항성 발생 가능성, 정도 및 속도는 같은 살균제를 빈번하게 사용할수록, 초기집단에 저항성 개체가 많이 존재할수록, 살균제 살포 후 살아남은 집단 내 저항성 유전자를 지닌 개체가 많을수록, 병원균 집단이 더 크고 증식률이 클수록, 살균제를 살포하지 않은 지역에서 감수성 개체의 유입이 적을수록, 저항성 유전자가 적을수록, 농약의 작용기작이 특이적일수록 더 커진다.

그러면 살균제 저항성은 어떻게 발현되죠?

살균제에 대한 저항성은 살균제에 대한 병원균의 세포 투과성 감소, 살균제 유효성분의 작용점 도달 전 불활성화, 병원균 체내에서 유효성분의 활성물질 비전환, 유효성분과 작용점의 친화성 감소 등에 의해 살균제가 작용점에 도달되지 않아 발현된단다.

교차 저항성(cross resistance)이란 어떤 개념이죠?

어떤 약제에 대해 저항성을 획득한 병원균이 다른 종류의 약제에 대해서도 저절로 저항성이 되는 것을 교차 저항성이라고 한단다.

교차 저항성의 사례에는 어떤 것이 있죠?

살균제에 대한 식물병원균의 저항성 발생 사례

살균제	병원균	작물	국가
베노밀	*Botrytis cinerea*	채소	네덜란드, 미국, 영국, 일본
	Cercospora beticola	사탕무	그리스, 미국, 일본
	Penicillium digitatum	감귤	일본
	Penicillium italicum		
	Sphaerotheca fuliginea	오이	미국, 네덜란드, 일본, 독일
	Venturia inaequalis	사과	오스트레일리아
티오파네이트메틸	*Botrytis* spp.	가지	일본
	Dendrophoma obscurans	딸기	한국
	Venturia inaequalis	사과	일본
메타락실	*Phytophthora infestans*	감자	네덜란드, 북아일랜드, 한국
	Plasmopara viticola	포도	프랑스
	Pseudoperonospora cubensis	오이	이스라엘, 그리스
폴리옥신	*Alternaria kikuchiana*	배	일본
	Alternaria mali	사과	일본, 한국
에티리몰	*Blumeria graminis*	보리	영국
가스가마이신	*Pyricularia oryzae*	벼	일본
이프로벤포스			
에디펜포스			
디메티리몰	*Sphaerotheca fuliginea*	오이	네덜란드
Dodine	*Venturia inaequalis*	사과	미국

'잿빛곰팡이병균'이 벤지미다졸계 약제에 속하는 베노밀에 대해 저항성을 획득하면, 병원균 균주들 중에서 다수가 헤테로사이클릭계 약제에 속하는 이프로디온 또는 빈클로졸린에 대해 저항성을 획득하게 된단다.

역상관 교차 저항성은 반대되는 개념이겠네요?

그래! 어떤 약제에 대해 저항성이 된 균주가 다른 약제에 대해서는 감수성이 되는 경우를 역상관 교차 저항성 또는 부상관 교차 저항성이라고 하지.

역상관 교차 저항성의 사례는 어떤 거죠?

베노밀에 대해 저항성인 '잿빛곰팡이병균'이 디에토펜카브에 대해 감수성이 되는 경우란다.

살균제 저항성의 발현은 저지할 수 없죠?

약제 저항성 발생을 저지하는 것은 불가능하기 때문에 약제 저항성 발생을 지연하기 위해 작용점이 다양한 유효성분 사용, 다른 작용기작을 가진 혼합제 사용, 다른 유효성분을 지닌 약제 교대 사용, 보호살균제로 대체 사용, 식물 저항성 유도제 사용 등 여러 가지 수단을 이용할 수 있단다.

7. 식물병의 종합적 관리

 교수님! 식물병 종합적 관리는 어떻게 해야 할까요?

 화학적 방제는 노동력 부족, 인건비 상승 등으로 작물 재배에서 선택할 수 있는 가장 간편한 방법이지만, 빈번한 농약 사용은 농생태계 파괴, 저항성균 발생, 잔류독성 피해 등 많은 문제점을 발생하고 있단다.
따라서, 다양한 방제법을 병행함으로써 화학적 방제의 비중을 낮춰 농약을 가능한 한 적게 사용하면서 경제적 피해 수준 이하로 병원균 밀도를 억제하는 종합적 관리가 바람직한 방향이란다.

 무엇에 주안점을 두고 종합적 관리를 해야 할까요?

 1차 전염원을 제거하거나 감소시키고, 1차 전염원의 효능을 떨어트리고, 기주 저항성을 높이고, 2차 전염원에 의한 2차 병환을 지연하거나 2차 병환 횟수를 줄이는 방향이 식물병 종합적 관리의 주된 목표여야 한단다.

8. 식물병의 치료

 교수님! 식물은 목본식물인 나무와 초본식물인 풀로 나누죠?

 그래! 혜지 학생! 나무와 풀을 구분할 수 있니?

그럼요! 나무는 줄기가 계속 살아 있어서 매년 굵기가 굵어지고 키도 자라잖아요. 그런데 풀은 겨울이 되면 뿌리만 살아남거나 뿌리까지 죽고 이듬해 다시 자라죠. 그러므로 그 크기가 매년 비슷합니다.

참 잘 설명했구나! 대나무는 이름에 나무가 붙어있지만, 죽순이 자라면 더 이상 굵기도 굵어지지 않고 키도 자라지 않는 풀이란다.
봄에 심은 고추는 겨울이 되면 얼어 죽기 때문에 풀처럼 보이지. 그렇지만 아열대에서 자라는 고추는 매년 굵기가 굵어지고 키도 자라는 나무란다.

그렇군요! 병든 식물도 치료할 수 있죠?

사람과는 달리 식물에는 순환기관에 의한 면역 시스템이 없어 치료가 쉽지는 않단다.
그런데 불치병이라는 '암'에 걸린 환자도 발병 초기에 진단하면 치료가 가능하고, 말기 암 환자는 회복이 불가능하지 않니?
마찬가지로 대부분 식물에서 병에 걸려 손상된 병환부는 회복되지 않지. 그러기 때문에 식물병은 발병 초기에 조기진단이 이루어져야만 완전하게 방제하거나 치료할 수 있단다.

그러면 심하게 병든 식물들은 치료가 불가능하죠?

그렇지는 않단다! 병징이 발현된 병환부의 원상회복이 불가능한 초본식물인 풀과는 달리, 목본식물인 나무는 외과적 수술에 의한 물리적 치료와 내과적 처치에 의한 화학적 치료가 가능하단다.

교수님! 외과적 수술은 어떻게 하죠?

나무에 상처가 생기면 소독한 전정용 칼로 건강한 껍질이 나올 때까지 상처 부위를 위아래로 길쭉한 타원형으로 도려내어 유합조직이 형성되면서 상처가 치유되도록 외과적 수술을 한단다.
화상을 입은 부위를 피부 이식으로 치료하듯이, 나무의 표피가 물리적 충격으로 손상됐을 때 수피 이식으로 치료할 수 있단다.

그러면 썩은 나무 내부도 치료할 수 있죠?

그렇고말고! 치과의사가 썩은 치아를 치료하는 것처럼 나무의사도 썩은 나무 내부를 치료할 수 있어.

나무는 썩은 조직을 구획화해서 더 번지지 않도록 보호하고 치유하는 능력이 있어. 그러기에 이 구획화된 칸막이를 건드리지 않도록 세심하게 썩은 조직만을 제거한 후, 깨끗해진 공동을 폴리우레탄 거품 등으로 채워 보강한단다.

그렇군요! 내과적 처치는 어떻게 하죠?

내과의사가 질병 종류에 따라 약제를 처방해 아픈 환자를 치료하듯이, 나무의사도 내과적 처치용 농약을 사용해서 병든 식물체를 치료한단다.

화학적 치료를 위해서 살포, 도포, 토양 관주, 수간주입(나무주사) 등으로 농약을 처리하지.

수간주입은 링거주사 원리와 비슷하죠?

물론이야! 중력식 수간주입법은 링거주사처럼 수간주입 용기에 약액을 담아 나무 윗부분 가지에 매달고, 플라스틱 주입관을 통해서 약액을 나무줄기에 구멍을 뚫고 직접 넣어주는 방법으로, 저농도 약액을 많은 양 주입할 때 주로 이용해.

수간주입은 약제를 나무속으로만 전달해 주변 환경을 오염하지도 않고, 여러 번 약제를 살포해야 하는 번거로움을 피할 수 있단다.

중력식으로 약액이 주입되지 않는 때에는 어떤 방식으로 주입하죠?

수목 내에서 물질의 이동이 활발한 시기에는 수액이 역류되어 주입되지 않지. 그러기에 모제(Mauget) 캡슐에 약액을 담은 후 뚜껑을 덮어서 완전히 밀폐해 생기는 내부 압력을 이용해서 약액이 최대로 흡수되어 퍼지도록 해야 해. 그런 식으로 주입할 수 있는 압력식 미량수간주입법을 사용한단다.

수간주입용 약제들이 개발되어 있죠?

우수한 치료 효과를 가진 살균제와 항생제 등 수간주입용 농약들이 개발돼 수목병 치료에 사용돼왔으며, 그 밖에도 영양제, 살충제, 생장조절제 등을 수간주입하기도 한단다.

 수간주입용 약제들의 적용사례는 어떤 것들이 있죠?

 옥시테트라사이클린은 '대추나무 빗자루병', '오동나무 빗자루병', '뽕나무 오갈병' 등 파이토플라스마병 치료에, 사이클로헥사마이드는 '잣나무 털녹병', '낙엽송 끝마름병', '소나무 잎녹병' 등 곰팡이병 치료에, 베노밀은 '밤나무 줄기마름병' 치료에 사용되고 있단다.

 '키위나무 궤양병' 치료에는 스트렙토마이신이 사용되죠?

 그렇단다! 키위나무와 같은 유실수에 주입한 항생제는 나무 전체에 퍼져 열매에 잔류 가능성 때문에 생육기를 피해 수확 후 낙엽에만 사용하도록 권장하고 있어.

수간주입용 약제와 치료대상 식물병

구분	생물농약	화학농약
옥시테트라사이클린	대추나무 빗자루병, 오동나무 빗자루병, 뽕나무 오갈병	파이토플라스마
사이클로헥사마이드	잣나무 털녹병, 낙엽송 끝마름병, 소나무 잎녹병	곰팡이
베노밀	밤나무 줄기마름병	곰팡이
스트렙토마이신	키위나무 궤양병	세균

 나무의 건강을 위해 다양한 의료기술이 적용되고 있군요!

 그렇단다! 2018년 개정된 산림보호법에 따라 나무를 치료하는 전문가들을 양성하기 위해 나무의사와 수목치료기술자 양성제도가 도입되었지.

 이런 제도를 왜 도입했죠?

 나무의사 제도 도입 배경은 수목에 대한 의학 교육이 가능한 나무의사와 수목치료기술자 양성기관을 지정해 전문가를 양성하고 나무의사 자격을 부여해 전문적인 수목진료체계를 구축하는 것이란다.

나무의사와 수목치료기술자 자격은 어떻게 취득하죠?

나무의사는 진단 및 처방, 그리고 예방 및 치료 등 수목진료와 관련된 모든 업무를 담당하는 자격을 가진 사람이야.

나무의사가 되려는 사람은 150시간 이상의 지정된 교육을 이수한 뒤 자격시험에 합격해야 하는데, 나무의사 시험은 산림청이 주최하고, 한국임업진흥원이 주관하는 국가공인 자격시험이란다.

수목치료기술자는 나무의사의 진단·처방에 따라 예방과 치료를 담당하는 자격을 가진 사람으로 양성과정만 이수하면 된단다.

나무의사와 관련된 사업을 수행하기 위해서는 나무병원으로 등록해야죠?

그렇단다! 나무병원을 등록하려면 1억 원의 자본금과 사무실을 보유하고 있어야 하고, 치료와 처방을 모두 할 수 있는 1종나무병원은 나무의사와 수목치료기술자가 모두 필요한 반면에, 처방만 할 수 있는 2종나무병원은 수목치료기술자만 보유하고 있으면 된단다.

그렇군요! 저도 나무의사에 도전하고 싶어요!

혜지 학생은 예습과 복습을 철저히 하고 적극적이기 때문에 훌륭한 나무의사가 되리라 믿는다!

감사합니다! 교수님의 명쾌한 강의가 식물보호기사와 나무의사 시험에도 커다란 도움이 되겠어요!

독일의 식물학자 드바리는 1861년 '감자 역병'의
원인이 곰팡이라는 사실을 증명함으로써
생물은 자연적으로 생겨난다는 자연발생설이
틀림을 입증하고 미생물이 질병을 일으킨다는
미생물병원설을 선도했단다

키위나무 궤양병

교수님! 누가 처음 식물병을 기록했죠?

 그리스의 철학자 아리스토텔레스(Aristoteles)가 '녹병'에 관해 처음으로 기록했다고 전해져.

 그러면 식물병이 언급된 저서는 누가 처음 발간했나요?

 테오프라스토스(Theophrastus)가 '야생식물은 재배식물보다 식물병에 대해 저항성이 강하다'라는 흥미로운 관찰을 저서인 '식물지'에 기록했단다.

 식물병원체를 최초로 인지한 사람은 누구죠?

Albertus Magnus
(출처: Wikipedia)

 1200년경 독일의 수도사 매그너스(Magnus)가 '겨우살이(mistletoe)'를 식물병원체로 인식해서 겨우살이에 감염된 나무는 목재로서 품질이 떨어지기에, "감염된 나뭇가지를 전정해서 겨우살이를 박멸하라"라고 사람들에게 권장했단다.

 지구상에 모든 생명체는 저절로 생겨난다고 고대부터 동서양에 널리 퍼져 있던 자연발생설(自然發生說, Spontaneous generation)에 대해 처음 도전장을 내놓은 사람은 누군가요?

Francesco Redi
(출처: Wikipedia)

 1668년 이탈리아 과학원의 레디(Redi)는 두 개의 플라스크에 고기를 넣고, 한쪽은 무명천으로 된 망을 씌우고, 다른 쪽은 그대로 두면, 망을 치지 않은 플라스크에만 구더기가 생긴다는 결론을 얻었어. 이 실험 결과를 토대로 생물은 반드시 생물로부터만 생긴다는 생물속생설(生物續生說, Biogenesis)을 발표했지.

 그렇군요! 미켈리(Micheli)가 곰팡이는 자연적으로 발생하는 것이 아니라 곰팡이의 포자로부터 자라 나온다고 처음 제창했죠?

그래! 1729년 이탈리아의 식물학자 미켈리는 멜론 조각에서 곰팡이가 생기고, 그 곰팡이로부터 포자(胞子, spore)가 만들어지고 자란다는 사실을 처음 제창했단다.

깜부기 가루의 병원성을 어떻게 증명했나요?

1755년 프랑스에서 티에(Tillet)가 깜부기 가루를 밀 종자에 뿌려 파종하면 깜부기 수가 증가한다는 실험 결과를 얻어 깜부기 가루의 병원성을 증명했지.
또한, 깜부기 가루를 묻힌 밀 낱알을 황산구리로 처리함으로써 깜부기가 생기는 밀알의 수를 줄일 수 있다는 사실도 발견했지. 그렇지만 '밀 깜부기병'을 일으키는 원인이 살아 있는 깜부기 포자라기보다는 깜부기 가루에 들은 독성 물질이라고 믿었단다.

'밀 깜부기병'의 원인이 깜부기 포자라는 사실은 누가 확인했죠?

1807년 프랑스의 프레보(Prevost)가 밀 종자에 있는 깜부기 포자를 현미경으로 관찰하고 건전한 밀 종자에 접종해 깜부기병을 발생시킴으로써 처음 증명했단다.
또한, 프레보는 현미경으로 황산구리를 처리하지 않은 밀 종자의 깜부기 포자는 발아하고 자라는 반면, 황산구리를 처리한 밀 종자에 있는 깜부기 포자는 발아하지 않는 것을 관찰했어. 그리하여 '황산구리가 포자 발아를 저지한다'라는 결론을 내렸지.

미생물이 질병을 일으킨다는 미생물병원설(微生物病原說, Germ theory of disease)을 누가 처음 제안했나요?

1774년 덴마크의 파브리시우스(Fabricius)는 자연발생설을 획기적으로 뒤집었지. 식물체의 병환부에 있는 미소체는 식물체 조직이 죽어서 생긴 것이 아니라, 식물병을 일으키는 살아 있는 생명체라고 처음 주장했어.

1845년부터 1849년까지 훗날 '감자 역병(late blight)'으로 밝혀진 에피데믹으로 빚어진 아일랜드 대기근(The Great Irish Famine)의 원인이 곰팡이라는 것을 누가 처음 제시했죠?

1846년 영국의 식물학자 버클리(Berkeley)는 병든 감자 식물체를 뒤덮는 곰팡이들이 양파에서 보았던 곰팡이들과 똑같지는 않아도 비슷하다는 것을 알았지. 그리하여 '감자 역병'의 원인이 곰팡이라고 결론지었단다.

이어서 1853년 독일의 식물학자 드바리(deBary)는 깜부기균이 식물에 기생함을 밝혔지. 1861년에는 '감자 역병'의 원인이 곰팡이라는 사실을 증명함으로써 당시까지 '생물은 자연적으로 생겨난다'라고 믿어온 자연발생설이 틀림을 입증했어. 미생물이 질병을 일으킨다는 미생물병원설을 선도했고 말야.

 드바리가 식물병리학 발달에 엄청나게 기여했군요?

 그렇고말고! 드바리는 1865년 '밀 줄기녹병균(*Puccinia graminis f.sp. tritici*)'의 기주교대(寄主交代)를 증명했는데, 드바리의 관찰은 정밀하고 논리적이어서 식물병원학(植物病原學)의 개조(開祖)로 부른단다.

Anton de Bary
(출처: *Wikipedia*)

 식물기생선충은 누가 처음 발견했죠?

 1743년 영국의 니덤(Needham)은 비정상적으로 작고 둥근 밀알(밀혹)에서 식물에 기생하는 '선충(nematode)'을 처음 발견했어.

 그러면 식물병 방제 연구는 누가 선도했나요?

 1861년 독일의 쿤(Kuhn)은 식물병의 방제법을 과학적으로 다루어 황산구리에 의한 종자소독 등을 권장했어. 또한 '작물의 병과 그 원인 및 방제법'을 저술해 식물치병학(植物治病學)의 개조로 부르고 있지.

John Needham
(출처: *Wikipedia*)

 마침내 자연발생설이 막을 내리게 만든 사람은 누구죠?

 1863년 프랑스의 파스퇴르(Pasteur)는 미생물은 반드시 이미 존재하던 미생물로부터 생겨나고, 발효는 화학적 현상일뿐만 아니라 미생물이 관여하는 생물학적 현상

이라고 제안하면서 반박할 수 없는 증거를 제시해. 그리하여
'동물이나 식물의 감염병은 미생물에 의해 생긴다'라고 결론
내렸단다.

Louis Pasteur
(출처: Wikipedia)

 파스퇴르의 라이벌인 코흐(Koch)는 어떤 업적을 남겼나요?

 1876년 독일의 코흐는 소와 양뿐만 아니라 사람에게서도 '탄
저균(*Bacillus anthracis*)'을 최초로 동정했고, 사람을 비롯
한 동물과 식물의 병원체를 증명하는 코흐의 원칙(Koch's
postulates)을 확립했단다.

Robert Koch
(출처: Wikipedia)

 식물병원세균은 누가 처음 발견했죠?

 1878년 미국의 버릴(Burrill)은 '과수 화상병'을 일으키는
'*Erwinia amylovora*'를 동정했는데, 세균이 동물병원체에 이
어 드디어 식물병원체로서 처음 모습을 드러낸 셈이야.

 세균에 의해 발생하는 식물병을 누가 많이 연구했나요?

Thomas Burrill
(출처: Wikipedia)

 1896년 미국 농무성(USDA)의 스미스(Smith)는 '담배 들불
병균'을 일으키는 '*Pseudomonas syringae* pv. *tabaci*'을 처
음 동정한 후 각종 세균이 100여 종의 식물에 질병을 일으키
는 것을 확인했어.
또한, 스미스는 1890년대 초반 과수의 뿌리 세포를 급속하
게 증식해 혹을 만들고, 영양을 소모해 과수를 쇠약게 만
들며, 심지어 죽게 하는 뿌리혹을 만드는 '과수 뿌리혹병균
(*Agrobacterium tumefaciens*)'도 동정했단다.

 이 무렵에 '끈적균'도 식물병원체로 처음 보고되었죠?

 그렇단다! 1878년 러시아의 보로닌(Woronin)은 '배추 무사

Erwin Smith
(출처: 식물병리학)

마귀병'이 원생동물의 일종인 끈적균인 'Plasmodiophora brassicae'에 의해 발생한 다는 사실을 밝혀냈단다.

 수목에 발생하는 병에 대한 연구는 누가 집대성했나요?

 1882년 독일의 하티그(Hartig)는 수목에 발생하는 병을 연구한 내용으로 '수목병리 학(Lehrbuch der Baumkrankheiten)'을 저술해 이 분야에 선구자로 꼽히지.

 보르도액(Bordeaux mixture)은 누가 발명했죠?

 1885년 프랑스의 미야르데는 '포도나무 노균병(露菌病, downy mildew)'을 예방하는 보르도액을 개발해 바야흐로 본격적인 화학농약 시대를 열었지.

Pierre Millardet
(출처: 식물병리학)

 식물병원체로서 바이러스에 대한 연구는 언제 시작되었나요?

 1886년 독일의 메이어(Mayer)는 황록색 모자이크 증상을 나 타내는 담뱃잎에서 짜낸 즙액(sap)을 건전한 담뱃잎에 접종 해 모자이크(mosaic) 증상이 나타나는 것을 확인했어.
세균이 세상에서 가장 작은 병원체라고 믿었던 메이어는 '담 배 모자이크병'도 세균에 의해 발생하는 것으로 결론짓고 'Mozaikziekte'라고 명명했어. 오늘날 여러 가지 식물에 모자 이크병이라고 하는 바이러스 병명의 시초가 됐단다.

Adolph Mayer
(출처: 식물병리학)

 '담배 모자이크병'에 걸린 담뱃잎 즙액의 감염성은 누가 발 견했죠?

 1892년 러시아의 이바노프스키(Ivanovsky)는 모자이크병에 걸린 담뱃잎의 즙액은 세균을 걸러낼 수 있는 여과기(filter) 를 통과해도 감염성이 유지된다는 사실을 발견했어. 그러나 세균이 분비한 독소(毒素, toxin), 또는 그 여과기의 구멍을

Martinus Beijerinck
(출처: Wikipedia)

통과할 정도로 작은 세균에 의해 모자이크병이 발생한다고 생각했을 뿐이었어.

1898년 네덜란드의 베이예링크(Beijerinck)도 같은 실험 결과를 얻고 '담배 모자이크병'을 일으키는 병원체는 세균이 아닌 살아 있는 감염성 액체라고 명명했지. 나중에 이 병원체를 라틴어로 독(毒)을 뜻하는 '바이러스(virus)'라고 부르게 됐단다.

바이러스 입자는 언제 발견되었나요?

1935년 미국의 스탠리(Stanley)는 모자이크병에 감염된 담배 잎의 즙액에 황산암모늄을 넣어 감염성을 지닌 단백질 결정체를 처음 얻었지. 그리고 나서 '바이러스란 살아 있는 세포에서 증식할 수 있는 자가촉매단백질(self-catalyst protein)'이라고 결론 지었어.

1937년 영국의 보덴(Bawden)과 피리(Pirie)가 '담배 모자이크 바이러스(*Tobacco Mosaic Virus*, TMV)'는 단백질과 RNA로 구성된 감염성 핵단백질이라는 정체를 밝혀냈지.

1939년 독일의 루스카(Ruska) 등에 의해 입자 크기가 너무 작아서 광학현미경으로는 볼 수 없었던 바이러스의 정체는 전자현미경으로 처음 밝혀졌단다.

식물병원균에서 레이스(race)의 존재는 누가 가장 먼저 인지했죠?

1894년 스웨덴의 에릭손(Eriksson)은 '맥류 줄기녹병'을 일으키는 '*Puccinia graminis*' 중에서 형태적으로는 구분할 수 없으나, 기주식물에 대한 병원성이 다른 레이스가 존재하는 것을 알아냈단다.

원생동물이 식물병을 일으킨다는 사실을 언제 발견했나요?

1909년 라퐁(Lafont)이 대극과에 속하는 유액성 식물의 유관속 세포에서 편모충류 원생동물을 처음 발견했지. 1931년 스타헬(Stahel)은 원생동물이 커피나무 체관에 감염해 체관을 비정상적으로 만들고, 커피나무를 시들게 한다는 사실을 발견했단다.

지베렐린은 언제 발견되었죠?

1926년 일본의 쿠로사와(Kurosawa)는 '벼 키다리병균(*Gibberella fujikuroi*)'이 생성하는 생장조절물질을 발견했어. 1936년에 지베렐린(gibberellin)이라고 명명되었지.

 항생제는 언제 발견되었나요?

 1928년 영국의 플레밍(Fleming)이 발견한 항생제 페니실린(penicillin)이 사람과 동물병에는 효과적이었고 식물병에는 특별히 효과적이지는 않지만, 식물병 방제 연구에 새로운 시대를 열어 1950년 스트렙토마이신이 개발되었지. 1967년에는 테트라사이클린이 몰리큐트에 효과가 있다는 것이 밝혀졌어.

Alexander Fleming
(출처: *Wikipedia*)

그리고 나서 1934년 티스데일(Tisdale)은 디티오카르밤산염(dithiocarbamate)계 살균제인 티람(thiram)을 처음 개발해 살균제 개발의 선구자가 되었단다.

 농약의 부작용을 누가 설파했죠?

 1962년 미국의 카슨(Carson)이 펴낸 『Silent spring(침묵의 봄)』이라는 책은 화학농약에 의한 환경오염의 위험성을 생생하게 묘사했어. 이 책은 먹이사슬의 결과로 축적되고 농축된 화학농약 때문에 새와 물고기가 죽은 사례를 소개함으로써 이후 환경오염에 대한 관심을 불러일으키는 계기가 되었단다.

Rachel Carson
(출처: 식물병리학)

 유전자 대 유전자설은 언제 제안되었나요?

 1946년 미국의 플로어(Flor)는 '아마 녹병(병원균; *Melampsora lini*)'을 연구해 유전자 대 유전자설(Gene-for-gene concept)을 제안했어.

1963년 남아프리카공화국의 반데르플랑크(Vanderplank)는 식물체에 있는 수직저항성과 수평저항성 등 두 종류의 저항성의 특성을 밝혀냈어. 그리고 『Plant Disease: Epidemics and Control(식물병: 전염병과 방제)』라는 저술을 통해 식물병 역학이라는 새로운 분야를 확립했단다.

독소에 대한 연구는 언제 시작되었죠?

 1947년 미한(Meehan)과 머피(Murphy)는 '귀리 잎마름병균(*Cochliobolus victoriae*, *Helminthosporium victoriae*)'이 Victorin(HV-독소)라는 독소를 분비함을 밝혀냈어. 1952년 울리(Wooley) 등에 의해 '담배 들불병균(*Pseudomonas syringae* pv. *tabaci*)' 이 분비하는 독소인 탭톡신이 순수분리되었지.

 파이토플라스마는 언제 발견되었나요?

 1967년 일본의 도이(Doi) 등은 '뽕나무 오갈병', '오동나무 빗자루병' 같은 누른오갈 및 빗자루병 증상을 나타내는 식물체의 체관부(phloem)를 전자현미경으로 관찰해서 마이코플라스마처럼 세포벽이 없는 미생물을 찾아낸 후 동물의 마이코플라스마와 비슷한 미생물로 생각돼 마이코플라스마 유사미생물(Mycoplasma-Like Organism, MLO)로 명명했어.

그러나 식물에서 발견되는 마이코플라스마 유사미생물은 인공적으로 배양되지 않으며, 16S rRNA 유전자의 분자생물적 계통이 동물병원체인 마이코플라스마와는 다르다는 점이 밝혀졌다. 이에 따라 1994년 국제마이코플라스마학회에서 파이토플라스마(*Phytoplasma*)로 부르기로 결정했단다.

 바이로이드는 언제 발견되었죠?

 바이러스와 비슷한 특성을 지닌 바이로이드(viroid)는 1971년 미국 식물병리학자 디너(Diener) 등이 '감자 걀쭉병'에 대해 연구를 수행하던 중 '감자 걀쭉병균(*Potato spindle tuber viroid*)'을 처음 발견했어.

그런데 바이러스와는 달리 바이로이드는 단백질 외피를 가지지 않고 작은 둥근 RNA 분자로만 돼 있어. 그래서 복제에 필요한 복제효소는 물론, 작은 단백질 하나조차도 암호화할 수 없지. 그러기에 지금까지 알려진 병원체 중에서 가장 작은 식물병원체란다.

Theodor Diener
(*출처: Wikipedia*)

병원균에 대한 식물체의 저항성 기작에 관한 연구는 언제부터 시작되었나요?

 1984년 알버샤임(Albersheim) 등은 '콩 역병균(*Phytophthora megasperma*)'의 세포벽에 존재하면서, 기주인 콩의 방어반응을 일으키는 분자를 동정하면서, 본격적으로 저항성 기작에 관한 연구가 시작되었지.

이러한 유도인자는 식물 세포벽의 수용체 분자와 반응해 이러한 임무를 완성한다는 것이 나중에 밝혀졌단다.

 병원성 유전자에 관한 연구는 언제부터 시작되었죠?

 1984년 스타스카위츠(Staskawicz) 등에 의해 '*Pseudomonas syringae* pv. *glycinea*'로부터 비병원성 유전자가 분리되었고, 1986년에는 과민성 반응 단백질(hrp) 유전자가 발견되었지.

이러한 발견은 병원균의 병원성과 식물병 저항성에 대한 이해를 개선할 기폭제가 되었단다.

키위나무 궤양병

대화로 이해하는

식물병학

찾아보기

한글 찾아보기

ㅅ

영문 찾아보기

HV-toxin 149

hybridization 187

hyperplasia 237

hypersensitive reaction 173

hypertrophy 237

hypha 29

Hypocreales 52

IAA 155

identification 244

immunity 82, 163

imperfect fungi 41, 53

inclusion body 240

incubation period 103

indole-3-acetic acid 155

induced resistance 180

infection 102

infection cycle 88

infection peg 31

injury 23

inoculum 89

intermediate host 109

internal symptom 240

ipomeamarone 177

isogenic line 206, 298

isopentenyl adenosine 157

ITS, 43

kinetin 157

Koch's postulate 244

late blight 261

latent infection 103

lectin 166

Leifsonia 61

Leotiomycetes 52

lichen 51

lignin 146

ligninase 146

lignituber 170

lime sulfur mixture 303

Linum usitatissimum 209

lipase 148

lipid 147

local acquired resistance 180

local infection 103

local symptom 103

Longidorus 99

lophotrichous 56

Loucosttoma 117

LSD 135

obligate saprobe 87

ochratoxin 134

oidia 53

oligogenic resistance 204

Olpidiacea 48

Olpidium bornovanus 49

Olpidium brassicae 49

Olpidium cucurbitacearum 49

Olpidium viciae 48

one fungus-one name 43

oogonium 35

Oomycetes 45

Oomycota 44

oospore 33

Ophiostomatales 52

Pantoea 60, 292

papillae 179

parasexualism 191

parasite 27, 85

parasitism 85

pathogen 12, 18

pathogenesis-related protein 176

pathogenic form 195

pathogenic race 195

pathogenicity 84

pathotoxin 148

pathovar 61

patulin 134

PCR 252

pectin methyl esterase 143

pectin substances 143

pectinase 143

pectine lyase 143

pectolytic enzyme 143

Penicillium 131, 132, 310

penicillin 324

Penicillium toxin 133

peptidase 147

peptidoglycan 56

perithecium 36

peritrichous 56

Peronosporales 45

peroxidase 142, 176, 179, 220

Pezizomycotina 51

phage 67

phagocytosis 47

phaseollin 178

phaseolotoxin 152

phenol oxidase 179

phenolic compounds 179

phospholipase 148

phyllosphere 129

Pucciniomycotina 53

pycnidium 34

Pyricularia oryzae 43, 53, 197, 259, 276

Pythiales 45

Pythium 132, 292

qualitative resistance 204

quantitative resistance 205

quinone 179

race 195, 323

race-nonspecific resistance 205

race-specific resistance 204

Ralstonia solanacearum 156, 158, 261

replication 67

resistance 82, 162

RFLP 252

Rhizobacter 60

Rhizobiaceae 60

Rhizobium 60

Rhizoctonia 117, 132, 234

rhizoid 29

Rhizomonas 60

Rhizopus stolonifer 50

rhizosphere 129

Rhodococcus 61

Rhytismatales 52

ribosomal RNA 41

ripe rot 262

rishitin 178

RNA polymerase II 43

rusts 53

saponin 166

saponinase 166

Saprolegiales 45

SAR 203

Sclerotinia 117, 132, 234

Sclerotium 31, 117, 234

sclerotium 31

secondary infection 91

secondary inoculum 91

semibiotroph 86

septum 30

Serratia 60

sexual stage 42

sheath 170

siderophore 201, 293

sign 59, 102

single dominant gene 202

slime layer 55

Uromyces truncicola 110

Ustilagomycotina 53

Venturia nashicola 261

vertical resistance 204

Verticillium albo-atrum 158

Vertifolia effect 198

victorin 149, 325

viridin 129

viroid 69, 325

virulence 84

virus 65

vivum 68

vomitoxin 134

weak pathogen 87

white-rot fungi 146

wood-rot fungi 146

wound parasite 87

Xanthomonas campestris 62

Xanthomonas campestris pv. oryzae 197

X-body 240

Xiphinema 99

xylanase 146

Xylella 57

Xylophilus 60

yeast 32

yellowed-rice toxin 134

zearalenone 134

zeatin 157

zoosporangium 33

zoospore 33

zygospore 35

● 참고문헌 및 자료

〈책〉

_ 고영진 등. 2006. 식물병리학. 월드사이언스.
_ 나용준 등. 1975. 식물병학. 집현사.
_ 신현동 등. 2017. 균류학. 월드사이언스.
_ 이종규 등. 2017. 신고 수목병리학. 향문사.
_ 정후섭 등. 1995. 식물균병학연구. 도서출판 한림원.
_ 조용섭 등. 2002. 식물세균병학. 서울대학교출판부.
_ 최재을 등. 2021. 식물의학. 한국방송통신대학교출판문화원.
_ 한국균학회. 1998. 균학개론. 월드사이언스.
_ 황병국 등. 2000. 식물의학. 탐구당.
_ Ainsworth, G. C. 1981. Introduction to the History of Plant Pathology.
  Cambridge University Press.
_ Schumann, G. L. & D'Arcy, C. J. 2010. Essential Plant Pathology. APS Press.

〈웹사이트〉

_ 국립산림과학원: https://nifos.forest.go.kr
_ 농촌진흥청: https://www.rda.go.kr
_ 동아일보: https://www.dongA.com
_ 산림청: http://www.forest.go.kr
_ 에듀넷: http://www.edunet.net
_ Springer Protocols Handbooks: https://www.springer.com
_ Wikipedia: https://en.wikipedia.org

대 화 로 이 해 하 는
식 물 병 학

초판1쇄 발행일   2022년 1월 11일
초판2쇄 발행일   2022년 9월 22일

지은이   고영진
펴낸이   이성희
편집인   하승봉
기획·제작   농민신문사
디자인   디자인시드
인쇄   삼보아트

펴낸곳   농민신문사
출판등록   제25100-2017-000077호
주소   서울시 서대문구 독립문로 59
홈페이지   http://www.nongmin.com
전화   02-3703-6136
팩스   02-3703-6213